Python自动化测试入门与进阶实战

唐文◎编著

机械工业出版社
China Machine Press

图书在版编目（CIP）数据

Python自动化测试入门与进阶实战/唐文编著. —北京：机械工业出版社，2021.1（2023.2重印）

ISBN 978-7-111-67401-6

Ⅰ.①P… Ⅱ.①唐… Ⅲ.①软件工具-程序设计 Ⅳ.①TP311.561

中国版本图书馆CIP数据核字（2021）第012517号

Python 自动化测试入门与进阶实战

出版发行：机械工业出版社（北京市西城区百万庄大街 22 号　邮政编码：100037）

责任编辑：迟振春　　责任校对：姚志娟

印　　刷：固安县铭成印刷有限公司　　版　　次：2023 年 2 月第 1 版第 3 次印刷

开　　本：186mm×240mm　1/16　　印　　张：18.25

书　　号：ISBN 978-7-111-67401-6　　定　　价：79.00 元

客服电话：（010）88361066　68326294

前言

如今，随着软件的复杂度越来越高，人工测试大型软件变得越来越困难，越来越多的公司开始使用Python进行自动化测试，即用程序和自动化工具来代替人工测试。因此，人工测试人员越来越无法满足市场需求，而基于Python的自动化测试工程师越来越受到市场的青睐。掌握Python测试技术，能让一个只会用测试工具的初中级测试工程师进阶到高级测试工程师之列，从而提高职业竞争力。

目前，由于自动化测试人才的紧缺，该领域的薪酬有了不小的涨幅。从主流招聘网站的统计数据可以看出，一线和准一线测试从业人员的收入差异较大：初级测试工程师和人工测试人员月薪为5000～12 000元人民币；精通Python测试技术及自动化测试技术的高级测试工程师月薪为20 000～45 000元人民币；测试团队的管理人员月薪不低于50 000元人民币。这样的薪资水平正在吸引着越来越多的技术人员进入测试领域，一些开发人员开始转行做测试或者做高级质量管理。特别是以BAT为代表的一些大公司和新崛起的IT公司，也在加大力度招聘精通Python测试和自动化测试技术的人才。

Python语言简单易学，拥有良好的灵活性和丰富的第三方库，能给开发和测试工作带来极大的便利，能对日常测试工作进行脚本化和程序化改进，用程序解决测试中的重复性工作，从而提高测试效率和质量。自动化测试可以解放生产力，通过预设的测试数据来批量测试功能清单上的功能点，可以完全覆盖所有的测试用例，并有效收集结果，给出测试结果的可视化报告，这比传统的人工测试效率高出很多。总体而言，通过测试手段来优化项目是自动化测试技术的一大优势所在。

目前，国内已经出版了一些相关图书，但比较系统地介绍Python自动化测试技术的图书还不多。基于这个原因，笔者编写了本书，意在帮助那些想系统学习Python自动化测试的人员高效学习。相信通过阅读本书，读者可以较为全面地掌握Python自动化测试技术，从而能够使用他人封装好的工具，也能自己动手开发适合自身业务的工具，甚至还能搭建可视化测试平台。

本书特色

- **内容全面**：对Web测试、App测试及性能测试涉及的相关技术进行详细介绍，全面覆盖 Python 自动化测试的核心技术与典型场景。

- **讲解详细**：对每个重要的知识点都进行详细介绍，并对每个测试实例和项目案例都给出详细的实现步骤。
- **由浅入深**：从 Python 自动化测试的概念开始，逐步深入讲解自动化测试的进阶知识，最后通过较为复杂的项目案例让读者从实战中学会项目分析，编写高质量和高复用性的测试代码。
- **实用性强**：从实际的测试场景出发讲解核心技术，对每个知识点都配合典型实例进行讲解，并在最后两章给出两个完整的项目实战案例，以提高读者的实战水平。
- **技术前瞻**：在讲解过程中适当引入一些新技术和编程模式，如 TDD（测试驱动开发）和 BDD（行为驱动开发）等，以拓展读者的知识。

本书内容

第1篇　Python自动化测试基础

第 1 章介绍自动化测试的定义和应用场景，并对比分析自动化测试和 UI 测试的不同之处。

第 2 章介绍如何使用 Python 的 requests 库发起 HTTP 请求，并处理服务器返回的结果。

第 3 章介绍 Selenium 的基础知识及对象定位的方法，并在此基础上介绍如何综合应用相关技术对页面目标进行自动化测试。

第 4 章介绍如何使用 Python 的 Mock 库进行模拟数据测试，并给出一个模拟登录案例。

第 5 章介绍如何使用爬虫技术进行接口测试，其中重点介绍 urllib 和 BeautifulSoup 库的使用，并对 Scrapy 框架做了初步介绍。

第 6 章介绍性能测试的概念和重要性，并重点介绍常用的压力测试工具的使用，以及如何用多线程提高性能和如何用 JMeter 进行压力测试。

第 7 章介绍 App 自动化测试的背景知识，以及 Appium 自动化测试框架从安装、部署到测试实践的相关知识。

第 8 章介绍单元测试的概念，并重点介绍如何使用 pytest 框架进行单元测试，还对 conftest 的使用方法做了必要介绍。

第2篇　Python自动化测试实战

第 9 章给出一个 RESTful API 项目案例，其中重点介绍如何使用 unittest 库进行单元测试和断言，并介绍如何使用 Tavern 工具进行接口测试。

第 10 章从零开始搭建一个自研测试框架并编写测试用例代码，其中重点介绍如何使用 Lettuce 进行行为驱动开发，以及如何使用 Selenium 实现跨浏览器测试。

配书资源获取

本书涉及的源代码等相关资源需要读者自行下载。请在 www.hzbook.com 网站上搜索到本书，然后单击“资料下载”按钮，即可在本书页面上找到下载链接。

读者对象

- Python 自动化测试初学者；
- 想提高自动化测试水平的工程师；
- 想转岗从事自动化测试的开发人员；
- 高等院校相关专业的学生；
- 相关培训机构的学员。

售后支持

本书涉及的内容比较庞杂，加之作者水平和成书时间所限，书中可能还存在一些疏漏和不当之处，敬请指正。阅读本书时若有疑问，请发 E-mail 到 hzbook2017@163.com 以获得帮助。

目录

前言

第1篇　Python自动化测试基础

第 2 篇 Python 自动化测试实战

第1篇 Python 自动化测试基础

第 1 章　自动化测试概述

随着软件和网站的业务功能越来越多样化和复杂化，常规的测试方法已经难以满足实际的工作需求和快节奏的开发迭代。特别是在一些敏捷开发团队里，QA（Quality Assurance，质量保证）成为工作中极为重要的一环。测试工程师不仅需要掌握必要的人工测试手段，而且还要学习和掌握自动化测试技术，从而提高工作效率和测试质量。

自动化测试如同 AI 无人车，无须人工干预，便可以通过程序和预设配置实现自动化测试，完全覆盖人工测试中较为复杂甚至难以实现的测试点。如今讲究“斜杠青年”（拥有多重职业身份的人），测试人员也应该了解一些必要的编程知识，以丰富自己的技术栈，从研发角度剖析测试会有意想不到的收获。

本章将对测试方式的分类、自动化测试思想及应用场景，以及接口测试和 UI 测试做简单介绍。

1.1　测试方式分类

关于测试，维度不同，分类方式也多种多样。根据内容来划分，可以将其分为如下 4 类。

- 功能性测试：测试软件的功能是否如预期一样正常，也包含兼容性测试。
- 性能测试：对系统的各项性能指标进行测试，如页面的响应和渲染速度等。
- 特性测试：测试不同平台的差异，如 PC 端和移动端的兼容性差异。
- 安全测试：测试数据传输和存储的安全性及访问资源的权限。

针对整个开发周期部署，则可以把测试融入一种 V 型流程中。

RAD（Rap Application Development，快速应用开发）模型是软件开发中的一个重要模型，由于该模型的构图形似字母 V，所以又称为软件测试的 V 模型。RAD 模型大体可以划分为以下几个阶段：需求分析、概要设计、详细设计、软件编码、单元测试、集成测试、系统测试和验收测试。如图 1.1 所示。

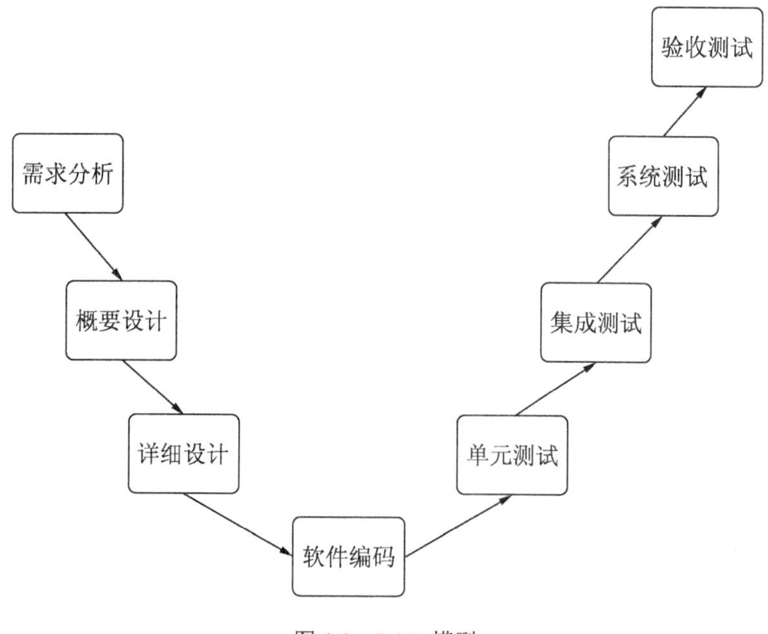

图 1.1　RAD 模型

根据测试级别来划分，可以将测试分为以下 5 类。

- 单元测试：是指在研发初期开始的针对单一接口或单元级别功能进行的测试。
- 集成测试：是指在迭代过程中每次集成后就进行的测试，以保证每次小幅迭代的功能点都能被测试并通过验证。
- 接口测试：顾名思义，就是针对系统接口进行的测试，可以使用 Mock 数据来做冒烟测试。
- 系统测试：是指根据系统设计书的指导对系统的功能点进行测试，以发现软件潜在的问题，从而保证系统的正常运行。
- 验收测试：是指根据功能说明书的功能点进行的测试，以保证产品顺利交付给用户（客户），也称为交付测试。

以上测试分类也可以视为一个完整的测试流程，即完成单元测试后再进行集成测试，以此类推。本书将会对这几种测试分别介绍对应的方案，让读者能系统地学习测试体系，从而在实际工作中运用合适的方法来完成测试工作。

其中，单元测试并非测试工程师独有，研发工程师在开发过程中也需要对自己的代码进行单元测试，以保证最小可用单元的功能满足需求。除此之外，近几年国内也开始流行 TDD（测试驱动开发）的开发模式，即在开发实际功能之前，要求开发者先编写测试代码，以满足测试代码为要求来编写业务代码。这种新的开发方式让测试和开发之间的边界变得模糊，甚至让测试工作的开展优先于实际编程，直接指导最终的编码。

进行单元测试需要有一定的编程能力，在不同的技术栈中都有类似的开源框架可以使用。其中，Python 推荐使用的框架是 pytest 和 unittest。因为笔者最初的技术栈是 PHP，所以使用过 PHP 的开源单元测试框架 PHPUnit。通过编写单元测试代码，可以提前发现业务功能中存在的问题，从而避免更大问题的产生，岂不美哉？

在各种测试中，需要重点学习的是自动化测试，下一节会具体介绍。

1.2　自动化测试的概念和优点

自动化测试相对于人工测试来说更加高效。简单来说，自动化测试是一种将人工测试中重复的测试步骤实现机器化、代码化，避免烦琐、易错的人工操作和结果比较，并利用工具进行全面、可反复的测试回溯的方法。

从广义上来讲，一切通过程序或工具来代替、辅助人工测试的手段都可以看作自动化测试。除了功能性测试外，性能测试也算是一种指标性的自动化测试。

传统的人工测试流程如图 1.2 所示。

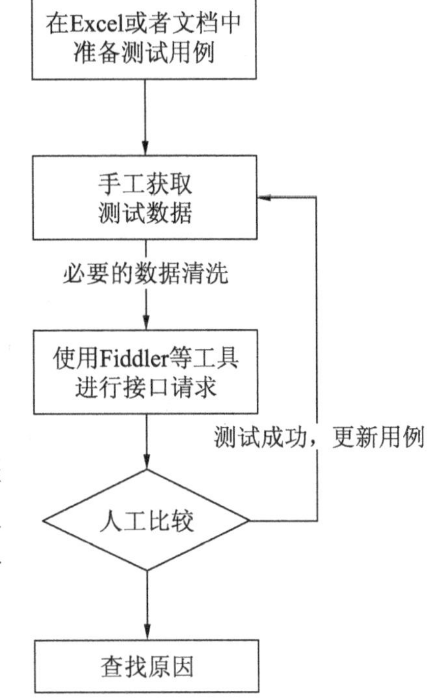

图 1.2　人工测试流程

自动化测试可以在以下步骤中发挥作用：使用程序或者工具进行测试数据的收集、整理与清洗，以及接口服务的调用，用程序断言判断结果和预期，最终将结果进行持久化存储并且加以分析。

和人工测试比较，自动化测试的优点如下：

- 完成重复性工作，提高工作效率。
- 抽象业务逻辑，方便功能复用。
- 使每次测试无差异。人工测试因为人为因素，无法保证每次的测试条件和测试结果都一致。
- 自动化测试对增量接口的测试非常稳定，改动成本较低。
- 每次结果可复现和回溯，对于提高测试的质量和反馈非常有帮助。

对于自动化测试，Mike Cohn 在 2009 年出版的 *Succeeding with Agile: Software Development using Scrum* 一书中提出了分层自动化测试模型，它被定义为一种“三层金字塔”结构，如图 1.3 所示。

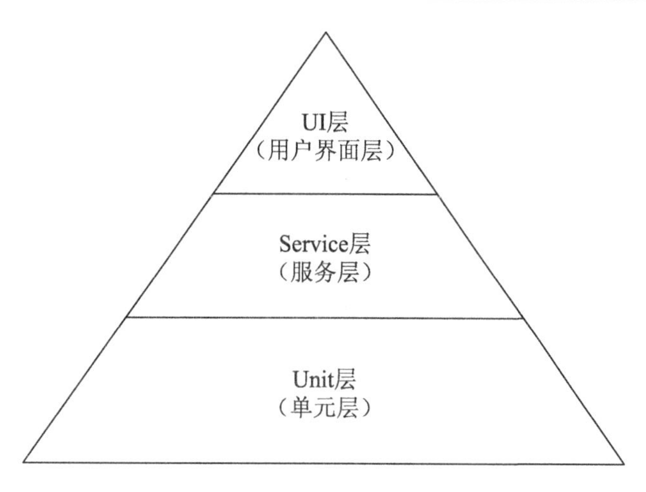

图 1.3　分层自动化测试模型

分层自动化测试的观点是：单元测试非常重要，它是一切测试的基石；服务层测试的稳定性直接影响 UI 层的表现。

传统观点的自动化测试更专注于用户界面（UI）层的自动化测试，如对页面或客户端屏幕上的元素和单击效果进行检测，通过快速反馈定位问题。而分层自动化测试更强调从 UI 层到最小逻辑单元层都需要测试，从不同层次保证产品和服务的稳定。

可以看出，传统的 UI 层测试仅测试"三层金字塔"的最上层，也就是最接近用户操作的层级。而下面的服务层和单元层测试更为重要，服务层给 UI 层所需的数据和逻辑业务提供稳定的服务，而单元层则是最小的逻辑单元，供服务层进行调用。

针对分层自动化测试模型，我们在实际工作中是这样进行实践的：

- 针对 UI 层，进行人工测试及用户界面的自动化测试。
- 针对 Service 层，通过自动化框架或工具进行接口测试。
- 针对 Unit 层，基于最小模块进行单元测试。

1.3　为什么用 Python 进行自动化测试

自动化测试可以使用的编程语言很多，例如针对单元测试，Java 有 JUnit 和 TestNG 框架，PHP 有 PHPUnit 框架，Python 有 unittest 和 pytest 框架等。在众多的编程语言中，Python 凭借学习成本较低，以及强大的社区和生态，成为最适合进行自动化测试的编程语言。

使用 Python 做自动化测试的优势如下：

- 编写自动化测试脚本非常简单和方便，相较于其他编程语言更易入门。

- 拥有成熟的自动化框架。Selenium 框架自开源以来已经成为最受欢迎的测试框架，它能帮助测试人员加速测试进度，从而顺利交付项目。
- 丰富的类库支持。无论是 HTTP（Hyper Text Transfer Protocol，超文本传输协议）网络请求和文件流处理，还是 Socket 编程及多线程，Python 都有强大的工具库可以开箱即用，不用“重复造轮子”，效率非常高。
- Python 程序结构简洁、易读，可方便迭代及文档化管理。
- 和人工测试相比，Python 编程能让测试人员有机会转型为研发型测试，这对职业发展也有帮助。

Python 在本书中的实际应用很多，如图 1.4 所示。

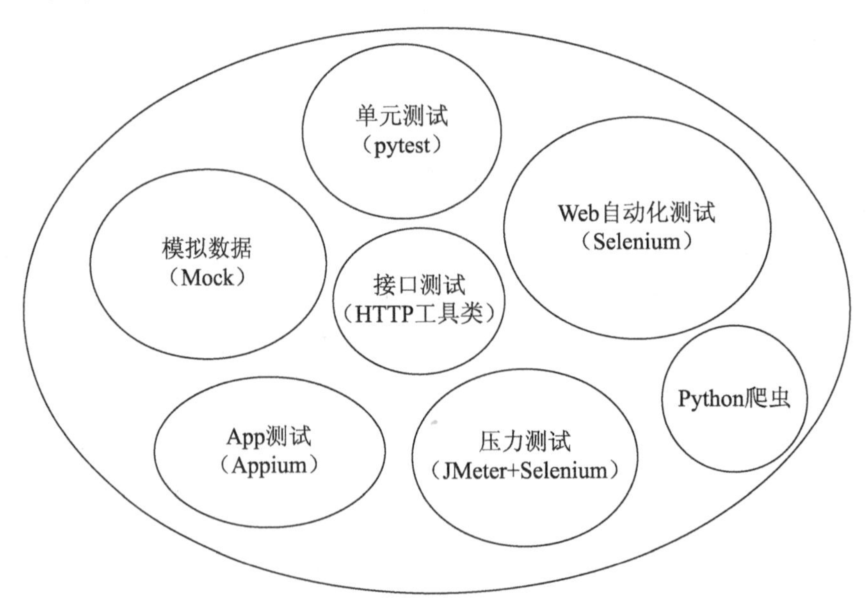

图 1.4　Python 在本书中的实际应用

其中，Selenium 相关技术和实践是本书要重点介绍的内容，压力测试是除功能性测试外较为重要的测试方向，而爬虫编程作为 Python 开发的一大特色，在本书中也会做一些介绍，并且会涉及多线程爬虫这一高阶实战内容。综上所述，用 Python 编程的方式实现针对接口和 UI 层的测试非常有效，下一节会具体介绍。

1.4　接口测试和 UI 测试的比较

首先谈谈接口测试。接口测试和日常的人工测试不同，它往往不是一个对完整功能的测试，而是对某个服务的函数或者对外暴露的访问接口进行测试，测试的目的是检测该接口是否稳定可靠以及是否符合预设的用例测试结果。

一般来说，接口测试可以分为下面三种情况。

（1）基于 HTTP 的接口测试：例如对用户中心个人数据详情接口进行测试，会使用 GET 方式向服务器发出请求，获取数据后进行解析，最终与预设期望进行对比，如图 1.5 所示。

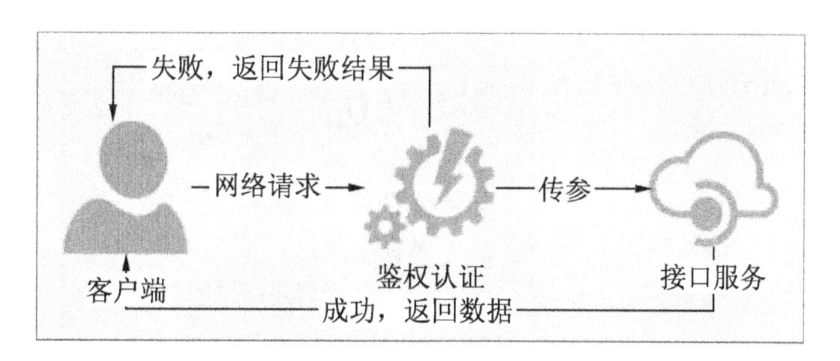

图 1.5　HTTP 接口调用示意图

（2）基于 Web 服务的接口测试：例如，支付中心对外暴露 SOAP 服务，可以编写 Python 程序对 Web 服务进行远程调用，并传入相应参数，解析返回数据，如图 1.6 所示。

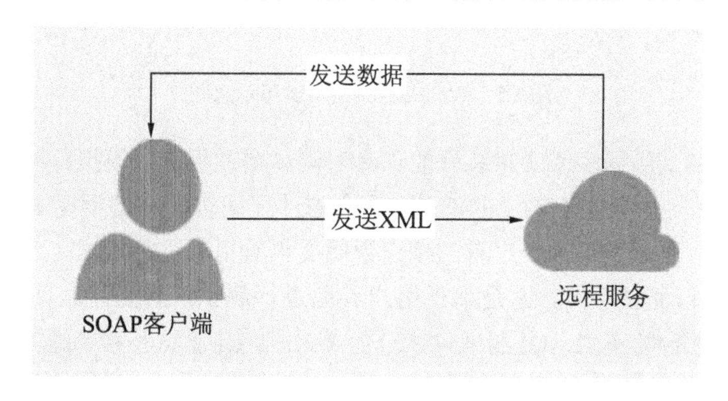

图 1.6　Web 服务接口调用示意图

由于远程调用通常使用 XML 方式，对入参的构造复杂度高于 HTTP 方式，并且接口的返回结果也需要特别解析。

（3）基于其他通信协议的接口测试：例如 WebSocket 协议，需要 Python 通过客户端连接到 WebSocket 服务器进行双向通信，发送测试数据，测试相关接口响应是否正常，并解析返回的数据。该方式相比传统的轮询方式更加高效。使用 WebSocket 协议时，前端可以利用 HTML 5 技术通过 WebSocket 客户端调用服务器回调接口，如图 1.7 所示。

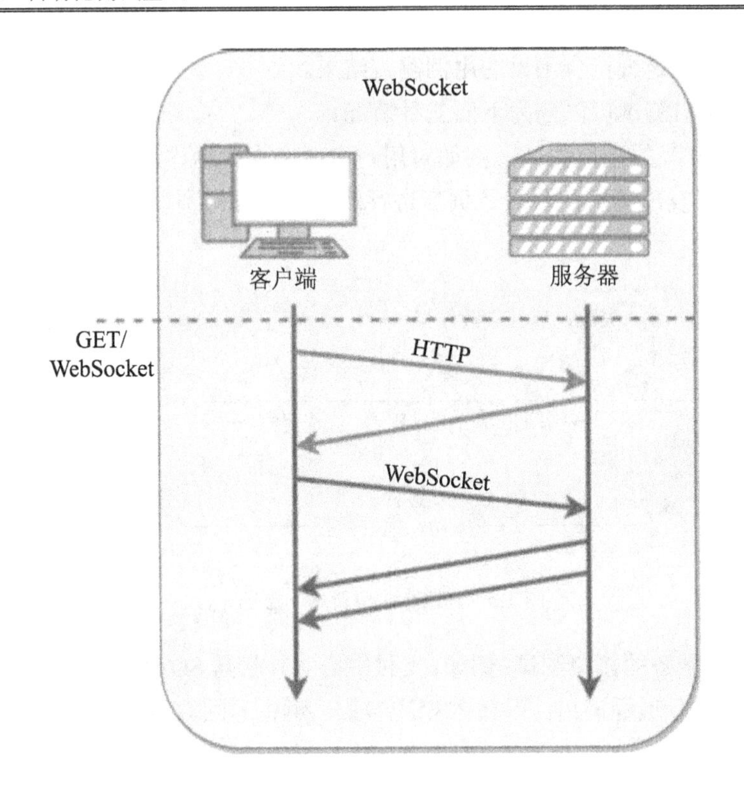

图 1.7　WebSocket 接口调用示意图

接口自动化测试用程序或者封装好的工具对测试全过程进行模拟，并收集结果进行自动分析，从而有效地解决人工测试的低效问题并减少了可能造成的误差。接口自动化测试类似于黑盒测试，测试人员基于已有的接口说明文档对用例进行测试。

UI 测试和接口测试不同，它是基于用户界面进行测试，需要针对页面的特定内容和功能进行。根据平台的不同，UI 测试可以分为 Web 端 UI 测试和移动端 UI 测试。Web 端 UI 测试分为以下几类：

- Web 整体页面测试；
- Web 内容测试；
- Web 导航测试；
- Web 图形测试；
- Web 表单测试；
- Web 兼容性测试（多平台兼容性）。

移动端 UI 测试分为以下几类。

- 基础功能测试：基础功能的相关测试要特别注意边界值、异常数据等问题。应分析需求和功能要求，对流程进行梳理，以“跑通”基础的功能为主，针对边界值和特殊情况做重点测试。

- 数据交互测试：在完成了基础功能测试之后，针对页面上的数据流进行测试，也需要针对边界和特殊值进行测试，以保证功能可靠。
- 性能测试：包括对页面响应速度、资源加载、流量消耗、CPU 占有率、电量的变化及 App 稳定性（卡屏或闪退等问题）的测试。

移动端的测试情况比 PC 端（Web 端）复杂得多，测试难度倍增。相对 PC 端而言，移动端的设备屏幕尺寸多，许多操作非常精细、复杂，不同的平台有不同的操作特性，增加了人工测试的工作量和难度。而自动化测试可以通过工具模拟用户在不同移动设备上的操作，快捷、精准地完成测试。Python 体系中有跨平台测试框架 Appium，它通过使用 WebDriver 协议来测试 iOS、Android 和 Windows 三大主流平台的应用。

接口测试和 UI 测试的差异对比如表 1.1 所示。

表 1.1　接口测试和UI测试的差异对比

对　比　项	接　口　测　试	UI测试
是否涉及页面	不涉及	涉及
是否需要跨平台测试	不需要，基于协议即可	需要，平台差异大
操作的复杂度	低，按要求传递即可	高，屏幕操作受限
性能要求	中等	高，用户体验有要求

由此可以看出，接口测试更加具有程序化的可能性，只需要基于特定的协议进行接口请求即可，不涉及页面和复杂的操作，非常适合进行自动化测试。本书第 2 章会专门介绍如何进行接口测试，感兴趣的读者可以直接阅读第 2 章的相关内容。

基于 UI 的测试其实也可以自动化进行，但需要借助第三方工具，如可以模拟页面操作的 Selenium。利用这个开源框架可以通过相应的浏览器驱动来操作浏览器，编写模拟鼠标单击、填充文本框、前进或后退页面、定位页面元素等操作的程序，最终完成 UI 的自动化测试工作。

通过自动化测试，可以有效地避免重复性的测试及人工测试可能带来的低效和错误。除此之外，通过学习相关知识，可以让测试工程师提高编程能力，拓展新的职业发展空间——测试开发工程师。如今，越来越多的工程师具有复合型能力，既可以进行测试工作，也可以进行一些开发工作。能力圈的扩展，使个人的技能树更加圆满，不仅对就业有好处，也给个人职业发展提供了更多的可能性。随着以新基建为代表的 5G 技术的日渐成熟，人工智能时代也越来越近，如果一个人躺在舒适区，一直处于低效的人工工作中，那么工作价值会随着时间变得低廉，不利于个人技术能力和职场竞争力的提高，特别是在这个需要终生学习的时代。有时候，学习一门新的技术需要有“空杯”的心态，对本书中不熟悉的内容，读者可以自行进行知识补充。相信通过后续章节的学习，读者能逐渐掌握新的技术和工具，了解其基本的功能，并在工作中进行尝试，这样做下来一定会有所收获。

1.5 小　　结

本章主要介绍了自动化测试的定义和应用场景，通过对比人工测试，越发显示出自动化测试的高效和强大。本章的知识点如下：

- 自动化测试基于工具或程序模拟用户操作，实现流程的自动化。
- 分层自动化测试模型从最上层到最下层分别为 UI 层、Service 层和 Unit 层。
- UI 测试的复杂度大于接口测试，App 端需要使用自动化测试框架进行高效测试。

千里之行，始于足下。第 2 章将会从最基础的 HTTP 接口测试讲起，手动封装工具类，再结合相关知识点进行实践，达到知行合一。

第 2 章　Python HTTP 接口编程

在学习接口编程之前，首先要明白什么是接口。从功能方面来说，接口类似于一个被不透明的画布遮盖的盒子，人们可以从这个盒子缝隙中拿取需要的物品。因此接口可以看作一个黑盒结构，用户传递参数给接口，接口运行业务逻辑块，最终输出数据并返回给客户端。

接口的请求类型很多，如基于 HTTP 的请求类型、基于 WebSocket 协议的请求类型、基于 SOAP 方式的远程服务调用请求类型，而基于 HTTP 的请求类型是最常见的请求类型。HTTP 中的网络请求方式也很多，如 GET 请求、POST 请求、PUT 请求、DELETE 请求和 PATCH 请求，经常使用 GET 和 POST 请求来获取服务器资源。值得注意的是，接口测试是一种比较重要的测试类型，它和 UI 层测试相比更容易进行自动化测试。通常情况下，在人工测试中我们往往借助浏览器或者 Postman 之类的工具发送 HTTP 请求，获取了返回数据后再进行人工对比。这个过程完全可以使用 Python 编写程序来自动化实现，从调用接口到获取数据，再到最后的逻辑判断都可以由程序来完成。

Python 针对 HTTP 接口发起请求的类库非常多，本章主要使用 requests 库和 urllib2 库来实现，并采用 Mac OS 系统下的 Python 3.7.4 运行所有的样例程序。

2.1　发起 HTTP 请求示例

HTTP 请求是基于 HTTP 的网络请求，主要应用场景为 Web 网站、对外接口、App 的数据接口服务等。

发起 HTTP 请求的过程一般是先在浏览器中输入 URL，然后浏览器将网络请求发送给服务器，最后由服务器解析并返回结果。下面将详细解析发起一个 HTTP 请求的全过程。

2.1.1　HTTP 请求原理解析

HTTP 请求是在客户端和 Web 服务器之间的交互请求，需要进行多次请求与确认。

（1）客户端连接到 Web 服务器。HTTP 客户端（通常是浏览器，也可以是 cURL 命令等）与 Web 服务器的 HTTP 端口（默认为 80）建立一个 TCP 套接字连接，例如访问百度官网地址。

（2）发送 HTTP 请求。通过 TCP 套接字，客户端向 Web 服务器发送一个文本请求报文。一个请求报文由请求行、请求头部、空行和请求数据 4 部分组成。

（3）服务器接收请求并返回 HTTP 响应。Web 服务器解析请求，定位请求资源。服务器将资源副本写入 TCP 套接字，由客户端读取。一个响应由状态行、响应头部、空行和响应数据 4 部分组成。

（4）释放 TCP 连接。若 connection 模式为 close，则服务器主动关闭 TCP 连接，客户端被动关闭连接，释放 TCP 连接；若 connection 模式为 keepalive，则该连接会保持一段时间，在该时间内可以继续接收请求。

（5）客户端浏览器解析 HTML 内容。客户端浏览器首先解析状态行，查看表明请求是否成功的状态代码，然后进一步解析每一个响应头，响应头告知浏览器下面的内容为若干字节的 HTML 文档及其字符集。客户端浏览器读取响应数据的 HTML 代码，根据 HTML 代码的语法对其进行格式化，并在浏览器窗口中显示出来。

在 TCP/IP 中，TCP 提供可靠的连接服务，三次握手后建立一个连接。

（1）第一次握手：建立连接时，客户端发送 SYN 包（SYN=1）到服务器，并进入 SYN_SENT 状态，等待服务器确认。SYN（Synchronize Sequence Number）为同步序列编号。

（2）第二次握手：服务器收到 SYN 包，必须确认客户的 SYN（ack=J+1），这里的 ack 和 ACK 是不同的，ack 是确认序号，而 ACK 为确认标识，ACK=1 表示确认。同时自己也发送一个 SYN 包（SYN=1），即 SYN+ACK 包，此时服务器进入 SYN_RCVD 状态。

（3）第三次握手：客户端收到服务器的 SYN＋ACK 包，向服务器发送确认包 ACK（ack=K+1），此包发送完毕，客户端和服务器进入 ESTABLISHED 状态，完成三次握手。完成三次握手后，客户端与服务器才开始正式传送数据。

以上过程如图 2.1 所示，图中省略了 ack 确认序号的传递，但不影响对三次握手过程的演示。

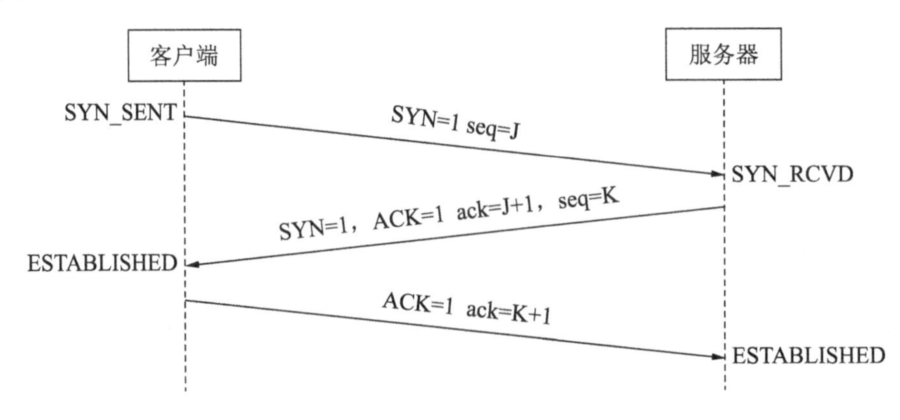

图 2.1　TCP 三次握手

2.1.2　利用 Python 发起 HTTP 请求

在自动化测试中，一般不会直接使用浏览器访问网页，而是使用工具或者程序脚本实现。凭借丰富的类库，利用 Python 发起一个 HTTP 请求非常容易。

1．使用requests

使用 requests 类库发起请求非常简单、方便。其易用性非常强，基本封装了 urllib 库的所有功能。它有以下两种安装方法。

（1）pip 方式：

```
pip install requests
```

（2）easy_install 方式：

```
easy_install requests
```

使用 requests 发起一个 HTTP 请求的实现代码如下：

代码 2.1　2.1/2.1.2/sample1.py

```
#-*-coding:utf-8-*-
import requests                                        # 引入 requests 库
# 使用 GET 方式请求百度首页
response = requests.get("https://www.baidu.com/")
print(response)                                        # 打印响应对象
```

打印结果为：

```
<Response [200]>
```

200 为 HTTP 请求结果的状态码，表示成功。

之后应对返回的响应对象中的文本内容进行解析，打印相关属性，代码如下：

```
# 查看响应内容，response.text 为 Unicode 格式的数据
print(response.text)
# 查看响应内容，response.content 为字节流数据
print(response.content)
# 查看完整的 URL 地址
print(response.url)
# 查看响应头部字符编码
print(response.encoding)
# 查看响应码
print(response.status_code)
```

输出结果为：

```
'<html>....jianyi.baidu.com/  </html>\r\n'
https://www.baidu.com/
```

```
ISO-8859-1
200
```

后续在编写复杂功能的代码时需要利用 status code 属性进行合理判断，并处理好 response.text 中的文本内容。

2. 使用urllib

urllib 是 Python 内置的 HTTP 请求类库，可直接使用，它包含以下 4 个模块。

- request：最基本的 HTTP 请求模块，用来模拟发送请求。
- error：异常处理模块，如果出现错误可以捕获异常。
- parse：工具模块，对 URL 进行拆分解析。
- robotparser：主要用来识别网站的 robots.txt 文件，然后判断哪些网站会被爬虫处理。

使用 urllib 发起一个 HTTP 请求的实现代码如下：

```
import urllib.request
# 获取一个 HTTP 响应对象
response=urllib.request.urlopen('https://www.baidu.com)
```

相比 requests 包来说，urllib 的使用更复杂，传入的参数也更多，所以在日常工作中建议选择使用 requests 包来发起 HTTP 请求。

2.1.3　利用 Python 处理响应对象

获取响应对象后需要处理，先判断状态码，然后对 text 属性设置编码，最后获取所需的文本。实现代码如下：

```
if response.status_code == 200:
    print(response,text, '\n{}\n'.format('*'*79), response.encoding)
    response.encoding = 'GBK' #
    # 存储结果或者对比结果
else:
    print("fail")
```

2.2　HTTP 简介

HTTP（超文本传输协议）规定了浏览器和万维网之间的通信规则，是最常见的简单协议。

HTTP 是一个 TCP/IP 应用层的协议，由请求和响应构成，是一个标准的客户端/服务器模型。HTTP 是一个无状态的协议，默认使用的端口号为 80，而 HTTPS 使用的端口号为 443。HTTP 并非只能用于浏览器，只要通信双方都按照该协议传输数据，就能进行任何形式的通信。一些常用软件，如 QQ，也使用 HTTP。

图 2.2 为 HTTP 的结构图，HTTP 通常位于 TCP 层之上，有时候也可以位于 TLS 或 SSL 协议层之上。

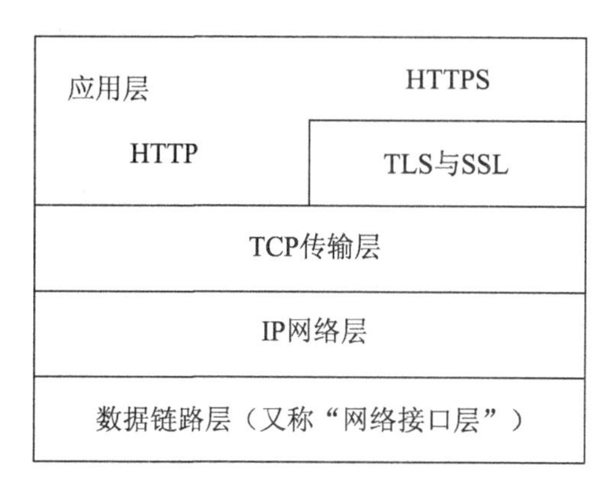

图 2.2　HTTP 在应用层的结构示意

关于网络的七层模式，可以参考网络相关的书籍，这里就不再赘述了。

请求头部的信息中包含如下重要参数。

- Method：请求方式，包括 GET、POST、DELETE、PUT 和 PATCH 等。
- Accept-Encoding：编码方式，一般默认开启压缩，如 gzip。
- Accept-Language：支持语言，和系统设置及客户端语言设置有关，如 en-US 表示美式英文。
- Cookie：存储用户访问信息的账本，浏览器自带，是非常重要的用户相关信息的参数。
- User-Agent：客户端信息，如使用的操作系统和浏览器内核名称等。

2.2.1　HTTP 状态码

简单来说，HTTP 状态码（HTTP Status Code）是用来表示网页服务器超文本传输协议响应状态的 3 位数字代码，代表请求的服务器端的状态。

不同的状态码代表不同的服务响应情况。常用并需要熟记的状态码如下。

- 200 OK：代表请求已被服务器成功接收、理解并接受，是最常见的正常返回码。
- 201 Created：请求已经被实现，有一个新的资源已经依据请求的需要而建立，并且其 URI 已经随 Location 头信息返回。如需要的资源无法及时建立的话，应当返回“202 Accepted”。

- 301 Moved Permanently：被请求的资源已永久移动到新位置，并且将来任何对此资源的引用都应该使用本响应返回的若干个 URI 之一。如果可能，具有链接编辑功能的客户端应当自动把请求的地址修改为从服务器反馈回来的地址。除非额外指定，否则这个响应也是可以缓存的。
- 304 Not Modified：如果客户端发送了一个带条件的 GET 请求且该请求已被允许，而文档的内容（自上次访问以来或者根据请求的条件）并没有改变，则服务器应当返回这个状态码。304 响应禁止包含消息体，因此始终以消息头后的第一个空行结尾。

以上都是正常情况下返回的状态码。下面是错误情况下返回的状态码。

1. 4XX系列

下面是常见的 4XX 系列状态码。

- 400 Bad Request：语义有误，当前请求无法被服务器理解。除非进行修改，否则客户端不应该重复提交这个请求。
- 401 Unauthorized：当前请求需要用户验证。该响应必须包含一个适用于被请求资源的 WWW-Authenticate 信息头，用来询问用户信息。客户端可以重复提交一个包含恰当的 Authorization 头信息的请求。如果当前请求已经包含了 Authorization 证书，那么 401 响应代表服务器验证拒绝了那些证书。如果 401 响应包含与前一个响应相同的身份验证询问，并且浏览器至少已经尝试了一次验证，那么浏览器应当向用户展示响应中包含的实体信息——因为这个实体信息中可能包含相关的诊断信息，最终完成鉴权认证的相关工作。
- 403 Forbidden：服务器已经理解请求，但是拒绝执行。与 401 响应不同的是，身份验证并不能提供任何帮助，而且这个请求也不应该被重复提交。如果这不是一个 HEAD 请求，而且服务器希望能够讲清楚为何请求不能被执行，那么就应该在实体内描述拒绝的原因。当然，如果服务器不希望让客户端获得任何信息，也可以返回一个 404 响应。
- 404 Not Found：请求失败，希望得到的资源未在服务器上发现。没有信息能够告诉用户这个状况是暂时的还是永久的。假如服务器知道情况的话，应当使用 410 状态码来告知用户，其请求的资源因为某些内部的配置机制问题，已经永久不可用，而且没有任何可以跳转的地址。404 状态码被广泛应用于服务器不想揭示为何请求被拒绝，或者没有其他适合的响应可用的情况。出现这个错误的最大原因是服务器端没有这个页面。
- 405 Method Not Allowed：请求行中指定的请求方法不能被用于请求相应的资源。该响应必须返回一个 Allow 头信息，用于表示当前资源能够接受的请求方法列表。

鉴于 PUT 和 DELETE 方法会对服务器上的资源进行写操作，因此绝大部分的网页服务器都不支持上述请求方法，或者在默认配置下不允许使用上述请求方法，对于此类请求均会返回 405 错误。

- 408 Request Timeout：请求超时，即客户端没有在服务器预备等待的时间内完成一个请求的发送。客户端可以随时再次提交这一请求而无须进行任何更改。
- 451 Unavailable For Legal Reasons：该请求因法律原因不可用。例如，一些涉及敏感问题的国外网站无法访问。

2. 5XX系列

5XX 系列一般为服务器端抛出的错误。

- 500 Internal Server Error：服务器遇到了一个未曾预料的状况，导致它无法完成对请求的处理。一般来说，这个问题会在服务器端的源代码出现错误时出现。
- 501 Not Implemented：服务器不支持当前请求所需要的某个功能。当服务器无法识别请求的方法，并且无法支持其对任何资源的请求时出现。
- 502 Bad Gateway：作为网关或者代理工作的服务器尝试执行请求时，从上游服务器接收到无效的响应。
- 503 Service Unavailable：由于临时的服务器维护或者过载，服务器当前无法处理请求。这个状况是临时的，并且将在一段时间以后恢复。如果能够预计延时时间，那么响应中可以包含一个 Retry-After 头用于标明这个延时时间。如果没有给出这个 Retry-After 信息，那么客户端应当以处理 500 响应的方式处理它。

注意： 503 状态码的存在并不意味着服务器在过载的时候必须使用它，某些服务器只不过是希望拒绝客户端的连接。

- 504 Gateway Timeout：作为网关或者代理工作的服务器尝试执行请求时，未能及时从上游服务器（URI 标识的服务器，如 HTTP、FTP、LDAP）或者辅助服务器（如 DNS）收到响应。

注意： 某些代理服务器在 DNS 查询超时时会返回 400 或者 500 错误。

Python 处理 code 的方式很简单，就是用响应对象的 status_code 属性和状态码进行比较，对不同的状态码用对应的逻辑处理即可。例如下面的代码：

代码 2.2　2.2/2.2.1/sample2.py

```
import requests

response = requests.get("https://www.baidu.com")
```

```
if response.status_code == 200:
print("Request is ok")

elif response.status_code == 404:
print("The page is not found")
elif response.status_code >= 500:
print("Server has something wrong!")
```

对于以上代码中返回的 JSON 格式的数据，可以使用 response.json()解析成 Python 对象。熟练掌握 response 对象的各种属性，有助于快速迭代开发，相关属性的使用可以通过官网文档进行查阅，涉及的状态码判断可以分得更细致，本例只对常见的 404、500 和 200 状态码进行判断。如果接口返回的是自定义的错误码，还需要对相应的错误码进行逻辑判断。

2.2.2　利用 Python 处理业务码

顾名思义，业务码就是用于描述业务状态的编码。例如在微信支付中，Python 处理后续业务和普通程序类似，针对一些业务码，取得数据后可以进行逻辑判断，然后进行持久化存储等操作。常规的处理流程如图 2.3 所示，其包含如下几个操作。

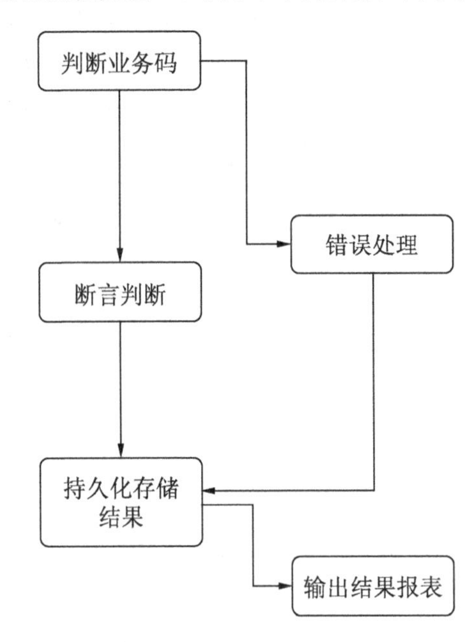

图 2.3　业务码处理流程

- 判断业务码：根据不同业务进行分支和逻辑判断。
- 断言判断：如果业务码判断成功的话，则进入该流程，根据断言来判断是否符合预期。

- 错误处理：如果业务码判断失败，则进入错误处理，进行相关错误信息的记录，或抛出错误信息等操作。
- 持久化存储结果：包含错误信息和断言信息，可以选择 MySQL 作为持久化存储的数据库，它的使用非常方便，类库驱动也非常多。后续章节会具体介绍如何使用 Python 封装 MySQL 操作类。
- 输出结果报表：将结果导出为电子表格或者文本文件。

由于 Python 本身没有提供 switch/case 用法，所以自定义一个枚举业务码的字典来模拟 switch/case 的效果。实现代码如下：

代码 2.3　2.2/2.2.2/work_code.py

```
#-*-coding:utf-8-*-
import time
import requests

def deal(str code):
switcher = {
    "40001": "param is invalid",
    "40002": "param lost verify part",
    "40003": "not permission param",
    }

    msg = switcher.get(code, "ok")
    if msg != ok:
    with open('error.txt','w') as f:          #设置文件对象

        # 格式化成 2016-03-20 11:45:39 的形式
        date_str = time.strftime("%Y-%m-%d %H:%M:%S", time.localtime())
        f.write(date_str + msg)                #将错误信息写入文件中
    else:
        # 业务码正确，则说明逻辑正确，进行正常的处理流程
        print("Success!")

response = requests.get("https://localhost:8082/getStock")
json_data = response.text.json()
deal(json_data.code)
```

2.3　GET 和 POST 请求

GET 和 POST 请求平时经常使用，它们是 HTTP 中的两种请求方法，而 HTTP 是基于

TCP/IP的应用层协议实现的。无论GET还是POST，用的都是同一个传输层协议，所以在传输上二者没有区别。它们的不同之处在于传输数据的方式，在约定中，GET方法的参数应该放在URL中，而POST方法的参数应该放在Body中。HTTP没有Body和URL的长度限制，对URL进行限制的大多是浏览器和服务器本身。

2.3.1 HTTP请求方式

根据HTTP标准，HTTP请求可以使用多种请求方法。

- HTTP 1.0中定义了3种请求方法：GET、POST和HEAD。
- HTTP 1.1中新增了6种请求方法：OPTIONS、PUT、PATCH、DELETE、TRACE和CONNECT。

根据复杂程度，请求的类型可以分为下面两种：

- 简单请求，HTTP 1.0中的3种请求方法（HEAD、GET和POST）默认都属于简单请求。
- 没有自定义的报头，类型为MIME Type in text/plain、multipart/form-data、application/x-www-form-urlencoded。

GET请求方法主要用于获取资源，POST请求方法常用于表单提交，对资源进行增加或修改。在RESTful的最佳设计中，建议使用POST来增加资源，使用PUT来修改资源。

2.3.2 利用Python发起GET请求

GET方式的简单请求已经在前面介绍过，本小节将介绍它的高级用法。

1. 带参数的请求

可以用字典形式传递参数。当网页采用gzip压缩的时候，读取text属性可能会出现乱码，所以建议使用content属性。示例代码如下：

代码2.4 2.3/2.3.2/has_param_get_request.py

```
#-*-coding:utf-8-*-
import requests
'''
最终拼接效果为:
https://www.baidu.com/s?wd=Python
'''
param = {"wd":"Python"}
get_url = 'https://www.baidu.com'
response = requests.get(get_url, params=param)
print(response.content)
```

2. 携带Session参数

有时候需要保持登录状态或用户状态，可以在发起请求的时候传递 cookie 参数，该会话对象在同一个 Session 实例发出的所有请求之间保存 cookie 信息。具体代码如下：

```
#-*-coding:utf-8-*-
import requests
s = requests.Session()

r = s.get('http://httpbin.org/cookies', cookies={'from-my': 'browser'})
print(r.text)
# '{"cookies": {"from-my": "browser"}}'

r = s.get('http://httpbin.org/cookies')
print(r.text)
# '{"cookies": {}}'
```

除此之外，如果要手动添加 cookie 信息，可以使用 Cookie Utility 来操作。具体代码如下：

```
with requests.Session() as s:
    s.get('http://httpbin.org/cookies/set/sessioncookie/123456789')
```

3. 请求Prepared Request

如果在发送请求之前还需要一些个性化设置，可以传入 header 参数，例如：

```
from requests import Request, Session
s = Session()
url = 'https://www.cnblog.com'
data = {"s":"Golang"}
header = {'Accept-Encoding': 'identity, deflate, compress, gzip',
'Accept': '*/*', 'User-Agent': 'python-requests/0.13.1'}
req = Request('GET', url,
data=data,
headers=header
)
prepare_obj = req.prepare()

resp = s.send(prepare_obj,
stream=stream,
verify=verify,
cert=cert,
timeout=timeout
)
print(resp.status_code)
```

4. SSL支持

SSL 是 HTTPS 的证书服务，requests 库也可以在发起请求的时候携带 SSL 证书，默认 SSL 验证是开启的。下面这段代码就是指定使用的证书地址。

```
requests.get('https://github.com', verify='/path/to/certfile')
```

5. 设置代理

代理的设置很简单，具体代码如下：

```
import requests
proxies = {
"http": "http://10.10.1.10:3128",
"https": "http://10.10.1.10:1080",}
requests.get("http://example.org", proxies=proxies)
```

2.3.3　利用 Python 发起 POST 请求

POST 请求是 HTTP 请求的一种，也是建立在 TCP/IP 基础上的应用规范。POST 提交的数据必须放在消息主体（entity-body）中，编码没有严格限制，但是一般使用的是 application/x-www-form-urlencoded、multipart/form-data 或 raw。

在 Python 中也可以自己用字典构造参数，使用 post()函数即可。语法如下：

```
requests.post(url, post_data)
```

第一个参数为请求的 URL，第二个参数为字典类型的提交数据。

1. 常规用法

直接使用 post()函数，代码如下：

代码 2.5　2.3/2.3.3/post1.py

```
#-*-coding:utf-8-*-
import requests,json

url = 'http://httpbin.org/post'
data = {'key1':'value1','key2':'value2'}
r =requests.post(url,data)
print(r)
print(r.text)
print(r.content)
```

2. JSON形式

如果用 JSON 形式发送请求，代码可以改为：

代码 2.6　2.3/2.3.3/post_json.py

```
#-*-coding:utf-8-*-
import requests,json
```

```
url_json = 'http://httpbin.org/post'
#dumps：可以将 Python 对象解码为 JSON 数据
data_json = json.dumps({'stock_no':'600585','price':'52.12'})
res = requests.post(url_json,data_json)
print(res)
print(res.text)
print(res.content)
```

运行结果如下：

```
python post_json.py
<Response [200]>
{
"args": {},
"data": "{\"stock_no\": \"600585\", \"price\": \"52.12\"}",
"files": {},
"form": {},
"headers": {
"Accept": "*/*",
"Accept-Encoding": "gzip, deflate",
"Content-Length": "40",
"Host": "httpbin.org",
"User-Agent": "python-requests/2.22.0"
  },
"json": {
"price": "52.12",
"stock_no": "600585"
  },
"origin": "171.221.254.72, 171.221.254.72",
"url": "https://httpbin.org/post"
}
b'{\n  "args": {}, \n  "data": "{\\"stock_no\\": \\"600585\\", \\"price\\":
\\"52.12\\"}", \n  "files": {}, \n  "form": {}, \n  "headers": {\n
"Accept": "*/*", \n    "Accept-Encoding": "gzip, deflate", \n    "Content-
Length": "40", \n    "Host": "httpbin.org", \n    "User-Agent": "python-
requests/2.22.0"\n  }, \n  "json": {\n    "price": "52.12", \n    "stock_
no": "600585"\n  }, \n  "origin": "171.221.254.72, 171.221.254.72", \n
"url": "https://httpbin.org/post"\n}\n'
```

3. 文件流形式

以 multipart 形式发送 POST 请求，具体代码如下：

```
#-*-coding:utf-8-*-
import requests,json
url = 'http://httpbin.org/post'
files = {'file':open('./report.txt','rb')}            # 设置要被打开的文件
res = requests.post(url_mul,files=files)              # 发送 POST 请求
print(res)
print(res.text)
print(res.content)
```

还可以通过 POST 请求来传输多个分块编码的文件，只需要把文件放到一个元组的列表中即可，其中元组结构为(form_field_name, file_info)。具体代码如下：

代码 2.7　2.3/2.3.3/post_multi_files.py

```
#-*-coding:utf-8-*-
import requests,json
url = 'http://httpbin.org/post'
multiple_files = [('images', ('test1.png', 'test1.png', 'rb'), 'impage/
png'), ('images', ('test1.png', 'test2.png', 'rb'), 'impage/png')]
response = requests.post(url, files=multiple_files)
print(response.text)
```

学会了 GET 和 POST 请求后，可以进一步编程实现自动化登录。

2.3.4　利用 Python 完成自动登录示例

在日常测试工作中经常需要登录后台进行一些操作，每次都手动输入账号和密码进行登录十分麻烦，特别是有多个项目的时候。使用 Python 可以实现自动登录，从而减少重复性操作。实现的思路如下：

（1）使用浏览器模拟库获取页面元素。

（2）填写账号和密码。

（3）提交数据，完成登录。

操作浏览器的模拟库很多，这里介绍一款简单且高度封装的轻量级库 splinter。它是一个由 Python 开发的开源 Web 应用测试工具，可以轻松实现自动浏览站点并进行交互，它封装了对浏览器的操作，形成了一个上层应用 API，让相关编程变得更加简单，从而专注于业务实现本身。其安装方式如下：

```
pip install splinter
```

例如，想登录 163 邮箱进行后续操作，实现代码如下：

代码 2.8　2.3/2.3.4/auto_login.py

```
#coding=utf-8
import time
from splinter import Browser

def login_mail(url):
  browser = Browser()
  #登录 163 邮箱
  browser.visit(url)
  # 设置账号和密码
  browser.find_by_id('username').fill('你的用户名称')
  browser.find_by_id('password').fill('你的密码')
  #模拟单击登录按钮
  browser.find_by_id('loginBtn').click()
  time.sleep(3)
  #close the window of brower
  browser.quit()
```

```
if __name__ == '__main__':
  mail_addr ='http://reg.163.com/'
  login_mail(mail_addr)
```

2.4 小　　结

本章主要介绍了自动化测试中 HTTP 请求程序的编写，并介绍了 HTTP 的相关知识。本章需要掌握的内容如下：

- HTTP 及其相关属性。
- 使用 Python 中的 requests 库发起 GET 和 POST 请求（涉及一些自定义参数的传递）。
- 使用 splinter 库完成自动登录。

第 3 章　Selenium 基础知识

除了通过 Python 程序发起 HTTP 请求外，更多的是使用成熟的自动化测试框架进行功能点的测试。其中，Selenium 是一款功能强大的测试框架，可以用它来实现真正的自动化测试，从而提升工作效率。本章将重点介绍 Selenium 框架的基础知识及基本用法。

3.1　Selenium 概述

Selenium 是一款用于 Web 应用程序自动化测试的工具。它可以通过不同的方式唤起浏览器中，测试代码可以运行在这个浏览器中，就像真实的用户在操作一样。该工具支持的浏览器包括 IE 7/8/9/10/11，以及 Mozilla Firefox、Safari、Google Chrome 和 Opera 等。

Selenium 的特点如下：

- 开源，免费。
- 多浏览器支持，如 Firefox、Chrome、IE、Opera 和 Edge。
- 多平台支持，如 Linux、Windows 和 Mac OS。
- 多语言支持，如 Java、Python、Ruby、C#、JavaScript 和 C++。
- 对前端页面有良好的支持。
- API 使用简单，可以通过编程进行定制化。
- 支持分布式测试用例的执行。

当前最新的版本是 Selenium 3，其新加入的特性如下：

- 增加了对 Edge 和 Safari 原生驱动的支持。Edge 驱动由微软提供，Safari 原生驱动由 Apple 提供。
- 在最新的 Firefox 中，Selenium 开始支持 Mozilla 的 Geckodriver 驱动，使用 Geckodriver 驱动对 Firefox 进行控制。Geckodriver 扩展需要单独下载，并将其加入系统环境变量中。

3.2　Selenium 环境搭建

3.2.1　安装 Selenium 包

安装 Selenium 的常见方法有两种，都是使用命令行模式，十分方便、快捷。

1. pip方式安装

pip 安装命令如下（默认安装最新版）：

```
pip install selenium
```

如果遇到提示 pip 版本过低，需要升级 pip，则命令如下：

```
pip install --upgrade pip
```

2. easy_install方式安装

easy_install 安装方式如下：

```
easy_install selenium
```

验证是否安装成功，可以使用交互式界面，命令如下：

```
python -i
```

进入交互命令行后，输入以下命令：

```
>>> from selenium import webdriver
```

如不报错，则说明安装成功。

3.2.2　安装不同浏览器的驱动包

针对不同的浏览器，需要安装对应版本的驱动包，以此实现 Selenium 调用浏览器进行模拟测试。

Chrome 浏览器的驱动包安装步骤如下：

（1）查看当前系统安装的 Chrome 浏览器版本。

（2）下载对应版本的驱动包。

（3）将驱动包添加到对应的系统 PATH 中，方法是在 Linux 系统中将解压后的文件复制到/usr/local/bin/目录下即可。

Firefox 的安装步骤与 Chrome 类似，根据对应的操作系统和浏览器版本下载对应的驱动包并安装即可。

IE 浏览器的驱动种类比较多，一定要注意操作系统的配置。

在 IE 官网的下载页面选择 IEDriverServerxxx.zip 包，这个安装包需要区分计算机是 32 位还是 64 位的操作系统，根据自己的操作系统下载即可。需要注意的是，如果要打开 IE 浏览器，则在需要在浏览器的“Internet 选项”对话框的“安全”选项卡中分别选中 Internet、本地 Internet、受信任的站点和受限制的站点这 4 个选项的“启用保护模式”复选框，并且还需要把驱动的路径加入环境变量中。

安装完毕后可以在交互式命令行中输入如下代码:

```
>>> d=webdriver.Chrome()
>>> d.get("https://sogou.com")
```

此时会看到一个新的 Chrome 浏览器页面自动跳转到搜狗官网首页。通过 Selenium 的 WebDriver 驱动库，不用手动便可打开浏览器或输入网址等，这些操作使用程序即可自动实现。

3.3　在 Selenium 中选择元素对象

操作页面上的元素是自动化测试的关键。页面上的标签元素如按钮、输入框等，都是在测试中需要操作的元素，只有选择元素对象后才能进一步对它进行操作，本节将会详细介绍选择元素的方法。

3.3.1　根据 id 和 name 选择元素对象

在页面的 HTML 代码中，id 和 name 属性是比较常见的，id 属性在同一个页面中具有唯一性，方便开发者根据此属性精准定位到指定的元素。

```
<div id="nav">
  <ul>
    <li>Home</li>
    <li>News</li>
    <li>Contac Us</li>
  </ul>
</div>
<form action="/show.php">
  <input type="button" name="Trick" value="run">
</form>
```

根据 id 和 name 定位对应元素的代码如下：

```
id="nav"
find_element_by_id(id)
name="Trick"
find_element_by_name(name)
```

除此之外还可以根据 tag 和 class 属性定位元素，方法类似。例如：

```
<div class="dom_test">
<p>Know it more just like a artist.<p>
</div>
```

也可以用如下代码选择 class 为 dom_test 的元素和 p 标签：

```
class_name = "dom_test"
find_element_by_class_name(class_name)
tag_name = "p"
find_element_by_tag_name(tag_name)
```

3.3.2　根据 link text 选择元素对象

页面中一般会有很多超链接标签，有时需要定位到 a 标签元素，提取 a 标签里的链接地址以备后续操作使用。

链接分为 link text（链接对象）和 partial link text（部分链接对象）两种，可以通过 find_element_by_link_text()和 find_element_by_partial_link_text()函数来定位元素。例如以下 HTML 代码：

```
<a href="https://jd.com" name="tj_news">京东</a>
<a href="https://cd.jumei.com" name="tj_tieba">聚美</a>
<a href="http://taobao.com" name="tj_zhidao">淘宝是一个神奇的网站哦</a>
```

如果通过 link text 方式定位元素，方法如下：

```
find_element_by_link_text("聚美")
find_element_by_link_text("京东")
find_element_by_link_text("淘宝是一个神奇的网站哦")
```

对于最后一个链接元素，也可以用 partial link text 方式获取，方法如下：

```
find_element_by_partial_link_text("淘宝")
```

由此可见，find_element_by_partial_link_text()函数可以通过截取部分文字来定位元素，但截取的部分必须与元素唯一匹配。

3.3.3　根据 XPath 选择元素对象

XPath 是一种基于 XML 文档定位元素的方法。HTML 可以看作是 XML 的一种特例，而 Selenium 也可以使用 XPath 方式来选择或定位元素。

XPath 的语法比较简单，只是扩展了很多新的特性和实现，如对 id 和 name 的定位方式增加了新的写法。例如，想定位第二个按钮，方法如下：

```
<div class="simple_wrap" name="simple_wrap_obj">
<form target="_self" action="http://baidu.com">
<span id="my_container">
<input id="input" type="text" type="button"name="firstBtn">
<input id="input2" type="button" name="secondBtn">
<!-- 还有其他代码在此省略-->
```

针对这种 div 嵌套结构的页面，可以定位该元素的方法很多。

（1）利用自身的 id 属性定位的方法如下：

```
find_element_by_xpath("//input[@id='input2']")
```

（2）利用上一级目录的 id 属性元素定位的方法如下：

```
find_element_by_xpath("//span[@id='my_container']/input[1]")
# 下标 1 表示第二个 input 元素，默认从 0 开始算下标
```

（3）利用上两级目录的 id 属性元素定位的方法如下：

```
find_element_by_xpath("//div[@id='simple_wrap']/form/span/input")
```

（4）利用上两级目录的 name 属性定位方法如下：

```
find_element_by_xpath("//div[@name=simple_wrap_obj/form/span/input[1]")
```

（5）使用绝对路径定位元素的方法如下：

```
find_element_by_xpath("/html/body/div[1]/form/span/input[1]")
```

（6）利用自身 name 属性定位的方法如下：

```
find_element_by_xpath("//input[@name='secondBtn']")
#通过自身的 name 属性定位
```

通过上面的例子可以看出，XPath 的使用非常灵活，并且有自己的使用规则。XPath 还可以做一些逻辑运算，但是性能不太好，需要通过 XML 进行解析和判断。此外，XPath 对不同浏览器的兼容性不高，因此不推荐使用。

3.3.4　CSS 选择器

CSS（Cascading Style Sheets）用于渲染、美化 HTML 页面，也称为层叠样式表。在定位元素的时候，可以使用 CSS 作为定位策略。CSS 在性能上比 XPath 更优，但在语法和使用方面对初学者来说不易掌握。下面列举一些常用的选择策略。

（1）标签元素，如 div、table、form 等。

（2）class 选择器，如.search 对应 HTML 代码的“<div class="search">...</div>”。

（3）ID 选择器，如#helper，对应 HTML 代码中的“<div id="helper">”。

（4）多元素匹配，具体情况如表 3.1 所示。

表 3.1　多元素匹配规则表

规　　则	含　　义
E,F	E和F都是元素，同时匹配E或者F，E和F之间用逗号分隔
E F	后代元素选择器，匹配所有属于E元素后代的F元素，E和F之间用空格分隔
E> F	匹配所有E元素的后代元素F
E+F	匹配紧随E元素之后的第一个同级元素F
E~F	同级元素选择，匹配E元素后的同级F元素

下面举一个具体的例子，代码如下：

代码 3.1　3.3.4/test01.html

```
<div class="SeekDiv">
<div id="headerPart1">
  header part 1
</div>
<div id="divForm">
  <form class="my_form">
  <ul>
    <li>Red</li>
    <li>Blue</li>
    <li>Pink</li>
  </ul>
  Your email:<input name="email" type="text" value="">
  <input type="submit" name="my_submit" value="submit">
<input type="hidden" name="superid" value="TWS3003">
  </form>
</div>
<form>
</div>
```

通过 CSS 语法进行匹配，如表 3.2 所示。

表 3.2　CSS元素定位表

定位CSS	元　　素
css=#divForm	<div id="divForm">
css=div..SeekDiv	<div class="SeekDiv">
css=div>ul	第二个div中所有的ul

（5）元素属性和包含。元素属性使用 att 元素进行定位，具体如表 3.3 所示。

表 3.3　元素属性定位表

定　　位	含　　义
E[att='val']	att属性的值为val的E元素（区分大小写）

（续）

定　　位	含　　义
E[att^='val']	att属性的值为以val开头的E元素（区分大小写）
E[att$='val']	att属性的值为以val结尾的E元素（区分大小写）
E[att*='val']	att属性的值包含val的E元素（区分大小写）
E[att1='v1'][att2*='v2']	att1属性的值为v1，att2的值包含v2（区分大小写）
E:contains('xxxx')	内容中包含xxxx的E元素
E:not(s)	匹配不符合当前选择器的任何元素

还是以代码 3.1 为例，使用元素属性进行定位，具体如表 3.4 所示。

表 3.4　CSS属性定位表

定位CSS	元　　素
css=input[name=email]	<input name="email" type="text" value="">
css=li:contains('Blue')	<li>Blue</li>
css=input[name$=id][value^=TWS]	<input type="hidden" name="superid" value="TWS3003">
css=input:not([name$=id][value^=SYS])	<input type="submit" name="my_submit" value="submit">
css=form > input[name=email]	<input name="email" type="text" value="">

（6）CSS 结构性定位。根据相对位置来定位元素，利用 CSS 3 的特性进行定位，如表 3.5 所示。

表 3.5　CSS结构性定位表

定　　位	含　　义
E:first	在其父元素中的E元素子集合中排第一个元素
E:last	在其父元素中的E元素子集合中排最后一个元素
E:even	在其父元素中的E元素子集合中排在偶数位的元素
E:odd	在其父元素中的E元素子集合中排在奇数位的元素
E:eq(n)	在其父元素中的E元素子集合中排在第n+1个元素
E:lt(n)	在其父元素中的E元素子集合中排在n位之前的E元素
E:gt(n)	在其父元素中的E元素子集合中排在n位之后的E元素
E:only-child	父元素的唯一一个子元素且标签为E
E:empty	不包含任何子元素的E元素

例如下面的代码：

```
<div class="smallDiv">
<ul id="dataList">
```

```
        <a href="https://cd.jumei.com">聚美优品</a>
        <li>Bag</li>
        <li>Neeckle</li>
        <li>Ring</li>
        <li>Pearl</li>
    </ul>
</div>
```

下面以上面的 HTML 代码为例，使用 CSS 定位方法进行元素定位。CSS 定位实例见表 3.6。

表 3.6　CSS结构性定位实例表

CSS定位	匹 配 结 果
css=ul>li:first	<li>Bag</li>
css=ul>li:last	<li>Pearl</li>
css=ul>li:even	Bag,Ring
css=ul>:even	<a href="https://cd.jumei.com">聚美优品</a>
css=ul>li:gt(2)	<li>Pearl</li>
css=ul>li:lt(2)	<li>Bag</li>
css=ul>li:odd	Neeckle,Pearl
css=ul>:only-child	Error 没有符合要求的元素
css=ul>*:only-child	Error 没有符合要求的元素
Css=div.smallDiv>:only-child	<ul id="dataList">...</div>

除此之外还可以使用一些伪类，如 input、text、checkout、file、password 和 submit。对于新手来说完全掌握相关定位方法不是一蹴而就的，可以根据实际工作需要，随时翻阅此章节的内容进行学习。使用id和name进行定位是最简便的，解决问题是最优先的，实际工作中不用舍近求远。

3.4　使用 Selenium 完成自动登录

Selenium 完全可以操作浏览器进行自动登录，这和第 2 章用 Python 程序实现的思路类似，脚本可以结合 Selenium 工具完成相关的操作。

完成登录的基本思路为：

（1）对登录页面的页面结构进行分析。

（2）定位账号、密码和登录按钮元素。

（3）输入账号和密码，并进行简单的逻辑判断。

（4）模拟单击“提交”按钮。

3.4.1　自动登录百度网盘

百度网盘是目前最常用且功能强大的网盘，它的登录页面结构也比较清晰，适合进行自动化测试。

首先编写 Selenium 操作封装类，将最基础的查找元素、填充文本内容、判断页面元素是否存在等功能进行封装，代码如下：

代码 3.2　3.4/selenium_tools.py

```
#-*-coding:utf-8-*-
'''
基于 Selenium 的操作封装类
@Author freePHP(我的艺名)
@Created at 2019
'''
from selenium.webdriver.support.ui import WebDriverWait
from selenium import webdriver
class Tool():
   def __init__(self, driver):
       self.driver = driver

   #查找指定定位的元素
   def find(self, locator) -> obj:
       # lambda 方式匹配元组
       element = WebDriverWait(self.driver, 10, 1).until(lambda x: x.find_
element(*locator))
       return element

   # 填充文本到指定的文本元素
   def fill(self, locator, text):
       self.find(locator).send_keys(text)

   # 检查该元素是否存在
   def element_exists(self, locator) -> bool:
       ones=self.finds(locator)
       # 如果存在则返回 True
       if len(ones) >= 1:
           return True
       else:
           return False
   # 触发单击事件
   def click(self, locator):
       # 定位元素被单击
       self.find(locator).click()
```

可以继续编写测试用例调用上述代码中封装好的 Tool 类，在后续章节中会专门介绍如何使用单元测试驱动开发和保证最小逻辑单元的严格测试（测试驱动开发是一种开发方式，即先编写测试代码，然后根据测试预期来编写业务逻辑代码，与传统的开发方式完全相反。这种测试先行的开发模式也称为 TDD）。在编写代码之前，首先应分析页面结构，整理思路如下：

（1）选择账号和密码登录方式，触发单击选项。

（2）填写账号和密码，注意要使用 time.sleep()函数保持时间间隔，让自动化操作更真实。

（3）触发登录按钮。

下面使用 Tool 工具类编写程序自动登录百度网盘，具体代码如下：

代码 3.3　3.4/auto_login_by_selenium.py

```
#-*-coding:utf-8-*-
from selenium_tool import Tool
import time
from selenium import webdriver
# 测试自动化登录百度网盘
def testLogin():
    # 生成 Chrome 驱动
    driver = webdriver.Chrome()
    # 生成工具类
    client = Tool(driver)
    # 访问网盘官网
    client.driver.get("https://pan.baidu.com")
    # 声明登录框显示对象
    show_login_form = ("id", "TANGRAM__PSP_4__footerULoginBtn")
    # 单击显示账号登录方式，显示登录输入框
    client.click(show_login_form)
    # 休眠 0.5s
    time.sleep(0.5)
    #element = client.find(("name", "wd"))
    # 账号
    account = ("id", "TANGRAM__PSP_4__userName")
    # 密码
    password = ("id", "TANGRAM__PSP_4__password")
    # 设置账号
    client.fill(account, "你的账号名")
    # 休眠 2.5s，让操作更真实
    time.sleep(2.5)
    # 填充密码
    client.fill(password, "你的密码")
    # 休眠 3s，让操作更真实
    time.sleep(3)
    click_obj = ("id", "TANGRAM__PSP_4__submit")
    # 单击登录按钮
    client.click(click_obj)
    #休眠 10s
    time.sleep(10)

if __name__ == '__main__':
    testLogin()
```

实际运行过程中百度可能会对 Selenium 自动化程序进行检测，从而触发多种类型的验证码（如文字、数字或者图片翻转类）或者短信验证码，对于此问题，在后续章节中会讲解有效的解决办法。

3.4.2　自动登录 QQ 空间

QQ 空间也是用户经常使用的功能，在爬取 QQ 空间数据（如日志、图片、评论、用户头像等）的时候往往需要保持登录状态。可以使用 Selenium 原始的 API 接口实现自动化登录元素定位和模拟操作（如使用 find_element_by_id()函数通过 ID 定位指定的元素），具体代码如下：

代码 3.4　3.4/auto_login_regular.py

```
#-*-coding:utf-8-*-
from selenium import webdriver
import time
def auto_login():
    driver = webdriver.Chrome()
    #设置浏览器窗口的位置和大小
    driver.set_window_position(20, 40)
    driver.set_window_size(1100,700)
    # 访问 QQ 空间登录页
    driver.get("http://qzone.qq.com")
    # 切换到登录表单框架
    driver.switch_to_frame('login_frame')
    # 分别设置登录账号和密码，使用 find_element_by_id()函数
    driver.find_element_by_id('switcher_plogin').click()
    driver.find_element_by_id('u').clear()
    driver.find_element_by_id('u').send_keys('401112769')
    driver.find_element_by_id('p').clear()
    driver.find_element_by_id('p').send_keys('tonytang!2019')
    driver.find_element_by_id('login_button').click()
    time.sleep(5)
    # 关闭窗口
    driver.quit()

if __name__ == '__main__':
    auto_login()
```

3.5　鼠标事件

前面已经提到过鼠标单击可以使用 click()函数，而实际上 Web 产品测试中不仅需要鼠标单击，有时候还需要双击、右击和拖动等操作，这些操作包含在 ActionChains 类中。

下面介绍 ActionChains 类中鼠标操作的常用方法。

（1）鼠标双击操作：double_click(on_element)。

该操作是指双击页面元素。例如：

```
#引入 ActionChains 类
from selenium.webdriver.common.action_chains import ActionChains
#定位到要双击的元素
double =driver.find_element_by_xpath("xxx")
#对定位到的元素执行鼠标双击操作
ActionChains(driver).double_click(double).perform()
```

对于操作系统来说，鼠标双击的操作相当频繁，但对于 Web 应用来说双击操作较少，实际使用场景是地图程序（如百度地图），可以通过双击鼠标放大地图。

（2）鼠标右击操作：context_click(right)。

假如一个 Web 应用的列表文件提供了右击弹出快捷菜单的操作，则可以通过 context_click()方法模拟鼠标右击的操作，参考代码如下：

```
#引入 ActionChains 类
from selenium.webdriver.common.action_chains import ActionChains
#定位要右击的元素
right =driver.find_element_by_xpath("xx")
#对定位的元素执行鼠标右击操作
ActionChains(driver).context_click(right).perform()
```

（3）鼠标拖放操作：drag_and_drop(source, target)。

该操作是指在指定元素上按下鼠标左键，然后移动到目标元素上释放鼠标。其中，source 为鼠标按下的源元素，target 为鼠标释放的目标元素。

鼠标拖放操作的参考代码如下：

```
#引入 ActionChains 类
from selenium.webdriver.common.action_chains import ActionChains
#定位元素的原位置
element = driver.find_element_by_name("xxx")
#定位元素移动的目标位置
target = driver.find_element_by_name("xxx")
#执行元素的移动操作
ActionChains(driver).drag_and_drop(element, target).perform()
```

（4）鼠标光标悬停在元素上：move_to_element()。

该操作用于模拟鼠标光标悬停在一个元素上，参考代码如下：

```
#引入 ActionChains 类
from selenium.webdriver.common.action_chains import ActionChains
#定位光标要在其上悬停的元素
above = driver.find_element_by_xpath("xxx")
#对定位的元素执行光标在其上面的悬停操作
ActionChains(driver).move_to_element(above).perform()
```

（5）单击鼠标左键：click_and_hold()。

该操作用于在一个元素上单击，参考代码如下：

```
#引入 ActionChains 类
from selenium.webdriver.common.action_chains import ActionChains
#定位要单击的元素
left=driver.find_element_by_xpath("xxx")
#对定位的元素执行单击操作
ActionChains(driver).click_and_hold(left).perform()
```

为了日常使用更加高效、便捷，笔者将上述常用的函数封装成一个工具类，代码如下：

代码 3.5　3.5/mouse_operator.py

```
#-*-coding:utf-8-*-
from selenium.webdriver.common.action_chains import ActionChains
from selenium import webdriver
'''
#针对使用 ActionChains 类实现的鼠标操作，封装成工具类
 double_click() 双击
 context_click() 右击
 drag_and_drop() 拖动鼠标
 move_to_element() 光标悬停在一个元素上
 click_and_hold() 在一个元素上单击
'''
class MouseOperator:
    def __init__(self, driver):
        self.driver = driver

    # 处理双击事件
    def double_click(self, locator):
        # 定位要双击的元素
        double =self.driver.find_element_by_xpath(locator)
        # 对定位的元素执行双击操作
        ActionChains(self.driver).double_click(double).perform()

    # 处理鼠标右键
    def right_click(self, locator):
        # 定位要右击的元素
        right = self.driver.find_element_by_xpath(locator)
        # 对定位的元素执行右击操作
        ActionChains(self.driver).context_click(right).perform()

    # 处理拖放元素
    def drag_drop(self, source_locator, target_locator):
        # 定位元素的原位置
        element = self.driver.find_element_by_name(source_locator)
        # 定位元素移动的目标位置
        target = self.driver.find_element_by_name(target_locator)
        # 执行元素的移动操作
        ActionChains(self.driver).drag_and_drop(element, target).perform()

    def hover_one_element(self, locator):
        # 定位光标悬停的元素
        above = self.driver.find_element_by_xpath(locator)
        # 对定位的元素执行光标悬停操作
```

```
        ActionChains(self.driver).move_to_element(above).perform()

    def left_click_hover(self, locator):
        # 定位单击的元素
        left = self.driver.find_element_by_xpath(locator)
        # 对定位的元素执行单击操作
        ActionChains(self.driver).click_and_hold(left).perform()
```

上述代码是将 WebDriver 作为一种依赖注入操作类中，使用 find_element_by_xpath() 函数来定位元素，从而触发对应的鼠标操作。

3.6　键盘事件

除了鼠标操作以外，测试工作中还需要一些键盘操作。例如，在测试中使用 Tab 键将焦点转移到下一个页面元素上。

WebDriver 的 Keys 类可以提供所有键盘按键的操作，这些知识点需要重点掌握。

常用的键盘操作如下：

- send_keys（Keys.BACK_SPACE）：退格键（BackSpace）；
- send_keys（Keys.SPACE）：空格键（Space）；
- send_keys（Keys.TAB）：制表键（Tab）；
- send_keys（Keys.ESCAPE）：退出键（Esc）；
- send_keys（Keys.ENTER）：回车键（Enter）；
- send_keys（Keys.CONTROL,'c'）：复制（Ctrl+C）；
- send_keys（Keys.CONTROL,'a'）：全选（Ctrl+A）；
- send_keys（Keys.CONTROL,'x'）：剪切（Ctrl+X）；
- send_keys（Keys.CONTROL,'v'）：粘贴（Ctrl+V）。

在使用这一系列函数之前需要先导入 Keys 类包，导入语句如下：

```
from selenium.webdriver.common.keys import Keys
```

和鼠标事件一样，为了日常工作中方便使用，笔者将键盘的常规操作封装成工具类，具体实现代码如下：

代码 3.6　3.6/keyboard_operator.py

```
#-*-coding:utf-8-*-
from selenium import webdriver
# 引入 Keys 类包
from slenium.webdriver.common.keys import Keys
import time
'''
针对使用 Keys 类包实现键盘操作，封装成工具类。
```

```
包含输入、删除内容，输入带空格的内容，输入带 Tab 键的内容，剪切输入框中的内容，在输入框
中重新输入内容，回车键的使用
'''
class KeyBoardOperator:
    # 将 driver 注入
    def __init__(self, driver):
        self.driver = driver
    # 输入一段文字
    def input_words(self, locator, text):
        self.driver.find_element_by_xpath(locator).send_keys(text)
        time.sleep(3)
    # 删除一个字符
    def del_some_word_with_backspace(self, locator):
        self.driver.find_element_by_xpath(locator).send_keys(Keys.BACK_
SPACE)
        time.sleep(2.5)

# 全选
    def select_all(self, locator):
        self.driver.find_element_by_xpath(locator).send_keys(Keys.CONTROL,
 'a')
        time.sleep(3)
# 剪切内容
    def cut_content(self, locator):
        self.driver.find_element_by_id(locator).send_keys(Keys.CONTROL, 'x')
        time.sleep(2)

    # 粘贴内容
    def paste_content(self, locator):
        self.driver.find_element_by_id(locator).send_keys(Keys.CONTROL,
'v')
        time.sleep(2)

# 回车代替单击操作
    def enter_click(self, locator):
        self.driver.find_element_by_id(locator).send_keys(Keys.ENTER)
        time.sleep(2.5)
```

3.7　对一组对象定位

前面几节主要介绍的是使用 find_element 系列函数来定位某个特定页面对象，在实际工作中往往需要定位多个对象，如一组对象（同一个父元素集合里的子类对象）。主要应用场景如下：

- 批量操作对象，如所有单元框。
- 从一组对象里筛选出需要的对象。例如，定位所有的文本框，然后选择其中倒数第二个文本框。

例如有如下代码：

代码 3.7　3.7/textinput.html

```
<!DOCTYPE html>
<html lang="en">
<head>
<meta charset="UTF-8">
<title>My text inputs</title>
<script type="text/javascript" async="
" src="https://ajax.googleapis.com/ajax/libs/jquery/1.9.1/jquery.min.js">
</script>
<!-- 最新版本的 Bootstrap 核心 CSS 文件 -->
<link rel="stylesheet" href="https://cdn.jsdelivr.net/npm/bootstrap@3.3.7/
dist/css/bootstrap.min.css"
        integrity="sha384-BVYiiSIFeK1dGmJRAkycuHAHRg32OmUcww7on3RYdg4Va+
PmSTsz/K68vbdEjh4u"
        crossorigin="anonymous">
</head>
<body>
<h2>Text Input</h2>
<form action="" class="navbar-form">
<div class="form-group">
<label class="control-label" for="search1">OneCondtionForSearch</label>
<input type="text" class="form-control" placeholder="Search" id="search1">
</div>
<div class="form-group">
<label class="control-label" for="search2">SecondCondtionForSearch</label>
<input type="text" class="form-control" placeholder="Other Search" id=
"search2">
</div>
<div class="form-group">
<label class="control-label" for="search3">ThirdCondtionForSearch</label>
<input type="text" class="form-control" placeholder="Extra Search" id=
"search3">
</div>
<button type="submit" class="btn btn-default">Submit</button>

</form>
</body>
</html>
```

在浏览器中预览页面，如图 3.1 所示。

Text Input

Search　Other Search　Extra Search　Submit

图 3.1　多文本框提交页面

为练习定位一组对象，笔者在同级目录下编写 Python 脚本对该页面中的文本框进行选择，并分别在对应的文本框中输入 auto、test 和 Python。WebDriver 的 get 方法可以读取 3.7/textinput.html 文件的页面，因为从本质上来说磁盘路径上的文件也是一段 URI，具体实现代码如下：

代码 3.8　3.7/select_text_input.py

```
# -*- coding: utf-8 -*-
from selenium import webdriver
# 引入系统 os 模块，方便操作文件
import os
import time
driver = webdriver.Chrome()
file_path = 'file://' + os.path.abspath('textinput.html')
driver.get(file_path)

# 选择页面上所有的 input tag 对象
input_objs = driver.find_elements_by_tag_name('input')
add_texts = ['auto', 'test', 'python']
# 从中筛选出 type 为 text 的元素并分别赋值
index = 0
for input in input_objs:
    if input.get_attribute('type') == 'text':
        input.send_keys(add_texts[index])
        index += 1

time.sleep(3)
driver.quit()
```

简单总结一下，find_elements_by_xx('xx')就是用于获取一组元素的方法。俗话说“条条大路通罗马”，定位一组具有相同特性元素的方法不只一种，还可以使用 CSS 定位的方法，代码如下：

```
# -*- coding: utf-8 -*-
from selenium import webdriver

import os
driver = webdriver.Chrome()
file_path = 'file://' + os.path.abspath('textinput.html')
driver.get(file_path)

# 直接选择所有 type 为 text 的元素并给文本框赋值
text_inputs =  driver.find_elements_by_css_selector('input[type=text]')

add_texts = ['auto', 'test', 'python']
# 从中筛选出 type 为 text 的元素并分别赋值
index = 0
for input in text_inputs:
    input.send_keys(add_texts[index])
    index += 1

time.sleep(3)
driver.quit()
```

3.8　对层级对象定位

有时候需要针对一些属性相同的元素进行定位，此时可以先定位其父元素，然后再通过父元素定位子元素或更下一级的子元素。这就如同责任链一样，直接去某个人口密集的学校里找某个学生比较难，但是可以先找到该学生所在班级的班主任，然后再通过班主任联系到该学生，效率会事半功倍。

下面是笔者编写的一个用于演示的下拉列表页面，代码如下：

代码 3.9　3.8/dropList.html

```
<!DOCTYPE html>
<html lang="en">
<head>
<style>
       .well {
           margin-bottom: 10px;
       }
</style>
<title>下拉菜单页面</title>
<meta charset="UTF-8">
<link rel="stylesheet" href="https://cdn.staticfile.org/twitter-bootstrap/
4.3.1/css/bootstrap.min.css">
<script src="https://cdn.staticfile.org/jquery/3.2.1/jquery.min.js">
</script>
<script src="https://cdn.staticfile.org/popper.js/1.15.0/umd/popper.min.
js"></script>
<script src="https://cdn.staticfile.org/twitter-bootstrap/4.3.1/js/bootstrap.
min.js"></script>
</head>
<body>

<div class="container">
<h2>下拉菜单</h2>
<div class="well">
<div class="dropdown">
<button type="button" class="btn btn-primary dropdown-toggle" data-toggle=
"dropdown">
             Dropdown button1
</button>
<div class="dropdown-menu">
<a class="dropdown-item" href="#">Event1</a>
<a class="dropdown-item" href="#">Event2</a>
<a class="dropdown-item" href="#">Event3</a>
</div>
</div>
</div>
```

```
<div class="well">
<div class="dropdown">
<button type="button" class="btn btn-primary dropdown-toggle" data-toggle=
"dropdown">
              Dropdown button2
</button>
<div class="dropdown-menu">
<a class="dropdown-item" href="#">Event1</a>
<a class="dropdown-item" href="#">Event2</a>
<a class="dropdown-item" href="#">Event3</a>
</div>
</div>
</div>

<div class="well">
<div class="dropdown">
<button type="button" class="btn btn-primary dropdown-toggle" data-toggle=
"dropdown">
              Dropdown button3
</button>
<div class="dropdown-menu">
<a class="dropdown-item" href="#">Event1</a>
<a class="dropdown-item" href="#">Event2</a>
<a class="dropdown-item" href="#">Event3</a>
</div>
</div>
</div>


</div>
<div class="well">
<div class="dropdown">
<button type="button" class="btn btn-primary dropdown-toggle" data-toggle=
"dropdown">
              Dropdown button4
</button>
<div class="dropdown-menu">
<a class="dropdown-item" href="#">Event1</a>
<a class="dropdown-item" href="#">Event2</a>
<a class="dropdown-item" href="#">Event3</a>
</div>
</div>
</div>

</body>
</html>
```

页面显示效果如图3.2所示。

从页面结构方面分析，在class为well的div中，下拉列表结构完全一样，并且link text等属性也完全一样，无法使用之前讲的一系列函数来定位元素，因此考虑使用层级定位方式来解决。

图 3.2 下拉菜单页面

经过认真思考后，整理思路如下：

（1）单击第一个 button 下拉按钮。

（2）定位某个具体的链接对象，即 link text 对象。

可以利用涉及 UI 部分的类库及 ActionChain 类操作页面元素，自动完成所有操作，具体代码实现如下：

代码 3.10 3.8/zone_location.py

```
# -*- coding: utf-8 -*-
from selenium import webdriver

from selenium.webdriver.support.ui import WebDriverWait
from selenium.webdriver.common.action_chains import ActionChains

import time
import os

driver = webdriver.Chrome()
file_path = 'file:///' + os.path.abspath('dropList.html')
driver.get(file_path)

# 单击 button 下拉按钮，弹出下拉列表框
driver.find_element_by_link_text('Event1').click()

# 在父元素下找到链接为 Event3 的子元素

targets = driver.find_element_by_id('super1').find_element_by_link_text
("Event3")

# 将光标移动到该子元素上
ActionChains(driver).move_to_element(menu).perform()
time.sleep(4)

driver.quit()
```

3.9　iframe 中的对象定位

嵌套 iframe 是经常会遇到的复杂页面。例如，一个页面上有 4 个 iframe：A、B、C、D。A 里面有 B，B 里面有 C，C 里面有 D，定位的顺序应该是先定位 A，从而找到 B，再找到 C，最后找到 D。

Selenium 也提供了切换 iframe 的功能，让开发者对这种嵌套关系的元素也能轻松定位，其中，主体页面的代码如下：

代码 3.11　3.9/iframe.html

```
<!DOCTYPE html>
<html lang="en">
<head>
<meta charset="UTF-8">
<title>iframe 结构</title>
<link rel="stylesheet" href="https://cdn.staticfile.org/twitter-bootstrap/
4.3.1/css/bootstrap.min.css">
<script src="https://cdn.staticfile.org/jquery/3.2.1/jquery.min.js"></script>
<script src="https://cdn.staticfile.org/popper.js/1.15.0/umd/popper.min.
js"></script>
<script src="https://cdn.staticfile.org/twitter-bootstrap/4.3.1/js/bootstrap.
min.js"></script>
</head>
<body>
<div class="row">
<div class="span11">
<h2>frame1</h2>
<iframe src="in.html" id="if1" width="800" height="500"></iframe>
</div>
</div>

</body>
</html>
```

in.html 为内嵌页面，代码如下：

```
<!DOCTYPE html>
<html lang="en">
<head>
<meta charset="UTF-8">
<title>Inner page</title>
</head>
<body>
<div class="row">
<div class="span8">
<h2>frame1</h2>
<iframe src="http://soso.com" id="if2" width="600" height="400"></iframe>
</div>
</div>
```

```
</body>
</html>
```

页面的实际显示效果如图 3.3 所示。

图 3.3　多个嵌套 iframe 的页面

可以通过 switch_to_frame 的方式定位相关元素，代码如下：

代码 3.12　3.9/switch_iframe.py

```
# -*- coding: utf-8 -*-

from selenium import webdriver

import time

import os

driver = webdriver.Chrome()

file_path = 'file:///' + os.path.abspath('iframe.html')
driver.get(file_path)

driver.implicitly_wait(30)

# 先找到最外层的 iframe(if1)
driver.switch_to_frame("if1")

# 再找到内层的 iframe(id=if2)
driver.switch_to_frame("if2")

# 操作元素
driver.find_element_by_id("query").send_keys("Python")
driver.find_element_by_id("stb").click()

time.sleep(3)
driver.quit()
```

3.10 调试方法

对 Selenium 的自动化测试程序进行调试也是一门学问，开发者常常需要记录一些参数和结果，此时写入日志文件或者持久化数据是比较合适的手段。开发者可以封装一个日志工具类，基于 Log 类库进行二次封装，只要符合自己的业务需求即可。参考代码如下：

代码 3.13　3.10/logger.py

```
# -*- coding: utf-8 -*-
'''
使用 logging 模块自定义封装一个日志类
@author freePHP
@version 1.0.0
'''
import logging
import os.path
import time

class Logger(object):
    def __init__(self):
            self.logger = logging.getLogger("")
            # 设置输出的等级
            LEVELS = {'NOSET': logging.NOTSET,
                    'DEBUG': logging.DEBUG,
                    'INFO': logging.INFO,
                    'WARNING': logging.WARNING,
                    'ERROR': logging.ERROR,
                    'CRITICAL': logging.CRITICAL}
            # 创建文件目录
            logs_dir="logs2"
            if os.path.exists(logs_dir) and os.path.isdir(logs_dir):
                pass
            else:
                os.mkdir(logs_dir)
            # 修改 log 保存位置
            timestamp=time.strftime("%Y-%m-%d",time.localtime())
            logfilename='%s.txt' % timestamp
            logfilepath=os.path.join(logs_dir,logfilename)
            rotatingFileHandler = logging.handlers.RotatingFileHandler
(filename =logfilepath,
                                        maxBytes = 1024 * 1024 * 50,
                                        backupCount = 5)
            # 设置输出格式
            formatter = logging.Formatter('[%(asctime)s] [%(levelname)s]
%(message)s', '%Y-%m-%d %H:%M:%S')
            rotatingFileHandler.setFormatter(formatter)
            # 控制台句柄
            console = logging.StreamHandler()
            console.setLevel(logging.NOTSET)
```

```
        console.setFormatter(formatter)
        # 添加内容到日志句柄中
        self.logger.addHandler(rotatingFileHandler)
        self.logger.addHandler(console)
        self.logger.setLevel(logging.NOTSET)

    def info(self, message):
        self.logger.info(message)

    def debug(self, message):
        self.logger.debug(message)

    def warning(self, message):
        self.logger.warning(message)

    def error(self, message):
        self.logger.error(message)
```

调用方式如下：

代码 3.14　3.10/use_logger.py

```
# -*- coding: utf-8 -*-
# 调用 logger 类
import logging
import logger

mylogger = logger.Logger()
mylogger.debug("Start to debug it")
mylogger.info ("Start to info it")
mylogger.warning("Start to warning")
mylogger.error("Something is wrong")
```

总体来说，学习调试的第一步就是使用日志去跟踪并记录程序执行过程中发生的变化，这是编程开发时进行测试的良好习惯。后续学习中，笔者会在关键逻辑中输出并记录日志，以检测程序是否按照预定计划在执行。

记录日志是非常有效的调试手段，对于排查一些疑难问题有很大的帮助，在后续章节中笔者会使用这个封装好的日志工具类对如数据库操作进行记录。

3.11　对话框处理

日常工作中常常会看到一些浮动的弹出对话框，如登录框或者其他功能的 iframe。在之前的学习中我们已经处理过类似的登录框，如百度网盘的账号登录框。下面以登录百度贴吧账号为例进行分析，这是一个比较常用且步骤较多的用例。操作步骤如下：

（1）单击“登录”链接，弹出登录框。

（2）在登录框中单击“用户名登录”选项，显示真正的登录界面。

（3）填充账号和密码，单击“登录”按钮。

相比之前的百度网盘账号登录和 QQ 空间登录，本例增加了第一个步骤。具体实现代码如下：

代码 3.15　3.11/login_tieba.py

```
# -*- coding: utf-8 -*-
from selenium import webdriver
import time
driver = webdriver.Chrome()
driver.get('https://tieba.baidu.com/index.html')
# 单击登录链接
first_btn = driver.find_element_by_css_selector("#com_userbar > ul >
li.u_login > div > a")
first_btn.click()

time.sleep(3)
# 单击“用户名登录”选项
show_account_login = driver.find_element_by_id('TANGRAM__PSP_10__footer
ULoginBtn')
show_account_login.click()
time.sleep(2)
# 填充账号和密码
# TANGRAM__PSP_10__userName
# TANGRAM__PSP_10__password

driver.find_element_by_id('TANGRAM__PSP_10__userName').send_keys('your_
account')
time.sleep(2)
driver.find_element_by_id('TANGRAM__PSP_10__password').send_keys('you
password')

time.sleep(2)

driver.find_element_by_id('TANGRAM__PSP_10__submit').click()
```

执行以上程序即可完成百度贴吧账号登录操作，整个过程中会自然停顿几秒，是为了让操作更加真实，如同人工操作。本例的关键在于定位 tab 选项，以及填充账号和密码，通过使用 find_ element_by_id()方法，传递 ID 名称来定位对应的元素。

3.12　跨浏览器的窗口处理

测试人员有时需要在多个窗口之间来回切换从而测试一些功能。例如，在手机注册页面、邮箱注册页面及其他社交账号注册页面分别进行测试，可以同时打开多个窗口进行注册及登录。这个过程烦琐且步骤单一，非常适合用自动化测试来完成。

Selenium 针对跨浏览器的窗口处理应注意以下几点：

- 在 Selenium 中每个窗口被当作一个会话句柄。
- WebDriver 的 window_handles 可以控制多个窗口，也就是多个会话句柄。
- Window_handle 代表当前会话窗口。
- switch_to.window()函数可以进行窗口切换，类似之前的 iframe 操作。注意原 switch_to_window 函数已被废弃，不能在 Selenium 3.x 中使用。

下面以腾讯首页为例，做一个简单的使用展示。

代码 3.16　3.12/switch_to_windows.py

```
# -*- coding: utf-8 -*-
from selenium import webdriver
import time
driver = webdriver.Chrome()
# 访问腾讯首页
driver.get('https://www.qq.com/?fromdefault')

# 获得当前窗口
nowhandle = driver.current_window_handle
# 打开新窗口
driver.find_element_by_css_selector("[bosszone=dh_1]").click()
time.sleep(3)
# 获取所有窗口
all_handles = driver.window_handles

for handle in all_handles:
    if handle != nowhandle:
        print("need to switch to nowhandle")
        driver.switch_to.window(handle)
        time.sleep(3)


driver.quit()
```

3.13　分页处理

有时经常需要对列表进行翻页操作，Selenium 同样提供了相应的 API。

分页处理逻辑大致可分为以下 3 个步骤：

（1）获取总页数。

（2）获取所有分页并循环翻页。

（3）针对每一次分页进行后续逻辑处理。

下面以百度贴吧 Python 吧为例，具体讲解怎么样使用 Selenium 处理分页数据。

分页列表部分的 HTML 代码如下：

```
<div id="frs_list_pager" class="pagination-default clearfix"><span class=
"pagination-current pagination-item ">1</span>
<a href="//tieba.baidu.com/f?kw=python&amp;ie=utf-8&amp;pn=50" class=
" pagination-item ">2</a>
<a href="//tieba.baidu.com/f?kw=python&amp;ie=utf-8&amp;pn=100" class=
" pagination-item ">3</a>
<a href="//tieba.baidu.com/f?kw=python&amp;ie=utf-8&amp;pn=150" class=
" pagination-item ">4</a>
<a href="//tieba.baidu.com/f?kw=python&amp;ie=utf-8&amp;pn=200" class=
" pagination-item ">5</a>
<a href="//tieba.baidu.com/f?kw=python&amp;ie=utf-8&amp;pn=250" class=
" pagination-item ">6</a>
<a href="//tieba.baidu.com/f?kw=python&amp;ie=utf-8&amp;pn=300" class=
" pagination-item ">7</a>
<a href="//tieba.baidu.com/f?kw=python&amp;ie=utf-8&amp;pn=350" class=
" pagination-item ">8</a>
<a href="//tieba.baidu.com/f?kw=python&amp;ie=utf-8&amp;pn=400" class=
" pagination-item ">9</a>
<a href="//tieba.baidu.com/f?kw=python&amp;ie=utf-8&amp;pn=450" class=
" pagination-item ">10</a>
<a href="//tieba.baidu.com/f?kw=python&amp;ie=utf-8&amp;pn=50
" class="next pagination-item ">下一页&gt;</a>
<a href="//tieba.baidu.com/f?kw=python&amp;ie=utf-8&amp;pn=48700
" class="last pagination-item ">尾页</a>
</div>
```

可以通过元素的 id 属性来定位分页列表所在的 div，然后不断模拟单击下一页按钮的操作来获取新一页的内容，而总页数可以通过单击尾页后分析页面上的页码按钮来确定。

经过上述分析，编写代码如下：

代码 3.17　3.13/pagination_operator.py

```
# -*- coding: utf-8 -*-
from selenium import webdriver
import time
driver = webdriver.Chrome()

# 访问 Python 吧首页
index_url = 'http://tieba.baidu.com/f?ie=utf-8&kw=python'
# frs_list_pager
driver.get(index_url)
# 定位到分页 div
pagination_div = driver.find_element_by_id('frs_list_pager')
print(pagination_div)

# 计算最后一页的页码
# 先单击尾页按钮
driver.find_element_by_css_selector('.last.pagination-item').click()
time.sleep(3)
```

```
# 获取尾页的页码数字
last_page_no = driver.find_element_by_css_selector('.pagination-current.
pagination-item').text
time.sleep(2)
print(last_page_no)
# 跳回首页
driver.get(index_url)
# 循环 last_page_no 次获取每一页的数据
for index in last_page_no:
    # 一些收集数据的代码，省略
    time.sleep(2)
    driver.find_element_by_css_selector('.next.pagination-item').click()


driver.quit()
```

3.14　控制浏览器的滚动条

在 3.13 节的案例中，百度贴吧的页面比较大，需要使用滚动条才能看到页面底部的分页。在日常测试中，滚动到底部再进行测试也是非常常见的。

Selenium 提供了调用 JS 代码的能力，可以使用 execute_script()函数执行 JS 代码实现移动滚动条的效果。代码如下：

代码 3.18　3.14/scroll_page.py

```
# -*- coding: utf-8 -*-
from selenium import webdriver
import time
driver = webdriver.Chrome()
driver.get("https://www.baidu.com")

# 查询 golang
driver.find_element_by_id("kw").send_keys("golang")
driver.find_element_by_id("su").click()
time.sleep(2)
# 将页面滚动条拖动到页面底部
js = "var q=document.documentElement.scrollTop=10000"
driver.execute_script(js)
time.sleep(3)
# 将滚动条拖动到页面顶部
js_back = "var q=document.documentElement.scrollTop=0"
driver.execute_script(js_back)
time.sleep(3)

driver.quit()
```

3.15 小　　结

本章主要学习了 Selenium 的基本用法和实践，这是一个非常高效的自动化框架。本章需要掌握的内容如下：

- 通过 ID、name、class、XPath 的方式对元素进行定位。
- 利用 Selenium 实现自动化登录。
- 鼠标事件和键盘事件。
- 一组对象和同级对象定位，iframe 定位。
- 分页和对话框的控制。
- 针对综合页面使用恰当的定位方法和 API 完成自动化工作。

工欲善其事，必先利其器。对于 Selenium 框架，本章只做了基础功能的介绍，更多 API 的使用和用例，可以参考官网最新版本的文档。

第 4 章　Python 模拟数据测试

在日常工作中，测试人员需要对测试的功能进行数据模拟，以便让测试过程更加直观。Python 技术栈提供了进行数据模拟的 Mock 库。本章将详细介绍模拟数据测试的相关概念，并详细介绍 Mock 库的安装和基本用法，以及用 Mock 库对一个留言板进行数据模拟测试的过程。

4.1　模拟测试简介

在测试过程中，数据的流转往往和系统的复杂程度有关，功能越复杂的系统，数据流转的过程越烦琐。有时候会经过数十个子系统，其上下游业务相互依赖，使得测试过程十分漫长、复杂。例如，在电商网站进行购物，需要经过选择商品，加入购物车，支付订单，领取积分，退款等环节，环环相扣，缺一不可，支付订单的前提必须是已经生成订单，生成订单的前提又必须是已选择好商品。

针对这样的场景，“跑通”全流程进行冒烟测试虽然可行，但是在某次小型迭代中测试人员需要针对某一中间环节进行测试，此时使用模拟数据的方式来代替上游流程将会更加高效。

4.1.1　模拟测试的定义和使用场景

模拟测试通过模拟数据和调用函数来实现测试目的。开发者可以使用 Python 的第三方 Mock 库进行一些模拟测试活动。Mock 库是 Python 中一个用于支持单元测试的库，主要功能是使用 Mock 对象替代指定的 Python 对象，以达到模拟对象的行为。模拟测试主要用于如下场景：

- 相互依赖的函数调用过程，例如 A 依赖于 B，B 又调用 C。
- 相互依赖的上下游服务之间的测试，通过模拟数据来源，达到精准测试特定环境或功能的作用。
- 在测试环境不够稳定或还处于开发阶段时，可以通过模拟接口返回相关结果，达到加快测试进度的作用。服务可以模拟，接口可以模拟，一些特定环境也可以模拟。

4.1.2　安装 Mock 库

Mock 库的安装方法根据 Python 版本的不同而不同，主要分为下面两种情况：

（1）如果使用的是 Python 2.x，可以使用如下命令在终端（Linux 系统或 Mac OS 系统）或者 cmd（Windows 系统下）下进行安装：

```
pip install -U mock
```

在代码中的引用方式如下：

```
from mock import mock
# other codes
```

（2）如果使用的是 Python 3.x，则无须单独安装。从 Python 3.3 之后，Mock 库已经被集成到 unittest 模块中了，可以直接引入使用。

引入方式十分简单，代码如下：

```
from unittest import mock
```

4.1.3　Mock 对象简介

Mock 对象是 Mock 库最基础且核心的概念，它可以被用来代替开发者想要替换的任何对象，可以是一个类，一个函数，或者一个类的实例。

Mock 对象在代码中的定义如下：

```
class Mock(CallableMixin, NonCallableMock):
    # 中间代码省略
    pass

# 第一个参数的类定义
class CallableMixin(Base):

   def __init__(self, spec=None, side_effect=None, return_value=DEFAULT,
                wraps=None, name=None, spec_set=None, parent=None,
                _spec_state=None, _new_name='', _new_parent=None, **kwargs):

# 第二个参数的类定义
class NonCallableMock(Base):
   def __init__(
             self, spec=None, wraps=None, name=None, spec_set=None,
             parent=None, _spec_state=None, _new_name='', _new_parent=None,
             _spec_as_instance=False, _eat_self=None, unsafe=False, **kwargs
       ):
```

简化定义为：

```
class Mock(spec=None, side_effect=None, return_value=DEFAULT, wraps=None,
name=None, spec_set=None, **kwargs)
```

下面从以上众多参数中挑选出几个重要的参数具体解释。

- spec：可以在初始化的时候设置的 Mock 对象属性，可以是字符串、列表或者对象，该值也可以不传递。
- wraps：如果设置了该参数，那么会把调用结果传递给 Mock 对象，对模拟属性的访问将返回包装后的对象属性。如果试图访问一个不存在的属性，将引发一个属性错误。
- spec_set：该参数算是严格版的 spec，只能传递 set 类型的参数。
- return_value：设置预期的返回值给 Mock 对象，后续在测试逻辑判断中可以使用该参数。

Mock 类的定义设计非常精巧，它可以对多种类型的参数进行转换，以达到动态处理的效果，相关源码值得大家去学习和借鉴。

使用 Mock 对象非常简单，下面举出一个计算两个正数之和的测试用例。具体代码如下：

代码 4.1　4.1/4.1.3/test_mock.py

```
import unittest
from unittest import mock

# 计算两个正数之和
class SimpleCaculator(object):
    def sum(num1: int, num2: int) -> int:
        return num1 + num2

# 测试用例类
class SumTest(unittest.TestCase):
    def test(self):
        s = SimpleCaculator()
        num1 = 10
        num2 = 30
        sum_result = mock.Mock(return_value=40)
        s.sum = sum_result # 替换 sum()函数为 Mock 对象
        self.assertEqual(s.sum(), 40)
```

通过分析上面的代码，总结出模拟一个方法的步骤如下：

（1）找到要替换的函数。

（2）实例化 Mock 对象，并设置它的属性或者行为。在这个例子中笔者设置的返回值是 40。

（3）替换想要替换的函数或者对象。这里替换 sum()函数本身。

（4）使用单元测试 unittest 进行断言判断。关于单元测试，后面会有单独的章节进行介绍，这里只需知道如何使用即可。

4.1.4　简单用例

笔者经常遇到需要对某个页面进行可用性测试，利用访问某些页面的机会，看一下它是否返回 200 状态码。

代码 4.2　4.1/4.1.4/client.py

```
i# -*- coding: utf-8 -*-
import requests
# 发出 GET 请求
def send_request(url):
    r = requests.get(url)
    return r.status_code

# 访问百度
def visit_baidu():
    return send_request("https://www.baidu.com")
```

上面这个 client 类的测试类也很简单，针对这个访问请求函数进行测试即可。完整代码如下：

代码 4.3　4.1/4.1.4/test_client.py

```
# -*- coding: utf-8 -*-
"""
用于测试 client 类的测试类

@author freePHP
@version v1.1.0
"""
import unittest
from unittest import mock
from . import client

class TestOne(unittest.TestCase):

    def test_success_request(self):
        success_send = mock.Mock(return_value='200')
        client.send_request = success_send
        self.assertEqual(client.visit_baidu(), '200')

    def test_fail_request(self):
        forbidden_send = mock.Mock(return_value='403')
        client.send_request = forbidden_send
        self.assertEqual(client.visit_baidu(), '403')


if __name__ == '__main__':
    unittest.main()
```

4.2　测试留言板功能

留言板是网站中最常见的功能模块，大多数网站都有留言板，用于用户反馈问题。留言板的功能比较简单，容易进行测试，具体步骤如下：

（1）输入留言。

（2）数据验证，如字数限制、违禁词限制等。

（3）提交数据到后台。

（4）在后台显示留言并处理（需要登录后台，可以结合前面章节介绍的自动化登录方式）。

4.2.1　测试新增功能

首先对新增一条留言信息的功能进行测试，可以用 Mock 准备好测试数据，以此来测试。为了方便我们更完整地了解整个功能模块，笔者使用 Flask 框架搭建了一个最简化的 BBS 留言系统，只包含表单页面和新增留言功能。

Flask 是 Python 的一个 Web 框架，其最大的特征是简洁，让开发者可以自由、灵活地兼容要开发的功能特性。Flask 非常适合新手学习，用 Flask 搭建各种自用系统或者用例非常便捷，也可以让测试人员更加了解 Web 开发，从开发角度补充自己的知识和测试技能树。

笔者搭建的 BBS 留言系统的代码如下：

```
from flask import Flask, jsonify
from flask import request

app = Flask(__name__)

board = '''
<html>
<head>
<title>message board</title>
</head>
<body>
<form action="/add" method="post">
      Message: <input type="text" name="message"><br>
<input type="submit" value="Submit">
</form>
</body>
</html>
'''

# 留言板页面
@app.route('/', methods=['GET', 'POST'])
def bbs_index():
    return board


# 新增留言接口
@app.route('/add', methods=['POST'])
def add_comment():
    forbidden_dict = ['sex', 'shit', 'party']
    if request.method == 'POST':
```

```
        message = request.form['message']
        # 数据验证判断
        if len(message) < 20:
            return jsonify({'data': [], 'result': False, 'errorMsg': 'The
message is too short,min is 20 character'})
        elif len(message) > 140:
            return jsonify({'data': [], 'result': False, 'errorMsg': 'The
message is too long,max is 140 character'})
        elif message in forbidden_dict:
            return jsonify({'data': [], 'result': False,
                            'errorMsg': 'The message includes forbidden words,
which might be livid or policitic'})
        with open('message.txt', 'a') as f:
            f.write(message + '\n')
            json_data = [
                {'id': 1, 'value': message}
            ];
        return jsonify({'data': json_data, 'result': True, 'errorMsg': ''})
    else:
        return "Invalid request!!!"

if __name__ == '__main__':
    app.run(debug=True)             # 正式环境可以不设置 debug 模式
```

启动该 Web 服务可以在终端（或者 Windows 系统的 cmd 窗口）中执行下面的命令：

```
python index.py
```

如果正常启动，则会有如下输出：

```
* Serving Flask app "index" (lazy loading)
 * Environment: production
   WARNING: This is a development server. Do not use it in a production
deployment.
   Use a production WSGI server instead.
 * Debug mode: on
 * Running on http://127.0.0.1:5000/ (Press CTRL+C to quit)
 * Restarting with stat
 * Debugger is active!
 * Debugger PIN: 895-183-209
```

在浏览器中访问 http://127.0.0.1:5000/，即可见到如图 4.1 所示的页面。

Message:
Submit

图 4.1　留言板提交页面

针对这个页面和功能进行分析，可以编写如下代码进行自动化提交。虽然说“条条大路通罗马”，但这里不再使用 Selenium 进行元素定位然后提交，而是直接模拟提交数据，针对提交接口直接进行测试，并使用 Mock 库进行结果模拟测试。

代码 4.4　4.2/4.2.1/test_bbs.py

```
# -*- coding: utf-8 -*-
import unittest, json
from unittest import mock
import requests

'''
用于测试 tinyBBS 系统的测试类

@author freePHP
@version 1.0.0
'''
class TestBBS(unittest.TestCase):
    # 用于测试新增的留言接口
    def test_add(self):
        url = 'http://127.0.0.1:5000/add'
        data = {"message": "井底点灯深烛伊，共郎长行莫围棋。玲珑骰子安红豆，入骨相
思知不知。"}
        # Mock 数据返回结果
        mock_return_data = {"data": [], "errorMsg": "", "result": True}
        mock_data = mock.Mock(return_value=mock_return_data)
        print(mock_data)

        res = requests.post(url, data=data)
        print(res.text)
        try:
            return_data = json.loads(res.text)
            self.assertEqual(return_data['result'], True)
        except:
            print("json loads error")
```

打印结果如下：

```
Process finished with exit code 0
<Mock id='4515068688'>
Ran 1 test in 0.025s
OK
{
"data": [
   {
"id": 1,
"value": "\u4e95\u5e95\u70b9\u706f\u6df1\u70db\u4f0a\uff0c\u5171\u90ce\
u957f\u884c\u83ab\u56f4\u68cb\u3002\u73b2\u73d1\u9ab0\u5b50\u5b89\u7ea2\
u8c46\uff0c\u5165\u9aa8\u76f8\u601d\u77e5\u4e0d\u77e5\u3002"
   }
  ],
"errorMsg": "",
"result": true
}
```

工欲善其事，必先利其器。使用智能 IDE，如 PyCharm，可以很方便地调试单元测试，断点调试也是测试研发的利器。

4.2.2　对测试失败的情况进行处理

针对测试失败的情况进行逻辑处理，可能触发的是数据有效性验证。具体代码如下：

```
# 新增留言功能测试失败的单元测试用例
    def test_add_fail_case(self):
        url = 'http://127.0.0.1:5000/add'
        data = {"message": "onetwo"}           # 设置长度小于 20 个字符的 message
        mock_return_data = {"data": [], "errorMsg": "The message is too
short,min is 20 character", "result": False}   # 模拟数据返回结果
        mock_data = mock.Mock(return_value=mock_return_data)
        print(mock_data)

        res = requests.post(url, data=data)
        print(res.text)
        return_data = json.loads(res.text)
        self.assertEqual(return_data['result'], False)
        self.assertEqual(return_data['errorMsg'], "The message is too short,
min is 20 character")
```

打印结果如下：

```
<Mock id='4321451024'>
{
"data": [],
"errorMsg": "The message is too short,min is 20 character",
"result": false
}



Ran 1 test in 0.018s

OK

Process finished with exit code 0
```

如果将断言改为：

```
        self.assertEqual(return_data['errorMsg'], "The message is too short,
min is 20 character 2333")
```

则会报错，表示没有通过测试，输出结果如下：

```
The message is too short,min is 20 character 2333 != The message is too
short,min is 20 character

Expected :The message is too short,min is 20 character
Actual   :The message is too short,min is 20 character 2333

<Click to see difference>

Traceback (most recent call last):
..... （堆栈报错信息省略）
```

类似的错误判断如违禁词和超过 140 个字符限制的测试和上述测试用例类似，只需要改变测试数据的内容即可，这里不再赘述。

4.3　Mock 库的高级用法

4.3.1　Patch 简介

Patch 是 Mock 库提供的一种函数装饰器，用法非常灵活。Patch 可以创建模拟并将其传递给装饰函数。对于复杂情况的模拟测试，也可以使用 Patch 方式进行模拟，开发者利用 Patch 装饰器的方式给模拟对象打补丁，该用法更加灵活，但要特别注意作用域。

Patch 装饰器函数的定义如下：

```
unittest.mock.patch(target,new = DEFAULT,spec = None,create = False,
spec_set = None,autospec = None,new_callable = None,** kwargs )
```

需要注意以下几个参数：

- target 参数必须是一个字符串类型，格式为 package.module.ClassName。要特别注意格式，如果你的函数或类写在包名称为 a1 下的 b1.py 脚本中，这个 b1.py 的脚本中定义了一个 c1 的函数（或类），那么传递给 unittest.mock.patch()函数的参数就写为 a1.b1.c1。
- new 参数可以选择初始化的 Mock 类型，默认是 MagicMock。
- spec=True 或 spec_set=True，用于将 Mock 对象设置为 spec / spec_set 对象。
- new_callable 参数用于将 Mock 对象设置为可调用对象，默认情况下也使用 MagicMock 类型。

4.3.2　Patch 的简单用例

如果测试人员面对的一个数据来源于网络请求服务，该服务还在开发阶段，不能直接进行测试，但是返回结果的结构用例是清楚的，那么可以针对这个返回的函数进行 Patch 处理。具体代码如下，共包含 3 个文件，均位于同一目录下。

代码 4.5　4.3/4.3.2/tool.py

```
# -*- coding: utf-8 -*-
def load_cheers():
    # 这个函数会被 Mock 的 Patch 对象替换，并不会真正调用，这个函数在实际工程中可能是
调用复杂的栈业务块或者复杂的网络请求服务
```

```
    # 这里只是为了演示，所以看起来只是个简单返回，实际工程中会复杂得多
    return "Come on,Chengdu!"
```

代码 4.6　4.3/4.3.2/get_cheer_data.py

```
# -*- coding: utf-8 -*-
from tool import load_cheers


def create_cheers():
    result = load_cheers()
    return result
```

代码 4.7　4.3/4.3.2/test_get_cheer_data.py

```
import unittest
from unittest import mock
from get_cheer_data import create_cheers

class GetCheerDataTest(unittest.TestCase):
    @mock.patch('get_cheer_data.load_cheers')
    def test_get_cheer_data(self, mock_load):
        # Patch 模拟了 load_cheers()函数对象，并设置了返回值，这样就不用真正调用该
          函数了
        mock_load.return_value = "Ha Ha,CDC"
        self.assertEqual(create_cheers(), "Ha Ha,CDC")


if __name__ == '__main__':
unittest.main()
```

在 IDE 中执行测试用例，输出结果如下：

```
Ran 1 test in 0.002s

OK

Process finished with exit code 0
```

对上面例子的总结如下：

Patch 主要是为了修饰替换多重嵌套调用的类方法或者函数，可以指定为定义域内的任意函数方法，解决在后续依赖的调用函数发生变化的时候，如果只是用 Mock 简单模拟替换上层调用函数或者类，将不能通过单元测试和相关测试的问题。例如，在本例中的 load_cheers()函数的返回值发生了变化，如果我们是对它的上一层调用函数 create_cheers()进行模拟的话，则执行单元测试无法通过。这就是直接使用 Mock 和 Patch 的不同之处，Patch 可以模拟定位到更深层次的调用函数或者类。

4.3.3　利用 Patch 测试购物车类

大部分人可能都有网购的经历，其中购物车功能是整个购物环节中的关键。针对电商网站的测试也非常重要，因为涉及金融支付，一旦出错将会带来严重的损失和不良影响。

电商购物车的下单流程如图 4.2 所示。

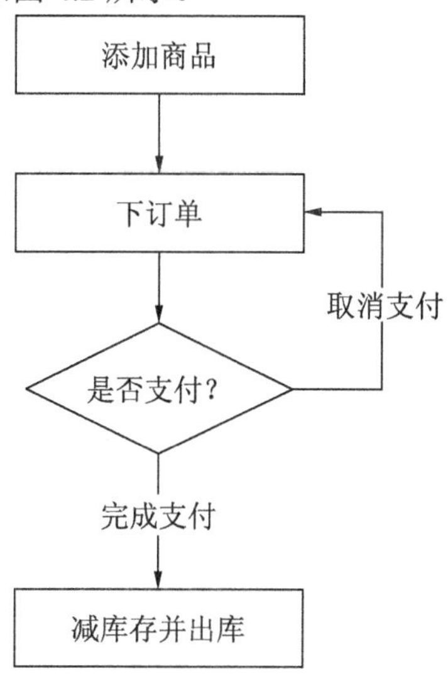

图 4.2　电商购物车的下单流程

可以看出，首先是添加商品形成订单，当订单支付后会在相关库存表中减少库存并形成支付凭证记录。为简化核心流程和功能，编写购物车类，代码如下：

代码 4.8　4.3/4.3.3/shopping_cart.py

```
# -*- coding: utf-8 -*-
'''
购物车

@author freePHP
@version 1.0.0


包含 CURD（增、删、改、查）商品方法，下单、支付订单和退款等功能。
'''


class ShoppingCart(object):
    __products = {}
    __pay_state = ''

    # 根据商品名查看是否存在于购物车中
    def has_product(self, product_name: str) -> bool:
        if product_name in self.__products:
            return True
        else:
            return False

    # 在购物车中增加商品，包括商品名和数量
    def addProduct(self, product_name: str, num: int) -> str:
```

```
        if self.has_product(product_name):
            self.__products[product_name] += num
            return "add successfully"
        else:
            self.__products[product_name] = num
            return "add successfully, and init it"

    # 修改商品，主要修改数量
    def editProduct(self, product_name: str, num: int) -> str:
        if self.has_product(product_name):
            self.__products[product_name] += num
            return "update successfully"
        else:
            return "not have this kind of product!"

    # 删除商品
    def deleteProduct(self, product_name: str) -> str:
        if self.has_product(product_name):
            self.__products.pop(product_name)
            return "delete successfully"
        else:
            return "The product dosen't exist, so it can not be deleted."

    # 创建订单
    def createOrder(self) -> str:
        self.__pay_state = "waitingForPay"
        return self.__pay_state
        # other codes

    # 支付订单，改变订单状态为已支付
    def payOrder(self) -> str:
        self.__pay_state = "payed"
        return self.__pay_state
        # other codes

    # 退款
    def refund(self) -> str:
        self.__pay_state = "refund"
        return self.__pay_state
        # other codes
```

例如，想测试从下单到退款的整个逻辑处理和完整流程，则需要根据每一个接口编写对应的单元测试接口用例，具体代码如下：

代码 4.9　4.3/4.3.3/test_shopping_cart.py

```
import unittest
from unittest import mock
from shopping_cart import ShoppingCart
'''
购物车测试类
```

```
@author freePHP
@version 1.0.0
'''
class ShoppingCartTest(unittest.TestCase):

    @mock.patch('shopping_cart.ShoppingCart.addProduct')
    def test_add_product(self, mock_opt):
        mock_opt.return_value = "add successfully"

        self.assertEqual(ShoppingCart.addProduct("earring"), "add successfully")

    @mock.patch('shopping_cart.ShoppingCart.editProduct')
    def test_edit_product(self, mock_opt):
        # 先添加，再修改数量
        shopping_cart = ShoppingCart.addProduct('plush_bear', 2)
        mock_opt.return_value = "edit successfully"

        self.assertEqual(ShoppingCart.editProduct('plush_bear', 3))

    @mock.patch('shopping_cart.ShoppingCart.deleteProduct')
    def test_delete_product(self, mock_opt):
        mock_opt.return_value = "delete successfully"

        self.assertEqual(ShoppingCart.deleteProduct("funny"), "delete
successfully")

    @mock.patch('shopping_cart.ShoppingCart.payOrder')
    def test_pay_order(self, mock_opt):
        mock_opt.return_value = "payed"

        self.assertEqual(ShoppingCart.payOrder(), "payed")

    @mock.patch('shopping_cart.ShoppingCart.refund')
    def test_refund(self, mock_opt):
        mock_opt.return_value = "refund"

        self.assertEqual(ShoppingCart.refund(), "refund")

if __name__ == '__main__':
    unittest.main()
```

执行该文件后输出结果如下：

```
Ran 4 tests in 0.016s

OK

Process finished with exit code 0
```

编写这类单元测试用例的关键在于找到需要 Mock 替换的接口，然后试图通过测试来达到简化流程的作用。

4.4　模拟登录

登录模块在前面的 Selenium 基础知识中就讲解过，这里使用 Mock 模块进行模拟。和使用 Selenium 定位元素发起登录操作不同，Mock 是模拟登录后返回的结果或者获取模拟出的 Token。

4.4.1　登录的完整用例

假设整个过程还是发送 POST 请求到登录接口（URL），然后获取 Token 数据，则服务端的相关代码如下（也是使用 Flask 快速搭建的服务）：

代码 4.10　4.4/4.4.1/passport_server.py

```
from flask import Flask, jsonify
from flask import request
import time, hashlib

app = Flask(__name__)

login_html = '''
<html>
<head>
<title>Login Page</title>
</head>
<body>
<form action="/doLogin" method="post">
       Account: <input type="text" name="account"><br>
       Password: <input type="text" name="password"><br>
<input type="submit" value="Submit">
<input type="reset" value="reset">
</form>
</body>
</html>
'''


@app.route('/', methods=['GET', 'POST'])
def login_index():
    return login_html


@app.route('/doLogin', methods=['POST'])
def do_login():
    if request.method == 'POST':
        account = request.form['account']
        password = request.form['password']
```

```
        if account == 'freePHP' and password == 'lovePython':
            timestamp = time.time()
            prev_str = account + password + str(timestamp)
            token = hashlib.md5(prev_str.encode(encoding='UTF-8')).
hexdigest()
            json_data = [
                {'token': token, 'user_id': 101}
            ];
            return jsonify({'data': json_data, 'result': True, 'errorMsg': ''})
        else:
            return jsonify({'data':[], 'result': False, 'errorMsg': 'Account
and password is not matched!'})


if __name__ == '__main__':
    app.run(debug=True)
```

运行该脚本后，首页的 URL 为 http://127.0.0.1:5000/，在浏览器中显示效果如图 4.3 所示。

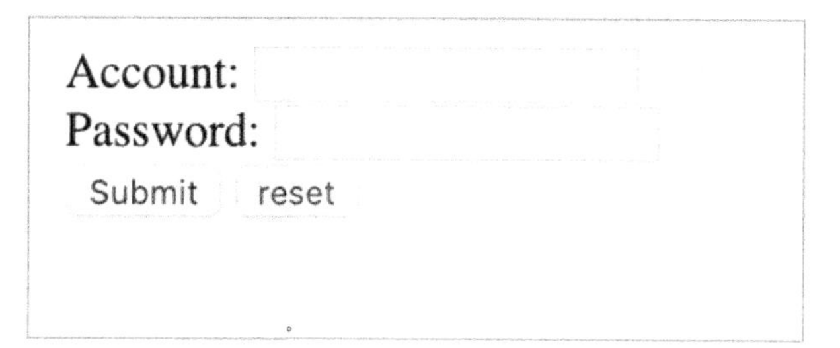

图 4.3　登录入口页面

根据服务端的代码，我们编写它对应的单元测试类，主要用来替换“/doLogin”接口的返回值，具体实现代码如下：

代码 4.11　4.4/4.4.1/test_login.py

```
import unittest

from unittest import mock


def do_login_directly():
    url = "http://127.0.0.1:5000/doLogin"
    data = {"account": "freePHP", "password": "2323243"}
    return ''


class LoginTest(unittest.TestCase):

    @mock.patch('test_login.do_login_directly')
    def test_do_login(self, mock_opt):
        json_data = [
            {'token': "dsdfsdcsdfsdfaadsfa", 'user_id': 101}
        ];
```

```
        json_result = {'data': json_data, 'result': True, 'errorMsg': ''}
        mock_opt.return_value = json_result
        self.assertEqual(do_login_directly(), json_result)


if __name__ == '__main__':
    unittest.main()
```

4.4.2　通过面向对象的方式实现登录

通过面向对象的方式实现登录，即把 do_login_directly()方法封装到一个类里，然后通过类的 Patch 方式引入到单元测试类中即可。具体改动代码如下，可以看出，面向对象的实现方式更加清晰。

代码 4.12　4.4/4.4.1/ori_login_obj.py

```
# -*- coding: utf-8 -*-
import requests


class OriLoginObj(object):

    def __init(self):
        self.url = "http://127.0.0.1:5000/doLogin"
        self.data = {"account": "freePHP", "password": "2323243"}

    def do_login_directly(self):
        res = requests.post(self.url, data=self.data)
        return res.text
```

在上面代码中的 OriLoginObj 类和方法前面添加 Patch（补丁装饰器）注解，以达到模拟测试的作用，改动代码如下：

```
@mock.patch('ori_login_obj.OriLoginObj.do_login_directly'
def test_login(self, mock_opt):
# 其他代码
self.assertEqual(oOriLoginObj.do_login_directly(), json_result)
```

4.5　小　　结

本章主要讲解了 Mock 库的基本用法和高级用法，并简单介绍了 Flask 搭建 MockServer 的方法。

模拟是一种解决问题的思维方式。Mock 库是 Python 中比较常用的第三方库，接口的模拟完全可以使用 Flask 框架来实现，将接口返回的结果构建好，提供给调用方使用即可。

本章需要掌握的核心内容如下：

- Mock 库用于生成替换 Python 中的类对象、方法对象、类方法的模拟对象。
- Patch 一定要正确引入路径，如果包含类，则需要将类名也写在路径中，否则会报 invalid patch path 异常。
- Flask 是一个轻量级的、功能强大的 Web 框架，搭配 jsonify 库可以模拟出 RESTful 接口并返回 JSON 类型的数据，这对测试来说非常有帮助，极大地降低了测试成本。
- 灵活使用 Mock 库，判断是用普通的 Mock 库还是用 mock.patch 装饰器，是一个实际工作经验的问题，初学者可以对两种方式都尝试一下，最终找到具体问题的最佳解决方案。

世界上没有万能的方法，无论是使用 Mock 库，还是使用其他方法进行简化测试，都需要和业务结合，技术没有“银弹”（没有万能的解决方法）。

关于 UI 页面的测试，除了定位元素和模拟操作外，更多的是需要收集一些数据并进行后续的逻辑处理，这时就需要使用爬虫技术来实现数据有爬取，下一章会详细介绍爬虫的相关技术。

第 5 章　Python 爬虫测试接口

爬虫技术是一门看似简单却可以很深入的技术，甚至在测试工作中也可用到。例如，Google、百度等公司的搜索引擎就是使用大规模分布式爬虫技术来采集网页和收录网站的，我们的搜索结果都是从爬虫爬取的数据中检索出来的。本章将对 Python 爬虫测试接口的相关内容进行详细介绍。

5.1　爬虫测试简介

爬虫技术也可以用于测试，例如通过爬虫对测试页面进行采集和分析，对功能点进行冒烟测试。网络爬虫可以爬取 Web 站点的内容，对爬虫爬取的对应接口添加断言，便可进行自动化测试。通过循环不同的 URL 来抓取多个页面，便可将结果持久化以便进一步分析。

5.1.1　爬虫测试的思路和流程

爬虫测试的核心在于爬虫，其流程大致如图 5.1 所示。

（1）访问页面。可以使用 requests 库进行 GET 或者 POST 请求，访问页面资源。

（2）筛选元素和内容。针对返回的页面数据进行元素定位，可以使用 BeautySoap 4 或者正则匹配方式匹配出特定元素。例如，针对股票详情页收集该股票的开盘价、收盘价和量比等数据。

（3）持久化数据。根据收集到的数据，选择适合的持久化手段，如写入本地文件，或者使用关系型数据库写入相关表。持久化有利于后续的分析工作，使结果可视化有了数据基础。

（4）测试和断言。使用断言来判断爬取到的数据是否和预期的一致。根据断言结果来判断测试是否通过，以此发现功能缺陷和存在的逻辑问题。

以上步骤中的第（1）步可能遇到的问题是反爬虫策略。网站会对这种固定 IP 和浏览器信息高频访问某一页面的行为产生警觉，从而判断是非法爬虫并阻止爬虫爬取页面。反爬虫的策略非常多，如 SSL 证书验证、Reference（源地址）验证、IP 限制、浏览器头信息验证，甚至还有 MAC 地址的限制等，关于这些限制的破解方法后面会专门有一节内容进行介绍。

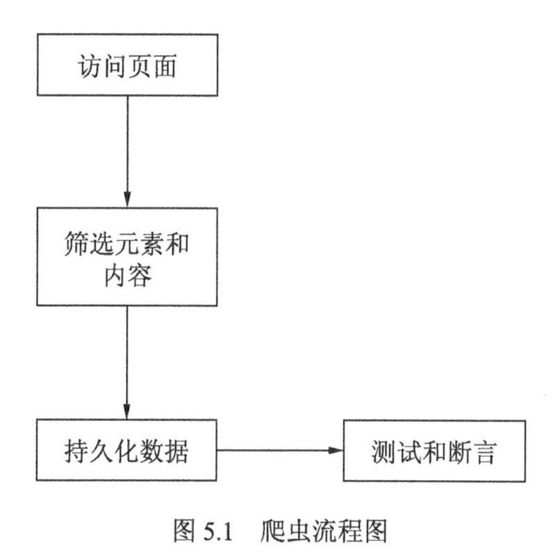

图 5.1　爬虫流程图

5.1.2　urllib 库的使用

针对访问页面的实现方式有很多，前面的章节中已经介绍了最简单、易用的 requests 库，而 urllib 库可以提供更强大的定制化 API 功能。

urllib 是 Python 2.7 自带的模块，无须下载，直接引入即可使用。Python 3.x 后将 urllib 改为了 urllib.request，它是 Python 内置的 HTTP 请求库，可以直接使用。urllib 分为 4 个模块，即请求模块 urllib.request、异常处理模块 urllib.error、URL 解析模块 urllib.parse 和解析 robot.txt 文件模块 urllib.robotparser，如图 5.2 所示。

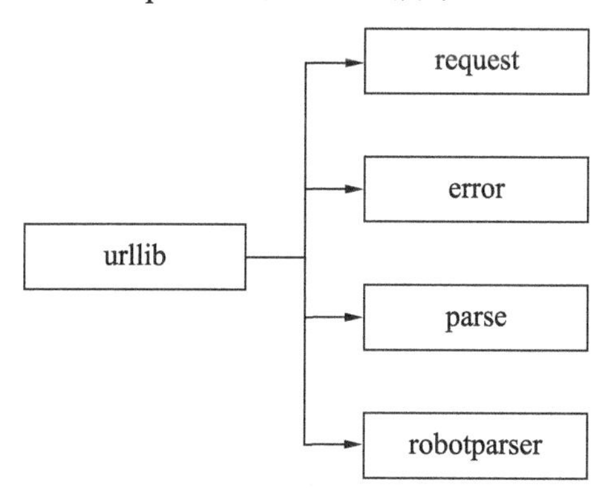

图 5.2　urllib 模块结构

可能有些读者不太熟悉 robot.txt 文件，它是每个网站给搜索引擎爬虫提供的进行爬取的文件，该文件会记录相关网站的特性信息。

下面介绍常用的函数和功能。首先介绍 urllib.request 模块。

urllib.request 模块最常用的函数是 urllib.request.urlopen()，其定义如下：

```
urllib.request.urlopen(url, data=None, [timeout, ]*, cafile=None, capat
h=None, cadefault=False, context=None)
```

其中：

- url：请求的网址。
- data：发送到服务器的数据。
- timeout：设置网站的访问超时时间。
- urlopen()函数对返回的对象提供 read()、readline()、fileno()和 close()方法进行解析。这 4 种方法对 HTTPResponse 对象的相关数据进行操作。
- Info()：返回 HTTPResponse 对象，表示远程服务器返回的头信息。
- Getcode()：返回 HTTP 的状态码，这在前面的章节中专门介绍过。一般来说，我们会根据返回的状态码数值进行判断，200 是正常请求，404 代表未找到页面或者资源，403 表示禁止访问。
- getUrl()：返回请求的 URL。

编写一个访问聚美优品网站的 GET 请求脚本，如下：

```
# -*- coding: utf-8 -*-
from urllib import request

response = request.urlopen('https://cd.jumei.com')
print(response.read().decode())
```

打印结果如下：

```
# ......前面有很多错误堆栈信息......

urllib.error.URLError: <urlopen error [SSL: CERTIFICATE_VERIFY_FAILED]
certificate verify failed: unable to get local issuer certificate
(_ssl.c:1076)>
```

这是因为聚美优品网站对访问者采取了证书验证，即 SSL 认证。验证方法有两种。

（1）使用 SSL 创建未经验证的上下文，在 urlopen 中传入上下文参数。

可以使用 SSL 库生成一个用于自测的证书（不是真正经过 CA 证书中心认证的证书），以便通过 SSL 认证。具体的代码改动如下：

```
# -*- coding: utf-8 -*-
from urllib import request

#response = request.urlopen('https://www.jumei.com')
#print(response.read().decode())
```

```
import ssl
context = ssl._create_unverified_context()
response = request.urlopen('https://cd.jumei.com', context=context)
print(response.read())
```

（2）全局方式取消证书验证。代码如下：

```
# 全局方式取消证书验证
import ssl
ssl._create_default_https_context = ssl._create_unverified_context
print(request.urlopen('https://cd.jumei.com').read())
```

以上任意一种方式都可以通过 SSL 认证获取真正的页面数据，脚本的最终输出结果如下：

```
'<html>...p0y.cn\')+\'/j/adv.js\';\n    }(document);\n\n}\n</script>\n<n
oscript><img src="//stats.ipinyou.com/adv.gif?a=_d..wY1itoZJBOFwMNeSVmL
boP&e=" style="display:none;"/></noscript>\n<!-- \xe5\x85\xac\xe5\x85\
xb1JS end -->\n</body>\n</html>'
```

urllib 的 POST 请求也是使用 urlopen()函数发起的，最简单的写法如下：

代码 5.1　5/5.1.2/post_request.py

```
# -*- coding: utf-8 -*-
from urllib import request

data = b'word=Wuhan&slogan=comeOn'

url = 'http://httpbin.org/post'

response = request.urlopen(url, data=data)
print(response.read().decode())
```

执行脚本后的输出结果如下：

```
{
"args": {},
"data": "",
"files": {},
"form": {
"slogan": "comeOn",
"word": "Wuhan"
  },
"headers": {
"Accept-Encoding": "identity",
"Content-Length": "24",
"Content-Type": "application/x-www-form-urlencoded",
"Host": "httpbin.org",
```

```
    "User-Agent": "Python-urllib/3.7",
    "X-Amzn-Trace-Id": "Root=1-5e3142a9-8fba13045d91637c8ee0ce48"
  },
  "json": null,
  "origin": "182.139.20.60",
  "url": "http://httpbin.org/post"
}
```

在 urlopen()函数中，默认的访问方式是 GET，当在 urlopen()函数中传入 data 参数时，会发起 POST 请求。注意，传递的 data 数据需要是 bytes 格式。它的本质是发起一个带 urlencode 的 GET 请求，所以也可以使用 urllib.parse 组装一个 urlencode 的字符串作为 post data 数据。代码如下：

代码 5.2　5/5.1.2/post_request2.py

```
# -*- coding: utf-8 -*-
from urllib import request,parse

url = 'http://httpbin.org/post'

data = bytes(parse.urlencode({'star': 'Kobe', 'wish': 'God want to see the
star plays basketball in the heaven.'}), encoding='utf8')

response = request.urlopen(url, data=data)
print(response.read().decode('utf-8'))
```

还可以设置的请求参数很多，例如：

- headers：请求头信息，如浏览器内核版本等。
- timeout：超时时间设置。针对一些请求接口设置超时时间，以避免长时间的无效等待。
- proxy：使用代理服务器访问。
- cookies：携带用户信息访问一些需要通过用户信息认证的页面。

请求头的设置代码如下：

```
  headers = {'user-agent': 'Mozilla/5.0 (Macintosh; Intel Mac OS X 10_13_5) \
AppleWebKit/537.36 (KHTML, like Gecko) Chrome/66.0.3359.181 Safari/537.36'}

  # 需要使用 url 和 headers 生成一个 Request 对象，然后将其传入 urlopen()方法中
  req = request.Request(url, headers=headers)
  resp = request.urlopen(req)
  print(resp.read().decode())
```

以上代码可以很容易地获得页面信息。

使用代理服务器 IP 访问页面的代码如下：

代码 5.3　5/5.1.2/try_proxy.py

```
from urllib import request

url = 'http://httpbin.org/ip'
proxy = {'http': '218.18.232.26:80', 'https': '218.18.232.26:80'}
proxies = request.ProxyHandler(proxy)           # 创建代理处理器
opener = request.build_opener(proxies)          # 创建 opener 对象

resp = opener.open(url)
print(resp.read().decode())
```

使用 cookie 方式访问页面也很简单，自己生成 cookie 对象即可，这里会用到新的包 cookiejar。代码如下：

```
# -*- coding: utf-8 -*-
from urllib import request

from http import cookiejar

url = 'http://www.soso.com'

# 创建一个 cookiejar 对象
cookie = cookiejar.CookieJar()

# 使用 HTTPCookieProcessor 创建 cookie 处理器
cookies = request.HTTPCookieProcessor(cookie)

# 以 cookie 为参数创建 Opener 对象
opener = request.build_opener(cookies)

# 发起带 cookie 的请求
response = opener.open(url)

for i in cookie:
   print(i)
```

打印出来的 cookie 信息如下：

```
<Cookie IPLOC=CN5101 for .soso.com/>
<Cookie SUID=3C148BB63320910A000000005E3160FA for .soso.com/>
<Cookie ABTEST=0|1580294394|v17 for www.soso.com/>
```

关于错误处理，可以使用 urllib.error 模块。urllib.error 有两个类：URLError 和 HTTP-Error。其中，HTTPError 是 URLError 的子类。错误对象有以下 3 个元素，如图 5.3 所示。

- code：错误码。
- reason：错误原因。
- headers：错误报头。

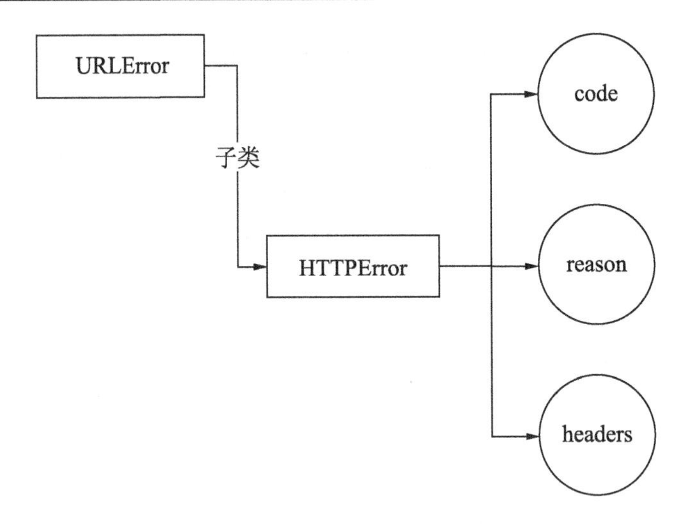

图 5.3　urllib.error 模块

例如，下面的代码可以处理异常。

```
# -*- coding: utf-8 -*-
from urllib import request
from urllib.error import HTTPError

try:
    request.urlopen('https://www.soso.com')
except HTTPError as e:
    print(e.reason)
```

5.1.3　urllib 3 简介

通过前面的举例和讲解，读者对 urllib 库应该有了一定的了解。有读者可能注意到了 urllib 库的使用中有个特殊的地方：POST 请求依然使用 GET 请求外加拼接 urlencode 字符串来实现。有没有设计更加合理的模块来实现 POST 请求呢？答案是可以使用 urllib3 库来完成。

urllib3 库的功能非常强大，对 SAP 的支持也非常健全。

urllib3.poolmanager.PoolManager()函数的定义如下：

```
class urllib3.poolmanager.PoolManager(num_pools = 10,headers = None,**
connection_pool_kw )
```

可以使用 PoolManager 对象的 request()方法进行 HTTP 请求。其中，GET 请求的代码如下：

```
import urllib3

http = urllib3.PoolManager(num_pools=5, headers={'User-Agent': 'ABCDE'})

resp1 = http.request('GET', 'http://www.baidu.com', body=data)
```

```
# resp2 = http.urlopen('GET', 'http://www.baidu.com', body=data)

print(resp2.data.decode())
```

由此可见，urllib3 库的使用十分方便，而 POST 请求可以按如下方式实现：

```
import urllib3
import json

data = json.dumps({'author': 'freePHP'})
http = urllib3.PoolManager(num_pools=5, headers={'User-Agent': 'super'})

resp1 = http.request('POST', 'http://www.httpbin.org/post', body=data,
timeout=5,retries=5)

print(resp1.data.decode())
```

开发者可以自行先组装需要传递的参数和头信息。需要特别注意的是：urllib3 库不能单独设置 cookie，如果要使用 cookie 的话，需要将 cookie 放入 headers 中。

使用 urllib3 的代理服务器访问页面也非常简单，代码如下：

```
import urllib3
import json

data = {'abc': '123'}
proxy = urllib3.ProxyManager('http://52.233.137.33:80', headers={'connection':
'keep-alive'})
resp1 = proxy.request('POST', 'http://www.httpbin.org/post', fields=data)
print(resp1.data.decode())
```

使用 urllib3 的代现服务器访问页面的调用方式类似于前面介绍的 urllib2，但是在 POST 请求中提供了显式参数设置，让调用的语义性更强。

5.1.4　BeautifulSoup 的使用

在完成了页面的爬取后，需要对返回的 HTML 字符串（或者列表）进行处理，匹配出需要的一部分数据，这时候可以考虑使用诸如 BeautifulSoup 等解析工具。

BeautifulSoup 和 lxml 一样，也是一个 HTML/XML 的解析器，其主要功能是解析和提取 HTML/XML 数据。到目前为止，最新的同时也是最流行的版本是 BeautifulSoup 4.x。

BeautifulSoup 支持 Python 标准库中的 HTML 解析器，还支持一些第三方解析器，如果不安装 BeautifulSoup，则 Python 会使用默认的解析器，即 xml.dom.minidom。但是 BeautifulSoup 解析器使用更加便捷且用法灵活，所以推荐使用 BeautifulSoup 解析器来处理 HTML 和 XML 数据。

BeautifulSoup 4 的安装方式为：

```
pip install beautifulsoup4
pip install lxml
pip install html5lib
```

除此之外还需要安装其他依赖。

BeautifulSoup 4 将复杂的 HTML 文档转换成一个复杂的树形结构，每个节点都是 Python 对象，所有对象可以归纳为 4 种：Tag、NavigableString、BeautifulSoup 和 Comment。

在 Python 命令行中输入下面的代码：

```
>>> from bs4 import BeautifulSoup
>>> soup = BeautifulSoup("<html><body><p>data</p></body></html>")
>>> soup<html><body><p>data</p></body></html>
>>> soup('p')[<p>data</p>]
```

可见，BeautifulSoup 库非常好用，对于不同元素都可以进行语义化解析。

1. 同类标签元素的定位

下面用 360 搜索首页来做演示，前端导航栏代码如下：

```
<nav class="skin-text skin-text-tab">
<a href="http://hao.360.cn/" target="_blank" data-linkid="hao">360 导航</a>
<a href="http://news.so.com/?src=tab_web" data-s="http://news.so.com/ns?
ie=utf-8&amp;tn=news&amp;src=tab_web&amp;q=%q%" data-linkid="news">资讯</a>
<a href="https://www.so.com/link?m=aHV%2BSjDKF6tIPAHxs1FJ9ZqSgskKtejz8a
XEG%2FS7DQjzhHaq%2FmyfN9ShU08spH5eS1HJJKrt0fUAS7mU1Qa7f9r6nsCUkgrgEahTY
DQyqgqsRelurhr8kOflOKis%3D" data-mdurl="http://video.360kan.com/?src=tab_
web" data-s="http://video.360kan.com/v?ie=utf-8&amp;q=%q%&amp;src=tab_web"
data-linkid="video">视频</a>
<a href="http://image.so.com/?src=tab_web" data-s="http://image.so.com/
i?src=www_home&amp;ie=utf-8&amp;q=%q%&amp;src=tab_web" data-linkid="image">
图片</a>
<a href="http://ly.so.com/?src=tab_web" data-s="http://ly.so.com/s?q=%q
%&amp;src=tab_web" data-linkid="liangyi">良医</a>
<a href="http://ditu.so.com/?src=tab_web" data-s="http://ditu.so.com/?ie=
utf-8&amp;t=map&amp;k=%q%&amp;src=tab_web" data-linkid="map">地图</a>
<a href="http://baike.so.com/?src=tab_web" data-s="http://baike.so.com/
search?ie=utf-8&amp;q=%q%&amp;src=tab_web" data-linkid="baike">百科</a>
<a href="http://wenku.so.com/?src=tab_web" data-s="http://wenku.so.com/
s?q=%q%&amp;src=tab_web" data-linkid="wenku">文库</a>
<a href="http://en.so.com/?src=tab_web" data-s="http://en.so.com/s?ie=
utf-8&amp;q=%q%&amp;src=tab_web" data-linkid="en">英文</a>
<a href="javascript:void(0);" id="so_tabs_more" onclick="return false">
更多<span class="skin-tab-ico pngfix"></span></a>
</nav>
```

如果要匹配出所有的 a 标签元素并提取链接地址，则代码如下：

代码 5.4　5/5.1.4/get_a_from_360page.py

```
# -*- coding: utf-8 -*-
from urllib import request
import ssl
from bs4 import BeautifulSoup
ssl._create_default_https_context = ssl._create_unverified_context

url = 'https://www.so.com/?src=pclm&ls=safarimac'
```

```
headers = {'user-agent': 'Mozilla/5.0 (Macintosh; Intel Mac OS X 10_13_5) \
AppleWebKit/537.36 (KHTML, like Gecko) Chrome/66.0.3359.181 Safari/537.36'}

req = request.Request(url, headers=headers)
response = request.urlopen(req)

html = response.read()

bs = BeautifulSoup(html,"html.parser", from_encoding="utf8")
#print(bs.nav)                          # 定位到 nav 标签内容

nav = bs.nav
a_links = nav.find_all("a")
#print(a_links)

links = []
for link in a_links:
    links.append(link.get("href"))

print(links)
```

上述代码中使用了 BeautifulSoup 的 find_all()方法，该方法会返回所有的指定标签，例如上面的代码会返回所有的 a 标签元素。

find_all(name, attrs, recursive, string, **kwargs)方法返回一个列表类型，存储查找的结果，其参数含义如下：

- name：对标签名称的检索字符串。
- attrs：对标签属性值的检索字符串，可标注属性检索。
- recursive：是否对子孙全部检索，默认是 True。
- string：<>…</>中字符串区域的检索字符串。

iterator.get(property)方法可以对单个定位元素获取其指定属性，如 link.get('data-linkid')，即获取 a 标签的 data-linkid 属性值。如果要获取 text 属性，则使用 get_text()方法。

2. 父子节点的定位

针对嵌套的 div 结构又该如何定位呢？下面是一个简单的测试页面，前端代码如下：

代码 5.5　5/5.1.4/simple01.py

```
<!DOCTYPE html>
<html lang="en">
<head>
<meta charset="UTF-8">
<title>Simple Page</title>
</head>
<body>
<div id="main-container">
<p>
<h1>武汉加油，中国加油</h1>
<p class="show">
```

```
<span>Everyone want to have a good future, and is assiduous about doing well.
<a href="https://www.jd.com">Buy something</a>
</span>
</p>
</p>
</div>

</body>
</html>
```

例如，定位到 a 标签，然后向上找它的父节点和父节点的父节点，代码如下：

```
# -*- coding: utf-8 -*-
# from urllib import request
# import ssl
from bs4 import BeautifulSoup

# 由于是本地 HTML 文件，因此需要打开文件，然后读取
file_path = './simple01.html'

html_file = open(file_path, 'r', encoding='utf-8')
html_handle = html_file.read()

# 使用 BeautifulSoup 解析器
soup = BeautifulSoup(html_handle, 'lxml')

print(soup.a)
print(soup.a.parent.name)
print(soup.a.parent.parent.name)
```

打印结果如下，可以看到符合 HTML 本身的层级结构。

```
<a href="https://www.jd.com">Buy something</a>
span
P
```

关于 BeautifulSoup 的更多用法将会在下一节中介绍。

5.1.5　使用 BeautifulSoup 爬取 BOSS 直聘网站上的信息

通常情况下，普通人会通过浏览招聘网站来寻找好的工作机会，而有研发能力的工程师一般会自己手写一个爬虫程序批量收集 JD（job description）。测试工程师也会经常接到需要收集某些数据的前置任务，因此本节会以 BOSS 直聘网站为例，采集该网站中与测试工程师相关的高薪岗位招聘信息。

在 BOSS 直聘的官方网站上搜索“测试工程师”并选择月薪“20-30K”，搜索结果如图 5.4 所示。

图 5.4　BOSS 直聘网站的搜索结果页面

搜索结果是一个列表，存在分页的情况。

假设模板是收集所有高薪岗位信息，包括薪酬范围、工作要求年限、学历要求、公司名称和公司行业类型，并要将这些信息全部写入一个 Excel 表格中。经过分析，总体思路如下：

（1）根据页面结构进行分析，可以考虑先用 urllib.request 爬取页面。

（2）使用 BeautifulSoup 对需要的内容进行匹配。

（3）使用 panda 库对数据进行处理。

（4）写入 Excel 文件。

本例采用分步讲解，使用面向对象编程方式先定义一个爬虫类，代码如下：

```
class ZhipinSpider(object):
      def __init__(self):
          user_agent = self.get_random_user_agent()
          ssl._create_default_https_context = ssl._create_unverified_context
          self.url = 'https://www.zhipin.com/c101270100/y_6/?query=测试工程
师&ka=sel-salary-6'
          self.headers = {
             'User-Agent': user_agent
          }
```

其中，get_random_user_agent()方法用来随机获取 headers 中的 User-Agent 参数，具体实现代码如下：

```
def get_random_user_agent(self):

    user_agents = [
        'Mozilla/5.0 (Windows NT 6.1; WOW64) AppleWebKit/535.1 (KHTML, like
Gecko) Chrome/14.0.835.163 Safari/535.1',
        'Mozilla/5.0 (Windows NT 10.0; Win64; x64) AppleWebKit/537.36 (KHTML,
 like Gecko) Chrome/73.0.3683.103 Safari/537.36',
        'Mozilla/5.0 (Macintosh; Intel Mac OS X 10_7_0) AppleWebKit/535.11
 (KHTML, like Gecko) Chrome/17.0.963.56 Safari/535.11',
        'Mozilla/5.0 (Macintosh; U; Intel Mac OS X 10_6_8; en-us) AppleWebKit/
534.50 (KHTML, like Gecko) Version/5.1 Safari/534.50',
        'User-Agent:Opera/9.80 (Macintosh; Intel Mac OS X 10.6.8; U; en)
Presto/2.8.131 Version/11.11',
        'Opera/9.80 (Windows NT 6.1; U; en) Presto/2.8.131 Version/11.11',
        'Mozilla/4.0 (compatible; MSIE 7.0; Windows NT 5.1; Maxthon 2.0)',
        'Mozilla/4.0 (compatible; MSIE 7.0; Windows NT 5.1; 360SE)',
        'Mozilla/4.0 (compatible; MSIE 7.0; Windows NT 5.1; TencentTraveler
4.0)'
    ]
    num = len(user_agents)

    random_num = random.randint(0, num -1)
    return user_agents[random_num]
```

使用 requests 库发起 HTTP 请求，定义爬取页面内容的方法，代码如下：

```
def get_page_html(self):
    response = requests.get(self.url, headers=self.headers)
    print(response.content)
```

BOSS 直聘网站具有反爬虫机制，因此我们的请求会被识别成爬虫脚本，无法真正获取列表数据，请求会返回一个未包含任何数据的 HTML 字符串。尝试添加 cookie 后可以正常抓取到完整页面的 HTML。代码改动如下：

```
def __init__(self):
    user_agent = self.get_random_user_agent()
    ssl._create_default_https_context = ssl._create_unverified_context
    self.url = 'https://www.zhipin.com/c101270100/y_6/?query=测试工程师&ka=
sel-salary-6'
    self.headers = {
        'user-agent': user_agent,
        'cookie': "xsfdsdfsdfdsfsdfsfds",
        'referer': 'https://www.zhipin.com/c101270100/y_6/?query=%E6%B5
%8B%E8%AF%95%E5%B7%A5%E7%A8%8B%E5%B8%88&ka=sel-salary-6'
    }
```

其中，headers 中需要设置 cookie 参数，该参数可以从浏览器的 network（网络）面板中找到请求头信息，粘贴过来使用即可。组装好参数后发起的请求就能通过反爬虫限制了。但是这种方式的 cookie 值有一定的有效时间，一旦失效，请求会再次被反爬虫策略拦截，因此并不是长久之计。

通过 cookie 获取用户信息，更好地伪装成常规浏览器请求从而绕过反爬虫机制是一件比较麻烦的事情。一些反爬虫限制网站，如知乎、BOSS 直聘网站等，已经有非常成熟的反爬虫监控规则，如 cookie 必须是有效的，并且访问权限有时间限制等。

遇到这种问题时，可以从两个方面考虑：

（1）能否获取登录后的 cookie，并添加到请求头部或者请求对象中？

（2）能否从浏览器本身存储的 cookie 中读取信息？这样每次读取出的都是最新的 cookie，就能伪装成和真实浏览器请求一致的 headers 请求参数及携带的用户信息。

关于本地浏览器读取 cookie，可以考虑使用 browsercookie 模块。browsercookie 模块用于一个从浏览器中提取保存的 cookies 的工具。它是一个很有用的爬虫工具，通过加载用户浏览器的 cookies 到一个 cookiejar 对象里，可以让用户轻松下载需要登录的网页内容。

browsercookie 的安装方式也非常简单，命令如下：

```
pip install browsercookie
```

下面先熟悉一下 browsercookie 的基本用法，编写如下代码，目的是读取所有存储在 Chrome 浏览器中的 BOSS 直聘网站的 cookie。

代码 5.6　5/5.1.4/simple01.py

```
import browsercookie
chrome_cookie = browsercookie.chrome()
for cookie in chrome_cookie:
    if '__zp_stoken__' in str(cookie):
        tmp_cookie = str(cookie)
        tmp_cookie = tmp_cookie.replace("<Cookie ", "")
        tmp_cookie = tmp_cookie.replace(" for .zhipin.com/>", "")

        print(tmp_cookie)
```

执行脚本，输出结果如下：

```
python try_get_cookie.py
__zp_stoken__=726d6JH4uHW2SPg33RZ0FfGKhLGxGcylkUjK%2B%2FFNrwgFcd3%2Bm6l
IY1IHT4OWOZczGuj%2B5I6WOYp1BA7ivGstsLvaSIKZWGvvcclZa9GO4oPI4lLEJE4pwRXP
6DsE9nsnA6FG
```

在 for…in 循环里如果不加任何判断条件，可以遍历出所有存储在 Chrome 中的 cookie。当然，如果想读取 Fireforx 浏览器中保存的 cookie，可以将代码改为：

```
import browsercookie
firefox_cookie = browsercookie.firefox()
```

调整上面的代码，可以对 ZhipinSpider 类添加如下方法并在__init__()方法中添加对应的调用：

```
def __init__(self):
self.headers = {
            'user-agent': user_agent,
            'cookie': self.get_cookie(),
            'referer': 'https://www.zhipin.com/c101270100/y_6/?query=%E6
%B5%8B%E8%AF%95%E5%B7%A5%E7%A8%8B%E5%B8%88&ka=sel-salary-6'
```

```
        }
        # other codes
    def get_cookie(self) -> str:
        chrome_cookie = browsercookie.chrome()
        # 筛选出 zhipin.com 的有效 cookie
        for cookie in chrome_cookie:
            if '__zp_stoken_' in str(cookie):
                real_cookie = str(cookie)
                real_cookie = real_cookie.replace("<Cookie ", "")
                real_cookie = real_cookie.replace(" for .zhipin.com/>", "")
                return real_cookie
        return ''
```

下一步是使用 BeautifulSoup 进行数据匹配，目标是匹配出月薪、工作地点、公司名称等信息。根据页面列表每一条数据的层级结构，编写如下方法来获取：

```
def deal_html(self, html):
    soup = BeautifulSoup(html, "html.parser")
    data_list = []
    # 岗位名称、月薪、工作地点、公司名称
    job_areas = soup.select('.job-area')

    new_job_areas = []

    for job in job_areas:
        new_job_areas.append(job.get_text())

    salary_ranges = soup.select('.job-limit > .red')
    # 每页 30 条数据
    new_salary_ranges = []
    for salary in salary_ranges:
        new_salary_ranges.append(salary.get_text())

    company_names = []
    # 在循环中自己组织拼接分类
    for i in range (1, 31):
      search_list_tag = 'search_list_company_' + str(i) + '_custompage'
      item = soup.find('a', attrs={'ka': search_list_tag})
      company_names.append(item.get_text())

    item_num = len(job_areas)

    for index in range(item_num):
        tmp_row = {'job_name': '测试工程师', 'salary': new_salary_ranges
[index], 'job_area': new_job_areas[index], 'company_name': company_names
[index]}
        data_list.append(tmp_row)

    return data_list
```

打印返回值 data_list，输出信息如下：

```
[{'job_name': '测试工程师', 'salary': '15-30K', 'job_area': '成都·武侯区',
'company_name': '平安城科'}, {'job_name': '测试工程师', 'salary': '15-30K',
```

```
'job_area':'成都·武侯区','company_name':'美测试工程师','salary':'15-30K',
'job_area': '成都·武侯区', 'company_name': '美团新零售业务部'}, {'job_name':
'测试工程师', 'salary': '15-30K', 'job_area': '成都', 'company_name': '华为
成都研究所'}: '15-30K', 'job_area': '成都·武侯区', 'company_name': '美团点评'},
{'job_name': '测试工程师', 'salary': '15-30K', 'job_area': '成都·武侯区',
'company_name': '客如云'}, {'job_name': '测试工程师', 'a': '成都·武侯区',
'company_name': '支付宝'}, {'job_name': '测试工程师', 'salary': '15-30K',
'job_area': '成都', 'company_name': '华为成都 IT 硬件'}, {'job_name': '测试工
程师', 'salary': '12-22K', 'j 成都·武侯区', 'company_name': '西瓜创客'},
{'job_name': '测试工程师', 'salary': '25-35K·18 薪', 'job_area': '成都·郫都
区', '...]
```

下一步是使用 pandas 库对数据进行加工，方便后面导入 Excel 文件。

这里先简单介绍一下 pandas 库。pandas 库是 Python 的一个数据分析包，为解决数据分析任务而创建。pandas 库中纳入了大量标准的数据模型，为高效地操作数据集提供所需的工具，使用非常方便。

pandas 的安装方式也很简单，使用如下命令：

```
pip install pandas
```

在需要用到的脚本文件最开始的位置引入 pandas 库，代码如下：

```
import pandas as pd
```

取得 data_list 数据后，可以使用如下代码让 list 数据变成结构更清晰的 DataFrame 型数据。

```
def data_to_table(self, data):
    # 使用 pandas 组织数据
    df = pd.DataFrame(data)
    return df
```

最后一步是将数据写入 csv 文件，具体代码如下：

```
def data_to_execl(self, data):
    df = pd.DataFrame(data)
    df.to_csv('job.csv', mode='a',encoding='utf_8_sig')
```

至此分解过程已经讲解完毕，整个爬虫类的完整代码如下：

代码 5.7　5/5.1.5/zhipin_spinder.py

```
# -*- coding: utf-8 -*-
'''
Boss 直聘爬虫类

@author freePHP
@version 1.0.0
'''
import ssl
import requests
import random
from bs4 import BeautifulSoup
```

```
import browsercookie

import pandas as pd

# for cookie in chrome_cookie:
#     if '__zp_stoken_' in str(cookie):
#         tmp_cookie = str(cookie)
#         tmp_cookie = tmp_cookie.replace("<Cookie ", "")
#         tmp_cookie = tmp_cookie.replace(" for .zhipin.com/>", "")
class ZhipinSpider(object):
    def __init__(self):
        user_agent = self.get_random_user_agent()
        ssl._create_default_https_context = ssl._create_unverified_context
        self.url = 'https://www.zhipin.com/c101270100/y_6/?query=测试工程
师&ka=sel-salary-6'
        self.headers = {
            'user-agent': user_agent,
            'cookie': self.get_cookie(),
            'referer': 'https://www.zhipin.com/c101270100/y_6/?query=%E6
%B5%8B%E8%AF%95%E5%B7%A5%E7%A8%8B%E5%B8%88&ka=sel-salary-6'
        }

    def get_cookie(self) -> str:
        chrome_cookie = browsercookie.chrome()
        # 筛选出 zhipin.com 的有效 cookie
        for cookie in chrome_cookie:
            if '__zp_stoken_' in str(cookie):
                real_cookie = str(cookie)
                real_cookie = real_cookie.replace("<Cookie ", "")
                real_cookie = real_cookie.replace(" for .zhipin.com/>", "")
                return real_cookie
        return ''

    def get_page_html(self):
        response = requests.get(self.url, headers=self.headers)
        return response.text


    def deal_html(self, html):
        soup = BeautifulSoup(html, "html.parser")
        data_list = []
        # 岗位名称、月薪、工作地点、公司名称
        job_areas = soup.select('.job-area')

        new_job_areas = []

        for job in job_areas:
            new_job_areas.append(job.get_text())

        salary_ranges = soup.select('.job-limit > .red')
        # 每页 30 条数据
        new_salary_ranges = []
        for salary in salary_ranges:
```

```
            new_salary_ranges.append(salary.get_text())

        company_names = []
        # 在循环中自己组织拼接分类
        for i in range (1, 31):
          search_list_tag = 'search_list_company_' + str(i) + '_custompage'
          item = soup.find('a', attrs={'ka': search_list_tag})
          company_names.append(item.get_text())

        item_num = len(job_areas)

        for index in range(item_num):
            tmp_row = {'job_name': '测试工程师', 'salary': new_salary_ranges
[index], 'job_area': new_job_areas[index], 'company_name': company_names
[index]}
            data_list.append(tmp_row)

        return data_list

    def data_to_table(self, data):
        # 使用 pandas 来组织数据
        df = pd.DataFrame(data)
        return df

    def data_to_execl(self, data):
        df = pd.DataFrame(data)
        df.to_csv('job.csv', mode='a',encoding='utf_8_sig')


    def get_random_user_agent(self):

        user_agents = [
            'Mozilla/5.0 (Windows NT 6.1; WOW64) AppleWebKit/535.1 (KHTML,
like Gecko) Chrome/14.0.835.163 Safari/535.1',
            'Mozilla/5.0 (Windows NT 10.0; Win64; x64) AppleWebKit/537.36
(KHTML, like Gecko) Chrome/73.0.3683.103 Safari/537.36',
            'Mozilla/5.0 (Macintosh; Intel Mac OS X 10_7_0) AppleWebKit/
535.11 (KHTML, like Gecko) Chrome/17.0.963.56 Safari/535.11',
            'Mozilla/5.0 (Macintosh; U; Intel Mac OS X 10_6_8; en-us)
AppleWebKit/534.50 (KHTML, like Gecko) Version/5.1 Safari/534.50',
            'Opera/9.80 (Macintosh; Intel Mac OS X 10.6.8; U; en) Presto/
2.8.131 Version/11.11',
            'Opera/9.80 (Windows NT 6.1; U; en) Presto/2.8.131 Version/
11.11',
            'Mozilla/4.0 (compatible; MSIE 7.0; Windows NT 5.1; Maxthon 2.0)',
            'Mozilla/4.0 (compatible; MSIE 7.0; Windows NT 5.1; 360SE)',
            'Mozilla/4.0 (compatible; MSIE 7.0; Windows NT 5.1; Tencent
Traveler 4.0)'
        ]
        num = len(user_agents)

        random_num = random.randint(0, num -1)
        return user_agents[random_num]
```

```
if __name__ == '__main__':
    spider = ZhipinSpider()
    html = spider.get_page_html()
    data = spider.deal_html(html)
    spider.data_to_execl(data)
    #df_data = spider.data_to_table(data)
```

5.1.6　正则表达式简介

正则表达式是一个特殊的字符序列，能帮助开发者方便地检查一个字符串是否与某种模式匹配，类似于 SQL 语句，是一种通用型描述语言，针对不同的编程语言都有类似的语法和对应的封装库。在 Python 中，re 模块就是用于正则匹配的模块，其功能强大，本节会详细介绍。

re 模块是 Python 的内置模块，提供了 Perl 风格的正则表达式模式。下面简单介绍一下常用的正则表达式的匹配模式，如表 5.1 所示。

表 5.1　正则匹配表达式

模　式	描　述
^	匹配字符串的开头
$	匹配字符串的末尾
。	匹配任意字符，除了换行符，当re.DOTALL标记被指定时，可以匹配包括换行符在内的任意字符
[...]	用来表示一组字符，单独列出，如[amk]匹配a、m或k
[^...]	不在[]中的字符，如[^abc]匹配除了a、b、c之外的字符
re*	匹配0个或多个字符串或字符
re+	匹配1个或多个字符
re?	匹配0个或1个由前面的正则表达式定义的片段，非贪婪方式
re{n}	精确匹配*n*个字符串或字符。例如，o{2}不能匹配Bob中的o，但是能匹配food中的两个o
re{n,}	匹配*n*个字符串或字符。例如，o{2,}不能匹配Bob中的o，但能匹配foooood中的所有o。o{1,}等价于o+，o{0,}则等价于o*
re{n,m}	匹配*n*到*m*次由前面的正则表达式定义的片段，贪婪方式
a|b	匹配a或者b
(re)	对正则表达式分组并记住匹配的文本
(?imx)	正则表达式包含3种可选标志：i、m、或x。只影响括号中的区域
(?-imx)	正则表达式关闭i、m或x可选标志。只影响括号中的区域
(?:re)	类似(...)，但是不表示一个组

（续）

模　　式	描　　述
(?imx: re)	在括号中使用i、m或x可选标志
(?-imx: re)	在括号中不使用i、m或x可选标志
(?=re)	前向肯定界定符。如果所含正则表达式在字符串当前位置成功匹配则表示成功，反之表示失败
(?! re)	前向否定界定符。与前向肯定界定符相反，如果所含表达式不能在字符串的当前位置匹配，则表示成功，反之表示失败
(?> re)	匹配的独立模式，省去回溯
\w	匹配字母、数字及下划线
\W	匹配非字母、数字及下划线
\s	匹配任意空白字符，等价于[\t\n\r\f]
\S	匹配任意非空字符
\d	匹配任意数字，等价于[0-9]
\D	匹配任意非数字
\A	匹配字符串开始
\Z	匹配字符串结束，如果存在换行，只匹配到换行前的所有字符串
\z	匹配字符串结束
\G	匹配最后匹配完成的位置
\b	匹配一个单词边界，也就是单词和空格间的位置。例如，er\b可以匹配never中的er，但不能匹配verb中的er
\B	匹配非单词边界。er\B能匹配verb中的er，但不能匹配never中的er
\t或者\n	匹配一个换行符或者匹配一个制表符

除了这些基本匹配模式的元字符和语法之外，还要理解两个概念：贪婪模式和非贪婪模式。贪婪模式是指尽可能匹配更多的字符，反之，非贪婪模式是指尽可能匹配更少的字符。Python 默认采用的是贪婪模式。例如，正则表达式“ac*”如果用于查找 accccd，将找到 acccc；如果使用非贪婪的数量词“ac*?”，将找到 a。

示例 1：使用 re 模块编写一个简单的用例程序，查询是否包含某个字符串。具体代码如下：

代码 5.8　5/5.1.6/try_re.py

```
# -*- coding: utf-8 -*-
import re

# 将正则表达式编译成 Pattern 对象
pattern = re.compile(r'Catch')

# 使用 Pattern 匹配文本，获得匹配结果，无法匹配时将返回 None
```

```
match = pattern.match('Catch PHP and Python !')

if match:
    # 使用 Match 获得分组信息
    print(match.group())
```

执行该脚本，输出结果如下：

```
Catch
```

示例 2：检查邮箱格式的有效性。

我们在注册账号时经常需要填写注册邮箱，因此对于邮箱需要检查其格式的有效性。re 模块也可以通过正则表达式进行检测，例如检测 163 邮箱（网易邮箱）的有效性，代码如下：

代码 5.9　5/5.1.6/check_email.py

```
#-*- coding:utf-8 -*-
__author__ = 'freePHP'
import re
text = input("Please input your Email address: \n")
if re.match(r'[0-9a-zA-Z_]{0,19}@163.com',text):
    print('Email address is Right!')
else:
    print('Please reset your right Email address!')
```

执行以上脚本并输入下列邮箱，验证结果如下：

```
Please input your Email address:
freephp@163.com
Email address is Right!
```

这里只做了格式检查，没有对邮箱的可达性进行判断。如果要做可达性判断，可以使用测试邮箱发送测试邮件。

请读者思考一下，有没有更通用型的邮箱检查呢？

我们可以对邮箱的后缀进行 or 判断，具体代码如下：

```
#-*- coding:utf-8 -*-
__author__ = 'freePHP'
import re
text = input("Please input your Email address: \n")
if re.match(r'^[0-9a-zA-Z_]{0,19}@[0-9a-zA-Z]{1,13}\.[com,cn,net]{1,3}
$',text):
    print('Email address is Right!')
else:
    print('Please reset your right Email address!')
```

这次尝试检测以.com 结尾的邮箱地址，执行结果如下：

```
Please input your Email address:
233232@qq.com
Email address is Right!
```

示例 3：获取“内涵段子”的段子数据。

“内涵段子”是一个有图文也有视频的综合性网站。在分析了“内涵段子”网站页面列表数据的结构后发现，每个 div 的标签都有一个属性 class="f18 mb20"，由此可以推理出如下正则表达式来匹配：

```
<div.*?class="f18 mb20">(.*?)</div>
```

使用 re 模块的代码如下：

```
pattern = re.compile(r'<div.*?class="f18 mb20">(.*?)</div>', re.S)
item_list = pattern.findall(gbk_html)
```

代码中使用了 re 模块的 findall()方法，该方法会匹配出所有符合条件的元素，以列表形式将结果返回。

5.1.7　封装一个强大的爬虫工具类

对于一个爬虫开发者，如果针对不同的网站都从零开始编写爬虫程序将会是一项非常费时、费力且低效的工作。对于爬虫的常规工作流程，前面已经梳理过了，因此可以思考封装一个功能健全且强大的工具类，提高工作效率。具体实现也比较符合面向对象的规范，代码如下：

```
#-*- coding:utf-8 -*-
import random

import requests
class SpiderTool(object):

    def __init__(self, url):
        self.url = url
        user_agent = self.get_random_user_agent()
        self.headers = {
            'user-agent': user_agent
        }

    def get_html(self, method_type='get', data={}):
        if method_type == 'get':
            response = requests.get(self.url)
        elif method_type == 'post':
            response = requests.post(self.url, data=data)
        else:
            print("It is not correct http method!")
            exit(1)
        html = response.text
        return html

    def parse(self):
        pass

    # 这里只写入本地文件，如果要写入数据库，请读者自行做适当修改
    def store(self, data):
```

```
        with open('data.txt', 'w') as f:
            f.write(data)

    def get_random_user_agent(self):

        user_agents = [
            'Mozilla/5.0 (Windows NT 6.1; WOW64) AppleWebKit/535.1 (KHTML, 
like Gecko) Chrome/14.0.835.163 Safari/535.1',
            'Mozilla/5.0 (Windows NT 10.0; Win64; x64) AppleWebKit/537.36 
(KHTML, like Gecko) Chrome/73.0.3683.103 Safari/537.36',
            'Mozilla/5.0 (Macintosh; Intel Mac OS X 10_7_0) AppleWebKit/
535.11 (KHTML, like Gecko) Chrome/17.0.963.56 Safari/535.11',
            'Mozilla/5.0 (Macintosh; U; Intel Mac OS X 10_6_8; en-us) 
AppleWebKit/534.50 (KHTML, like Gecko) Version/5.1 Safari/534.50',
            'Opera/9.80 (Macintosh; Intel Mac OS X 10.6.8; U; en) Presto/
2.8.131 Version/11.11',
            'Opera/9.80 (Windows NT 6.1; U; en) Presto/2.8.131 Version/
11.11',
            'Mozilla/4.0 (compatible; MSIE 7.0; Windows NT 5.1; Maxthon 2.0)',
            'Mozilla/4.0 (compatible; MSIE 7.0; Windows NT 5.1; 360SE)',
            'Mozilla/4.0 (compatible; MSIE 7.0; Windows NT 5.1; Tencent 
Traveler 4.0)'
        ]
        num = len(user_agents)

        random_num = random.randint(0, num - 1)
        return user_agents[random_num]


if __name__ == '__main__':
    spider = SpiderTool('https://zhihu.com')
```

比较多变的部分就是 parse 部分，因为每个网站的列表页或者内容详情页有不同的结构，需要不同的解析策略和实现。其他部分，如访问页面、存储数据是可以标准化的。除此之外，日志记录也是必要的，这里不再赘述。

5.2　Scrapy 基础

前面我们学习了人工编写爬虫脚本，但是因为每个人的编程能力不同，最终封装出来的工具类不一定具有非常好的通用性。实际上已经有开发者编写出了强大的爬虫框架，如 Scrapy 框架，本节将详细介绍该框架的具体使用方法和使用案例。

5.2.1　Scrapy 简介

Scrapy 是一个功能强大的爬虫框架，对数据处理和挖掘提供了非常友好的支持，可以用于数据分析、监测和自动化测试等工作中。

根据官方描述整理出的 Scrapy 流程图，如图 5.5 所示。

图 5.5 中主要包括以下组件：

- 爬虫引擎（Scrapy）：用于整个系统的数据流处理，触发事务（框架核心）。
- 调度器（Scheduler）：用来接收引擎发送的请求并压入队列中，在引擎再次请求的时候返回。可以想象成一个 URL（抓取网页的网址或者链接）的优先队列，由它来决定下一个要抓取的网址，同时去除重复的网址。
- 下载器（Downloader）：用于下载网页内容，并将网页内容返回给蜘蛛（Scrapy 下载器是建立在 twisted 这个高效的异步模型上的）。
- 爬虫（Spiders）：用于从特定的网页中提取自己需要的信息，即所谓的实体（Item）。用户也可以从中提取出链接，让 Scrapy 继续抓取下一个页面。
- 对象管道（Pipeline）：负责处理爬虫从网页中抽取的数据，主要功能是持久化数据、验证数据的有效性，以及清除不需要的信息。当页面被爬虫解析后，解析的数据将被发送到对象管道，并经过几个特定的次序来处理数据。
- 下载器中间件（Downloader Middlewares）：介于 Scrapy 引擎和下载器之间的框架，主要是处理 Scrapy 引擎与下载器之间的请求及响应。
- 爬虫中间件（Spider Middlewares）：介于 Scrapy 引擎和爬虫之间的框架，主要工作是处理蜘蛛的输入响应和输出请求。
- 调度中间件（Scheduler Middewares）：介于 Scrapy 引擎和调度器之间的中间件，主要工作是处理从 Scrapy 引擎发送到调度的请求和响应。

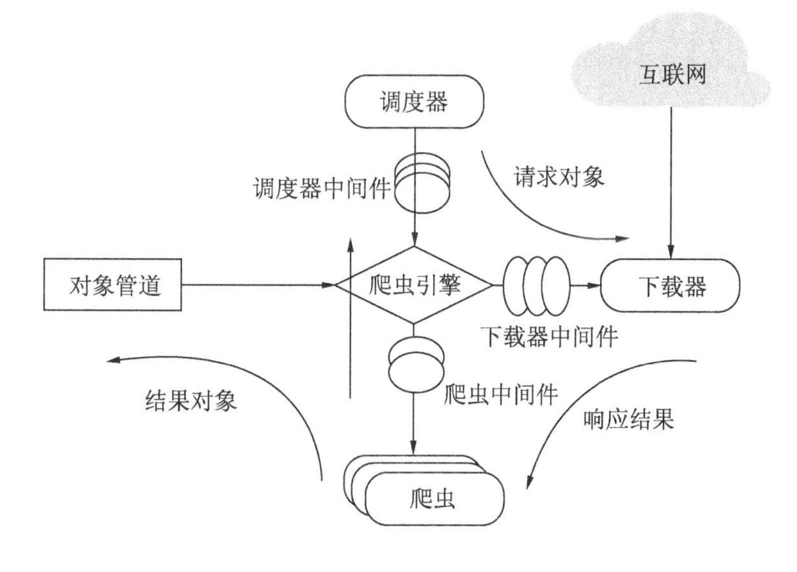

图 5.5　Scrapy 流程图

Scrapy 的运行流程大概如下：

（1）爬虫引擎从调度器中取出一个链接用于抓取。

（2）爬虫引擎把 URL 封装成一个请求传送给下载器。

（3）下载器获取资源并封装成应答包。

（4）解析结果对象（Item）。

（5）提取出链接再次交给调度器去抓取。

Scrapy 的安装方式也十分简单，还是使用如下 pip 命令行：

```
pip install scrapy
```

5.2.2　Scrapy 的基本用法

Scrapy 的使用并不复杂，需要先用命令行创建一个属于自己的项目，具体如下：

```
scrapy startproject myproject
```

其中，myproject 代表自己的项目名，可以自定义，如 scrapy、starttoproject 或 StudyScrapy 都可以。然后再使用 cd 命令进入新创建的项目根目录下即可开始正式的开发工作。

项目的目录如下：

```
scrapy.cfg
myproject/
__init__.py
items.py
pipelines.py
settings.py
spiders/
__init__.py
spider1.py
spider2.py
...
```

其中，对应的文件及文件夹的作用如下：

- scrapy.cfg：项目的配置文件；
- myproject/：该项目的 python 模块。之后将在此加入代码。
- myproject/items.py：需要提取的数据结构定义文件。
- myproject/middlewares.py：和 Scrapy 的请求/响应处理相关联的框架。
- myproject/pipelines.py：用来对 items 里提取的数据做进一步处理，如保存等。
- myproject/settings.py：项目的配置文件。
- myproject/spiders/：放置 spider 代码的目录。

下面以百度贴吧为例，分析整理需求后编写代码。

（1）编写需要最终爬取的数据结构（Item），代码如下：

代码 5.10　5/5.2/5.2.1/items.py

```
import scrapy


class DetailItem(scrapy.Item):
    # 抓取内容：（1）帖子标题；（2）帖子作者；（3）帖子回复数
    title = scrapy.Field()
    author = scrapy.Field()
    reply = scrapy.Field()
```

上面类中的 title、author 和 reply 就像是字典中的“键”，爬取的数据就像是字典中的“值”。

（2）定义 Spider 类。可以继承框架的 Spider 类，然后编写自定义需求和逻辑，代码如下：

代码 5.11　5/5.2/5.2.1/tieba_spider.py

```
import scrapy
from hellospider.items import DetailItem
import sys


class MySpider(scrapy.Spider):
"""
    name：scrapy 唯一定位实例的属性，必须是唯一的
    allowed_domains：允许爬取的域名列表，不设置表示允许爬取所有列表
    start_urls：起始爬取列表
    start_requests：它就是从 start_urls 中读取链接，然后使用 make_requests_from_
url 生成 Request，这意味着我们可以在 start_requests 方法中根据自己的需求向 start_
urls 中写入自定义的规律的链接
    parse：回调函数，处理 response 并返回处理后的数据和需要跟进的 URL
    log：打印日志信息
    closed：关闭 spider
"""
    # 设置 name
    name = "spidertieba"
    # 设定域名
    allowed_domains = ["baidu.com"]
    # 填写爬取地址
    start_urls = [
"https://tieba.baidu.com/f?kw=%E6%AD%A6%E5%8A%A8%E4%B9%BE%E5%9D%A4&ie=
utf-8",
    ]

    # 编写爬取方法
    def parse(self, response):
        for line in response.xpath('//li[@class=" j_thread_list clearfix"]'):
            # 初始化 item 对象保存爬取的信息
            item = DetailItem()
            # 这部分是爬取部分，使用 XPath 方式选择信息，具体方法根据网页结构而定
            item['title'] = line.xpath('.//div[contains(@class,"threadlist_
```

```
title pull_left j_th_tit ")]/a/text()').extract()
            item['author'] = line.xpath('.//div[contains(@class,"threadlist_
author pull_right")]//span[contains(@class,"frs-author-name-wrap")]/a/
text()').extract()
            item['reply'] = line.xpath('.//div[contains(@class,"col2_left
j_threadlist_li_left")]/span/text()').extract()
            yield item
```

其中使用了 XPath 方式进行元素匹配，同样也可以使用 CSS 方式进行定位。这两种方式可以任意选择。XPath 使用起来更加灵活，适合复杂情况下的元素定位。

（3）使用命令行执行脚本并存储到文件中。

使用 Scrapy 内置的命令 runspider 可以直接执行该脚本，并可以设置输出到 JSON 格式的文件中，具体如下：

```
scrapy runspider tieba_spider.py -o item.json
```

生成的 item.json 文件的内容如图 5.6 所示。

[
{"title": ["\u51b0\u7075\u7bc7\u5b8c\u7ed3\u4e86\u5417\uff1f\u6709\u6ca1\u6709\u4eba\u8b
{"title": ["\u5feb\u6765\u8585\u7f8a\u6bdb\u5566\uff0c\u4e00\u53f0\u624b\u673a\u6700\u59
{"title": ["\u6211\u60f3\u73a9\u90a3\u4e2a\u6210\u4eba\u7684\u6e38\u620f \u90a3\u4f4d\u
{"title": ["\u8c01\u6709\u201c\u6b66\u52a8\u4e7e\u5764\u201dtxt\u7248\u7535\u5b50\u4e66\
{"title": ["\u4e00\u4e2a\u53f0\u6e7e\u8bfb\u8005\u5bf9\u5185\u5730\u7f51\u7edc\u5c0f\u8b
{"title": ["\u6700\u8fd1\u91cd\u770b\u6b66\u52a8\uff0c\u53d1\u73b0\u4e00\u4e2a\u95ee\u98
{"title": ["\u3010\u6b66\u52a8\u4e7e\u5764 \u51b0\u4e3b\u7bc7\u3011"], "author": ["\u6f5
{"title": ["\u6210\u90fd\u6709\u540d\u7684\u624b\u6495\u70e4\u5154"], "author": ["m\u732
{"title": ["\ud83d\udc74\u5410\u4e86 \u6211\u600e\u4e48\u80fd\u8fd9\u4e2a\u6837\u5b50"],
{"title": ["\u8fd9\u662f\u8c01\u554a"], "author": ["\u8427\u6f47\u79cb"], "reply": ["7"]}
{"title": ["\u6211\u8bfb\u5b8c\u6b66\u52a8\u4e7e\u5764\uff0c\u5fc3\u4e2d\u65e0\u6cd5\u5e
{"title": ["\u6b66\u52a8\u7684\u52a8\u6f2b\u662f\u4e0d\u505a\u4e86\u5417\u6211\u770b12\u
{"title": ["\u6362\u4e2a\u8d34\u7ee7\u7eed\u6c34"], "author": ["\u5355\u624b\u6cd5\u62c9
{"title": ["\u6b66\u52a8\u7684\u60c5\u8282\u8ddf\u6597\u7834\u592a\u50cf\u4e86\u3002\u8f
{"title": ["\u8bf7\u95ee\u4e0b\u8d34\u5427\u5404\u4f4d\u5927\u4f6c\uff0c\u6f2b\u753b\u91
{"title": ["\u5730\u94c1\u9047\u89c1\u7684\u4e00\u5e55 \u88ab\u611f\u52a8\u5230\u4e86"],
{"title": ["\u516b\u5927\u7956\u7b26\u662f\u54ea\u516b\u9053"], "author": ["GORbbb"], "r
{"title": ["\u660e\u5929\u662f\u53bb\u4e0a\u73ed\u8fd8\u662f\u4e0d\u53bb\uff1f\u7ea0\u7e
{"title": ["\u6211\u4eec\u5728\u8d34\u5427\u8ba4\u8bc6\uff0c\u4eca\u5929\u6211\u4eec\u7e
{"title": ["\uff08\u7b7e\u5230\u8d34\uff09\u867d\u7136\u6b66\u52a8\u5b8c\u7ed3\u4e86\uff
{"title": ["\u6b66\u52a8\uff0c\u4e00\u751f\u631a\u7231\u3002"], "author": ["\u662f\u975e
{"title": ["\u571f\u8c46\u571f\u8c46\uff0c\u6b66\u52a8\u4e7e\u5764\u4e00\u76f4\u66f4\u65
{"title": ["\u548c\u5927\u5bb6\u5206\u4eab\u4e0b\u6211\u65b0\u4e70\u7684\u623f\u5b50\u54
{"title": ["\u6c34\u8d34\u5148\u5347\u7ea7\u53d1\u80b2"], "author": ["\u5355\u624b\u6cd5
{"title": ["\u6211\u7231\u6b7b\u65e5\u672c\u8d27\u4e86"], "author": ["\u9c7c\u6446\u6446
{"title": ["\u611f\u89c9\u6b66\u52a8\u4e7e\u5764\u6bd4\u8f83\u71c3\u7684\u53e5\u5b50"],
{"title": ["\u3010\u4e0d\u6015\u5c01\u4e86\u3011\u5427\u52a1\u770b\u5230\u7b97\u4e86\u30
{"title": ["\u3010\u539f\u521b\u3011\u6b66\u52a8\u4e7e\u5764\u7eed\u96c6"], "author": ["
{"title": ["\u5728\u8d77\u70b9\u5f00\u4e2avip\u662f\u5426\u5c31\u53ef\u4ee5\u770b\u5168\

图 5.6　百度贴吧数据采集结果

Scrapy 可以使用高度封装的 API，更加专注于业务逻辑，而不是重复去造轮子实现底层 API。

5.2.3　Scrapy 爬虫实践

根据 5.2.2 节的例子，可以总结出爬虫实践的大致流程，一个典型的 Scrapy 项目开发需要以下几步：

（1）编写 Item。

（2）自定义 Spider 类。

（3）设置爬取配置，如起始爬取的 URL。

（4）编写解析页面的方法。

（5）完成后续逻辑，如持久化存储结果数据。

这里以爬取一个动漫网站为例，创建一个完整的 Scrapy 项目案例。

目标网站是腾讯动漫站点，起始页面如图 5.7 所示。关于页面，需要具体分析，对采集的字段进行定位。使用 Chrome 浏览器中的页面工具可以很容易地找到定位元素的 XPath，方法很简单，具体如下：

（1）选择需要定位的元素后右击，选择“检查（N）”命令。

（2）在 HTML 标签上右击，然后选择 Copy | Copy XPath 命令即可。

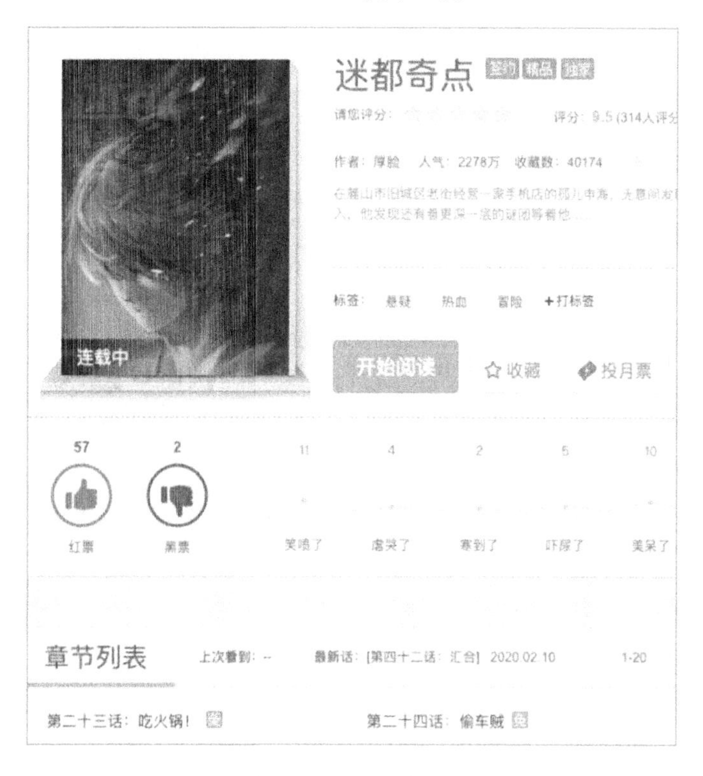

图 5.7　腾讯动漫首页

页面结构的上半部分是作品介绍，下半部分是一个章节列表。需要采集该作品的名称、作者名、作品简介、章节标题和对应的详情链接。

使用 Scrapy 命令生成名为 comic 的 Scrapy 项目，命令如下：

```
scrapy startproject comic
```

自动生成的项目结构比较清晰，如图 5.8 所示。

图 5.8　comic 项目目录结构

自定义的 spider 文件可以编写在 comic/cominc/spider 文件夹下，而 comic/comic 文件夹下的 items.py 文件就是 Item 部分的文件。

下面编写 Item，代码如下：

代码 5.12　5/5.2/5.2.3/comic/comic/item.py

```
# -*- coding: utf-8 -*-

# Define here the models for your scraped items
#
# See documentation in:
# https://docs.scrapy.org/en/latest/topics/items.html

import scrapy


class ComicItem(scrapy.Item):
    # define the fields for your item here like:
    # name = scrapy.Field()
    name = scrapy.Field()                          # 作品名称
    author = scrapy.Field()                        # 作者名
    desc = scrapy.Field()                          # 动漫简介
    chapters = scrapy.Field()                      # 章节和对应的链接
```

接着编写 Spider 类，代码如下：

代码 5.13　5/5.2/5.2.3/comic/comic/spiders/comic_spider.py

```
# -*- coding: utf-8 -*-

import scrapy

from comic.items import ComicItem

class ComicSpider(scrapy.Spider):
    name = "comic"
    allowed_domains = ['ac.qq.com']
    start_urls = ['https://ac.qq.com/Comic/comicInfo/id/635188']

    def parse(self, response):
        # link_urls = response.xpath('//dd/a[1]/@href').extract()
        # 动漫名称
        comic_name = response.xpath('/html/body/div[3]/div[3]/div[1]/div[1]/
div[2]/div[1]/div[1]/h2/strong/text()').extract()[0]
        # //*[@id="special_bg"]/div[3]/div[1]/div[1]/div[2]/div[1]/p[1]/
```

```
span[1]/em
        # 动漫作者姓名
        author_name = response.xpath('//*[@id="special_bg"]/div[3]/div[1]/
div[1]/div[2]/div[1]/p[1]/span[1]/em/text()').extract()[0]
        # 动漫作品简介
        desc = response.xpath('//*[@id="special_bg"]/div[3]/div[1]/div[1]/
div[2]/div[1]/p[2]/text()').extract()[0]

        comic_item = ComicItem()
        ##print(desc)

        # 章节列表获取
        //*[@id="chapter"]/div[2]/ol[2]
        //*[@id="chapter"]/div[2]/ol[2]/li/p[1]/span[1]/a
        //*[@id="chapter"]/div[2]/ol[2]/li/p[2]/span[1]/a
        chapters = response.xpath('//*[@id="chapter"]/div[2]/ol[2]/li').
extract()[0]
        # >>> response.xpath('//a[contains(@href, "image")]/@href').getall()

        hrefs = response.xpath('//a[contains(@href, "ComicView")]/@href').
getall()
        valid_hrefs = []
        # 去重
        for href in hrefs:
            if href not in valid_hrefs:
                valid_hrefs.append(href)


        chapter_names = response.xpath('//a[contains(@href, "ComicView")]/
@title').getall()
        # 筛选出有效标题
        valid_chapter_names = []
        for chapter in chapter_names:
            if "迷都奇点：" in chapter:
                pure_name = chapter.replace("迷都奇点：", "")
                if pure_name not in valid_chapter_names:
                    valid_chapter_names.append(pure_name)

        item_num = len(valid_chapter_names)
        # 章节结构
        chapters = []
        for index in range(item_num):
            tmp_row = {"name": valid_chapter_names[index], "url": valid_
hrefs[index]}
            chapters.append(tmp_row)

        comic_item['chapters'] = chapters
        comic_item['name'] = comic_name
        comic_item['author'] = author_name
        comic_item['desc'] = desc
        print(comic_item)
```

上面这段代码较长，最核心的逻辑就是利用 XPath 技术筛选出需要的数据，并赋值给上一步定义好的数据 Item，执行命令 scrapy crawl comic，输出结果如下：

```
.....
2020-02-12 21:29:02 [scrapy.core.engine] DEBUG: Crawled (200) <GET https://
ac.qq.com/Comic/comicInfo/id/635188> (referer: None)
{'author': '厚脸\xa0',
 'chapters': [{'name': '第一话：膜王大赛', 'url': '/ComicView/index/id/635188/
cid/1'},
              {'name': '第二话：老街的力量', 'url': '/ComicView/index/id/635188/
cid/48'},
              {'name': '第三话：再遇咕咕鸡', 'url': '/ComicView/index/id/635188/
cid/2'},
              {'name': '第四话：拆迁', 'url': '/ComicView/index/id/635188/
cid/3'},
              {'name': '第五话：马头', 'url': '/ComicView/index/id/635188/
cid/4'},
              {'name': '第六话：袖子', 'url': '/ComicView/index/id/635188/
cid/5'},
              {'name': '第七话：老李？', 'url': '/ComicView/index/id/635188/
cid/6'},
              {'name': '第八话：老李的梦魇', 'url': '/ComicView/index/id/635188/
cid/7'},
              {'name': '第九话：过生日', 'url': '/ComicView/index/id/635188/
cid/8'},
              {'name': '第十话：爸爸的画', 'url': '/ComicView/index/id/635188/
cid/9'},
              {'name': '十一话：过敏', 'url': '/ComicView/index/id/635188/
cid/10'},
              {'name': '第十二话：拳黄大赛', 'url': '/ComicView/index/id/635188/
cid/11'},
              {'name': '第十三话：我要赢！', 'url': '/ComicView/index/id/635188/
cid/12'},
              {'name': '第十四话：冠军之战', 'url': '/ComicView/index/id/635188/
cid/13'},
              .....
              {'name': '第四十二话：汇合', 'url': '/ComicView/index/id/635188/
cid/47'}],
 'desc': '\r\n'
         '                    '
         '在麓山市旧城区老街经营一家手机店的孤儿申海，无意间发现杀害父亲的犯罪组织的下
落，随着调查的深入，他发现还有着更深一层的谜团等着他......               ',
 'name': '迷都奇点'}
```

读者可以思考如何进一步利用获取的章节 URL 去获取章节详情页的图片内容，然后进行相应存储，真正完成这个基于动漫网站的爬虫采集工作。

5.3　测试商品列表页面的完整用例

在对电商网站的测试中也会遇到需要针对商品列表页的爬虫分析，用于采集商品的名

称、种类、库存和价格等基础信息。下面以京东的“3C 产品”（计算机类、通信类、消费电子类产品的统称）列表页为例，分析和编写程序。

在上一节中我们学习了 Scrapy 的用法，对于商品列表页可以做同样的处理。先生成该项目，执行以下命令：

```
scrapy startproject jdshop
```

然后定义数据模型 Item，代码如下：

代码 5.14 5/5.3/jdshop/jdshop/item.py

```
# -*- coding: utf-8 -*-

# Define here the models for your scraped items
#
# See documentation in:
# https://docs.scrapy.org/en/latest/topics/items.html

import scrapy


class JdshopItem(scrapy.Item):
    # define the fields for your item here like:
    # name = scrapy.Field()
    product_name = scrapy.Field()
    product_price = scrapy.Field()
    product_type = scrapy.Field()
    product_stock = scrapy.Field()
    product_desc = scrapy.Field()
```

根据需求编写的 Spider 类如下：

```
# -*- coding: utf-8 -*-
import scrapy
from jdshop.items import JdshopItem

class JdProductSpider(scrapy.Spider):
    name = "JdShop"
    allowed_domains = ['list.jd.com']
    start_urls = ['https://list.jd.com/list.html?cat=670,671,672&page=
1&sort=sort_totalsales15_desc&trans=1&JL=6_0_0#J_main']

    def parse(self, response):
        # product_name = response.xpath()
        # product_price = response.xpath()
        # product_sale_num = response.xpath()
        # product_type = response.xpath()
        # product_detail_link = response.xpath()

        product_list = response.xpath('//li[contains(@class,"gl-item")]')
        print(product_list)
        for item in product_list:
            # //*[@id="plist"]/ul/li[1]/div/div[2]/strong[1]/i
            print(item.xpath('div/div[@class="p-price"]/strong/i/text()'))
```

```
    def store(self, data):
        pass
```

在调试过程中会发现打印出的价格一直是空的，这是因为京东的反爬虫策略将商品信息以 JS 动态加载形式进行加载。可以考虑使用其他方式绕过这种检查。

由此可见，同一种方法不能适用于所有的网站。经过认真思考和尝试，可以使用 Selenium 进行请求模拟，编写代码如下：

代码 5.15　5/5.3/jdshop/try_spider.py

```
'''
爬取京东商品信息:
    请求 URL:
        https://www.jd.com/
    提取商品信息:
        1.商品详情页
        2.商品名称
        3.商品价格
        4.评价人数
        5.商品商家
'''
from selenium import webdriver
from selenium.webdriver.common.keys import Keys
import time


def get_good(driver):
    try:

        # 通过 JS 控制滚轮滑动获取所有商品信息
        js_code = '''
            window.scrollTo(0,5000);
        '''
        driver.execute_script(js_code)  # 执行 JS 代码

        # 等待数据加载
        time.sleep(2)

        # 查找所有商品 div
        # good_div = driver.find_ele Type equation here. ment_by_id('J_goodsList')
        good_list = driver.find_elements_by_class_name('gl-item')
        n = 1
        for good in good_list:
            # 根据属性选择器查找
            # 商品链接
            good_url = good.find_element_by_css_selector(
                '.p-img a').get_attribute('href')

            # 商品名称
            good_name = good.find_element_by_css_selector(
                '.p-name em').text.replace("\n", "--")
```

```
            # 商品价格
            good_price = good.find_element_by_class_name(
                'p-price').text.replace("\n", ":")

            # 评价人数
            good_commit = good.find_element_by_class_name(
                'p-commit').text.replace("\n", "")

            good_content = f'''
                        商品链接: {good_url}
                        商品名称: {good_name}
                        商品价格: {good_price}
                        评价人数: {good_commit}
                        \n
                        '''
            print(good_content)
            with open('jd.txt', 'a', encoding='utf-8') as f:
                f.write(good_content)

        next_tag = driver.find_element_by_class_name('pn-next')
        next_tag.click()

        time.sleep(2)

        # 递归调用函数
        get_good(driver)

        time.sleep(10)

    finally:
        driver.close()


if __name__ == '__main__':

    good_name = input('请输入爬取商品信息:').strip()

    driver = webdriver.Chrome()
    driver.implicitly_wait(10)
    # 向京东主页发送请求
    driver.get('https://www.jd.com/')

    # 输入商品名称并按 Enter 键搜索
    input_tag = driver.find_element_by_id('key')
    input_tag.send_keys(good_name)
    input_tag.send_keys(Keys.ENTER)
    time.sleep(2)

    get_good(driver)
```

5.4　多线程爬虫用例

在爬虫程序中，往往是一个脚本开启一个进程去循环爬取每一页的数据。如果数据很多，消耗的运行时间也会很长。这时可以考虑使用多线程运行爬虫程序，提高运行效率。

多线程，顾名思义就是一次性产生多个线程同时进行爬虫抓取活动，就如同一个人雇用了几十个人同时搬运货物，比让一个人搬运要快得多。

Python 的多线程实现也比较方便，可以使用 threading 模块。下面使用 threading 模块编写一个简单的用例程序。

代码 5.16　5/5.4/threading01.py

```
# -*- coding: utf-8 -*-
import threading
import time


def writing_novel():
    for x in range(3):
        print('%s 正在写小说' % x)
        time.sleep(1)


def running():
    for x in range(3):
        print('%s 正在跑步' % x)
        time.sleep(1)


def playing_game():
    for x in range(3):
        print('%s 正在玩游戏' % x)
        time.sleep(1)


def single_thread():
    writing_novel()
    running()
    playing_game()


def multi_thread():
    t1 = threading.Thread(target=writing_novel)
    t2 = threading.Thread(target=running)
    t3 = threading.Thread(target=playing_game)

    t1.start()
    t2.start()
```

```
    t3.start()


if __name__ == '__main__':
    multi_thread()
```

下面将多线程技术应用于爬虫程序，并且导入 queue 模块，使多线程的稳定性更强。

代码 5.17　5/5.4/threading_spider01.py

```
import threading                                    # 导入 threading 模块
from queue import Queue                             # 导入 queue 模块
import time                                         # 导入 time 模块

# 爬取文章详情页
def get_detail_html(detail_url_list, id):
    while True:
        # Queue 队列的 get()方法用于从队列中提取元素
        url = detail_url_list.get()
        time.sleep(2)                               # 延时 2s 模拟请求的耗时
        print("thread {id}: get {url} detail finished".format(id=id,url=url))
# 爬取文章列表页
def get_detail_url(queue):
    for i in range(10000):
        time.sleep(1) # 延时 1s
        queue.put("http://testedu.com/{id}".format(id=i))# 从队列中获取 URL
        # 打印出得到了哪些文章的 URL
        print("get detail url {id} end".format(id=i))

# 主函数
if __name__ == "__main__":
    # 用 Queue 构造一个线程数量为 1000 的线程队列
    detail_url_queue = Queue(maxsize=1000)
    # 先创造 4 个线程
    thread = threading.Thread(target=get_detail_url, args=(detail_url_
queue,))                                            # A 线程负责抓取列表 URL
    html_thread= []
    for i in range(3):
        thread2 = threading.Thread(target=get_detail_html, args=(detail_
url_queue,i))
        html_thread.append(thread2)                 # B、C、D 线程负责抓取文章详情
    start_time = time.time()
    # 启动 4 个线程
    thread.start()
    for i in range(3):
        html_thread[i].start()
    # 其父进程一直处于阻塞状态
    thread.join()
    for i in range(3):
        html_thread[i].join()

print("last time: {} s".format(time.time()-start_time))     # 计算总共耗时
```

除此之外，还可以使用多线程对一些特别的网站进行爬取。

5.5　反爬虫安全策略

在前面的内容中陆续介绍了各种网站的反爬虫策略，本节将进行总结性介绍，以做到知己知彼，百战不殆。只有绕过这些反爬虫限制，开发者才能真正获取想要的数据，访问完整的页面结构。

1. user-agent检查

有些网站通过检查请求头参数里是否包含 user-agent 参数，来判断是否是真实的浏览器发送的请求，从而阻止一部分爬虫程序的爬取行为。

解决方法是在请求头参数里增加如下代码（假设使用的是 requests 库）：

```
headers = {'user-agent': 'Mozilla/5.0 (Macintosh; Intel Mac OS X 10_13_5) \
AppleWebKit/537.36 (KHTML, like Gecko) Chrome/66.0.3359.181 Safari/537.36'}

req = request.Request(url, headers=headers)
```

2. referer检查

有些网站通过检查请求头参数里的 referer 参数的有效性，来判断是否是真实的浏览器发送的请求，从而阻止一部分爬虫程序的爬取行为。通常，referer 参数的值都是同域名或者与同域名相关的网站地址，可以从真实的浏览器的请求中找到该值。

解决方案是在请求头参数里增加如下代码（假设使用 requests 库发起 HTTP 请求）：

```
headers = {              'referer': 'https://www.zhipin.com/c101270100/y_6/
?query=%E6%B5%8B%E8%AF%95%E5%B7%A5%E7%A8%8B%E5%B8%88&ka=sel-salary-6'
}
```

3. cookie检查

有些网站通过检查请求头参数里 cookie 参数的有效性，来判断是否是真实的浏览器发送的请求，从而阻止一部分爬虫程序的爬取行为。cookie 参数里包含了一些用户信息和访问记录，是登录浏览器期间的重要依据，代表网站有知乎网等。

解决方案有多种，一种是利用模拟登录请求获得 cookie，然后将获取的这个 cookie 写入 CookieJar 对象中；另外一种方案是读取存储在真实浏览器中的 cookie 文件，需要的 cookie 从本地文件中获得。推荐使用第二种方法获取 cookie，因为这种方法能够准确且自动获得 cookie，使用 browsercookie 模块就可以方便地管理和读取 cookie。

例如，获取知乎网的 cookie，可以封装如下函数：

```
def get_cookie(self) -> str:
chrome_cookie = browsercookie.chrome()
# 筛选出 zhipin.com 的有效 cookie
for cookie in chrome_cookie:
    if '__zp_stoken_' in str(cookie):
        real_cookie = str(cookie)
        real_cookie = real_cookie.replace("<Cookie ", "")
        real_cookie = real_cookie.replace(" for .zhipin.com/>", "")
        return real_cookie
return ''
```

如果是管理后台那种需要权限的 cookie，推荐使用第一种方法来获取。因为这种通过模拟登录的方法获取的 cookie 是最直接、最真实的，方便后续在后台管理其他请求的操作。

4. 验证码

除了前面所讲的常规的反爬虫策略之外，网站还会根据访问的 IP 和频率等判断是否是真实的用户，对于疑似机器人的访问，将增加验证码验证。常见的验证码有：

- 文字、数字类验证；
- 计算题类验证；
- 图片滑块验证；
- Google 选择图片类型；
- 手机动态验证码；
- 多段验证码。

对于文字和数字验证码，可以通过图像识别的办法来解决，只要识别出里面的内容，然后输入文本框中即可。这种识别技术叫作 OCR。推荐使用 Python 的第三方库 tesserocr，对于没有背景图片影响的验证码，直接通过这个库来识别即可。对于有杂乱背景的验证码，直接识别的话，识别率会很低，需要先对图片进行灰度处理，然后再进行二值化处理，之后再进行识别，识别率会大大提高。

5.5.1　tesserocr 库简介

tesserocr 是 Python 的一个 OCR 识别库。它是基于 tesseract 的封装 API，因此在安装 tesserocr 之前，需要先安装 tesseract。根据操作系统不同，安装方式也不同。如果是使用 Windows 系统，可以前往 tesseract 的官方网站下载最新版本的压缩包并安装即可。

如果是 Mac OS 系统，则需要先使用 brew 命令安装依赖，命令如下：

```
brew install imagemagick
brew install tesseract
```

之后再使用 pip 命令安装 tesserocr，具体命令如下：

```
pip install tesserocr pillow
```

tesserocr 封装了很多实用的 API，下面举一个识别图片的小例子，具体代码如下：

代码 5.18　5/5.5/5.5.1/test_tesserocr/pic01.py

```
# -*- coding: utf-8 -*-
import tesserocr

from PIL import Image

image=Image.open('./yzm02.png')
image=image.convert("L")                          # 将图片转换为灰度图
threshold=100                                     # 阈值设定为 100
table=[]
# 进行二值化
for i in range(256):
    if i < threshold:
        table.append(0)
    else:
        table.append(1)
image=image.point(table,'1')
image.show()

print(tesserocr.image_to_text(image))
```

对于简单的图片识别，可以直接使用 image_to_text()函数，对于一些不容易辨别的图片，需要同本例一样，先转灰度，然后设置阈值，最后再进行二值化处理。需要注意的是，设置阈值的数据可以根据弹出的临时文件图层的清晰度适当调整，如果很模糊，则可以把阈值数值调得大一些。运行程序，输出结果如下：

```
OFXo
```

产生的中间临时图片如图 5.9 所示。

图 5.9　字符串验证码图片

还有一种情况是图片有边框，这会干扰识别结果，因此需要先去掉边框。方法是：遍历像素点，找到 4 个边框上的所有点，将它们都改为白色即可。之后还需要降噪处理，具体实现代码如下：

代码 5.19　5/5.5/5.5.1/test_tesserocr/deal_bother.py

```
# -*- coding: utf-8 -*-
import tesserocr
from PIL import Image

# 清除边框
def clear_border(image):
    image = image.convert('RGB')
    width = image.size[0]
    height = image.size[1]
    noise_color = get_noise_color(image)

    for x in range(width):
        for y in range(height):
            # 清除边框和干扰色
            rgb = image.getpixel((x, y))
            if (x == 0 or y == 0 or x == width - 1 or y == height - 1
                    or rgb == noise_color or rgb[1] > 100):
                image.putpixel((x, y), (255, 255, 255))
    return image


# 降噪
def get_noise_color(image):
    for y in range(1, image.size[1] - 1):
        # 获取非白的颜色
        (r, g, b) = image.getpixel((2, y))
        if r < 255 and g < 255 and b < 255:
            return (r, g, b)


if __name__ == '__main__':
    img_name = 'bother.png'
    image = Image.open(img_name)
    image = clear_border(image)
    # 转换为灰度图
    imgry = image.convert('L')
    code = tesserocr.image_to_text(imgry)
    print(code)
```

运行程序，输出结果如下：

```
libpng warning: iCCP: profile 'ICC Profile': 'RGB ': RGB color space not
permitted on grayscale PNG
NFJP
```

结果符合预期，成功处理了带有干扰性的字符串验证码。

5.5.2　图片滑块验证码

滑块验证码是近几年流行的一种验证方式，如知乎、Bilibili 等网站采取的就是这种验证方式，如图 5.10 所示。

对于图片滑块验证，解决办法有所不同，比较简单的方式就是利用 Selenium 破解这种验证。简单的滑块验证示例代码如下，效果如图 5.11 所示。

图 5.10　Bilibili 用户登录页面

图 5.11　简单的滑块验证

代码 5.20　5/5.5/5.5.2/move_block.py

```
import time
from selenium import webdriver
from selenium.webdriver import ActionChains

# 新建 Selenium 浏览器对象，后面是 geckodriver.exe 下载后的本地路径
browser = webdriver.Firefox()

# 网站登录页面
```

```
url = 'http://admin.emaotai.cn/login.aspx'

# 浏览器访问登录页面
browser.get(url)

browser.maximize_window()
browser.implicitly_wait(5)
draggable = browser.find_element_by_id('nc_1_n1z')

# 滚动指定的位置
browser.execute_script("arguments[0].scrollIntoView();", draggable)

time.sleep(2)

ActionChains(browser).click_and_hold(draggable).perform()

# 拖动滑块
ActionChains(browser).move_by_offset(xoffset=247, yoffset=0).perform()

ActionChains(browser).release().perform()
```

复杂的滑块验证示例代码如下：

```
import time
import cv2
import canndy_test
from selenium import webdriver
from selenium.webdriver import ActionChains

# 创建 webdriver 对象
browser = webdriver.Chrome()

# 登录页面 URL
url = 'https://www.om.cn/login'

# 访问登录页面
browser.get(url)

handle = browser.current_window_handle

# 等待 3s 用于加载脚本文件
browser.implicitly_wait(3)

# 单击登录按钮，弹出滑动验证码
btn = browser.find_element_by_class_name('login_btn1')
btn.click()

# 获取 iframe 元素
frame = browser.find_element_by_id('tcaptcha_iframe')
browser.switch_to.frame(frame)
# 延时 1s
time.sleep(1)

# 获取背景图的 src
```

```
targetUrl = browser.find_element_by_id('slideBg').get_attribute('src')

# 获取拼图的 src
tempUrl = browser.find_element_by_id('slideBlock').get_attribute('src')


# 新建标签页
browser.execute_script("window.open('');")
# 切换到新标签页
browser.switch_to.window(browser.window_handles[1])

# 访问背景图的 src
browser.get(targetUrl)
time.sleep(3)
# 截图
browser.save_screenshot('temp_target.png')

w = 680
h = 390

img = cv2.imread('temp_target.png')

size = img.shape

top = int((size[0] - h) / 2)
height = int(h + ((size[0] - h) / 2))
left = int((size[1] - w) / 2)
width = int(w + ((size[1] - w) / 2))

cropped = img[top:height, left:width]

# 裁剪尺寸
cv2.imwrite('temp_target_crop.png', cropped)

# 新建标签页
browser.execute_script("window.open('');")

browser.switch_to.window(browser.window_handles[2])

browser.get(tempUrl)
time.sleep(3)

browser.save_screenshot('temp_temp.png')

w = 136
h = 136

img = cv2.imread('temp_temp.png')

size = img.shape

top = int((size[0] - h) / 2)
height = int(h + ((size[0] - h) / 2))
left = int((size[1] - w) / 2)
```

```
width = int(w + ((size[1] - w) / 2))

cropped = img[top:height, left:width]

cv2.imwrite('temp_temp_crop.png', cropped)

browser.switch_to.window(handle)

# 模糊匹配两张图片
move = canndy_test.matchImg('temp_target_crop.png', 'temp_temp_crop.png')

# 计算出拖动距离
distance = int(move / 2 - 27.5) + 2

draggable = browser.find_element_by_id('tcaptcha_drag_thumb')

ActionChains(browser).click_and_hold(draggable).perform()

# 拖动
ActionChains(browser).move_by_offset(xoffset=distance, yoffset=0).perform()

ActionChains(browser).release().perform()

time.sleep(10)
```

5.5.3 IP 限制

有些网站为了防止被爬取，会针对 IP 做出访问限制。当发现有固定的 IP 高频访问一些页面或者接口时，会对这些 IP 进行限制，甚至对一些 IP 进行“封杀”，从而阻止爬虫程序。

针对这样的情况，可以通过 IP 代理采用随机 IP 的方式访问需要爬取的网站或者资源。国内免费的 IP 代理资源较多，其中，西刺代理网站比较常用。示例如下：

```
from bs4 import BeautifulSoup
import requests
import random

url = 'http://www.xicidaili.com/nn/'
headers = {
    'User-Agent': 'Mozilla/5.0 (Macintosh; Intel Mac OS X 10_14_6) Apple
WebKit/537.36 (KHTML, like Gecko) Chrome/80.0.3987.106 Safari/537.36'
}

# 获取 IP 列表
def get_ip_list(url, headers):
    web_data = requests.get(url, headers=headers)
    soup = BeautifulSoup(web_data.text, 'lxml')
    ips = soup.find_all('tr')
    ip_list = []
```

```
    for i in range(1, len(ips)):
        ip_info = ips[i]
        tds = ip_info.find_all('td')
        ip_list.append(tds[1].text + ':' + tds[2].text)
    return ip_list

# 从 IP 列表获取随机 IP
def get_random_ip(ip_list):
    proxy_list = []
    for ip in ip_list:
        proxy_list.append('http://' + ip)
    proxy_ip = random.choice(proxy_list)
    proxies = {'http': proxy_ip}

    return proxies


if __name__ == '__main__':
    ip_list = get_ip_list(url, headers=headers)
    proxies = get_random_ip(ip_list)
    print(proxies)
```

执行程序，输出结果如下：

```
{'http': 'http://183.166.96.154:9999'}
```

使用的时候只需要在调用的地方加入 proxies 即可，代码如下：

```
response = requests.get(url=url,headers=headers,params=params,proxies=
proxy)
```

实际应用时应该考虑先验证 IP 的有效性,然后再将有效的代理 IP 写入持久化数据库。有效性的判断可以使用 requests 包请求该代理服务器（IP+Port），通过检查请求返回的状态码是否是 200 来判断该代理是否可用。而持久化数据的解决方案也很多，可以将有效的 IP 记录存储在关系型数据库如 MySQL、PG、Oracle 和 DB2 中，也可以存储在非关系型数据库如 Redis 和 MongoDB 中。

工欲善其事，必先利其器。维护一套长期可用的 IP 池有助于爬虫的开发工作。免费的 IP 代理网站的 IP 往往不太稳定,因此需要编写定期抓取 IP 的脚本来维护可用的 IP 池。在经济允许或者有更高要求的情况下，可以选择购买商用付费版的 IP 代理服务。

5.6　小　结

本章从最基础的爬虫技术讲到了 Scrapy 框架的使用，又从单线程的爬虫程序讲到了多线程程序的编写，以多个实际例子贯穿整个章节，其中详细介绍了 BeautifulSoup 和 Scrapy 的具体用法，以及反爬虫机制。

本章需要掌握的关键内容有：

- 爬虫的测试思路。
- urllib3 库的使用。
- 正则表达式与关键内容的匹配。
- 学会在过程式编程的基础上更好地封装代码。
- Scrapy 框架的学习和实践。
- threading 模块的使用。
- 反爬虫策略的应对方法，尤其是 tesserocr 库的使用。

第 6 章　性 能 测 试

性能测试是一项非常重要的测试工作，不管是 Web 形式的网站或者应用，还是移动端产品，或者是基于某种生态开发的产品（如微信公众号和小程序），都需要在满足日常功能需求测试的基础上，还要保证在一定压力访问时具有稳定性。本章将对性能测试涉及的相关知识点做必要的讲解。

6.1　性能测试简介

性能测试是通过自动化测试工具模拟多种正常、峰值及异常负载条件对系统的各项性能指标进行的测试。负载测试和压力测试都属于性能测试，两者可以结合进行。通过负载测试，确定在各种工作负载下系统的性能，目标是测试当负载逐渐增加时，系统各项性能指标的变化情况。压力测试是通过确定一个系统的瓶颈或者不能接受的性能点，来获得系统能提供的最大服务级别的测试。

性能测试的重点是测试在并发条件下服务或系统的瓶颈所在，从而优化相关功能，可能涉及软件及硬件的多方面改进。由此可见，性能测试对整个产品非常重要，甚至可以决定一个产品是否能长久发展。

构建一个性能测试环境需要做一些准备，如图 6.1 所示。一般情况下都是使用自动化测试工具来构建性能测试环境，需要必要的服务器、软件和客户端等软硬件的支持。

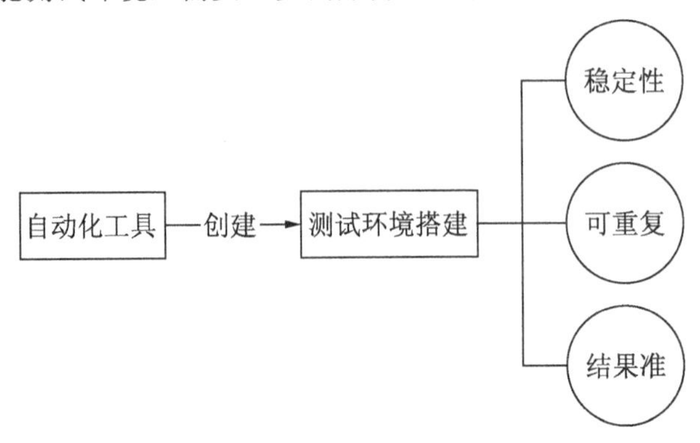

图 6.1　性能测试的构建

一个良好的性能测试环境需要满足以下条件：

- 稳定、可重复的测试环境，能够保证测试结果的准确性。
- 保证达到测试执行的技术需求。
- 保证得到正确、可重复及易理解的测试结果。

有时候找到测试的基线（基本功能版本的产品线），能够更快地定义问题所在。通过不断地加压，测试服务或系统的最大承压能力。

根据不同的目的，可以把性能测试分成以下两个方面。

- 负载测试（Load Testing）：在负载状态下对服务器系统的性能进行测试，目标是测试当前负载逐渐增加时，系统组成部分的相应输出项，如正常请求的接收数、响应时间、CPU 负载、内存使用等，从而判断系统的性能。
- 压力测试（Stress Testing）：通过确定一个系统的瓶颈或者不能接受的性能点，获得系统能提供的最大服务级别的测试行为。

关于压力测试，可以用一个具体的例子来理解。

例如，现在有 600 个用户可以在 13s 内完成支付交易，而 650 个用户完成支付交易的时间却超过了 13s，则说明该支付服务已经不能再接收更多的业务请求了，从而估算出该项支付服务的最大承受范围是 600 个用户左右。所谓最大承受的压力点，就是通常意义上的瓶颈点。

后续会介绍一些热门的自动化性能测试工具，以便更准确地找到系统和服务性能的瓶颈点。这种性能测试在一些情况下能给团队和公司产生巨大的价值，包括商业价值。

6.2　Locust 工具的使用

性能测试的工具非常多，有针对 Web 服务的并发工具，也有针对客户端的工具，还有针对数据库读写 I/O 的检测工具。本节将介绍 Python 技术栈下的性能测试工具——Locust，并用它进行实践。

Locust 是使用 Python 语言编写的开源性能测试工具，其简洁、轻量、高效的并发机制基于 Gevent 协程，可以实现单机模拟生成较高的并发压力。使用该工具可以节省实际的物理机资源，通过单机达到并发的效果，从而进行压力测试，找到最大的承压点。Locust 用于对网站（或其他系统）进行负载测试，并确定系统可以处理多少个并发用户。

Locust 的主要优点如下：

- 测试人员可以使用普通的 Python 脚本进行用户场景测试，而无须具备其他编程语言和技能。
- 具有分布式和可扩展的特性，支持上万个用户。

- 使用者可以基于 Web 的用户界面实时监控脚本运行的状态，可视化地进行分析，以方便使用和管理。
- 几乎可以测试任何类型的系统，除了常规的 Web HTTP 接口外，还可自定义客户端，测试其他类型的系统。

6.2.1　环境搭建

Locust 目前支持 Python 2.7/3.4/3.5/3.6 及以上版本，安装也十分方便，可以使用 pip 命令进行安装：

```
pip install locustio
```

在安装的过程中可能出现超时下载并导致失败的情况，这是因为部分依赖包资源在国外的网站上，有条件的读者可以访问外网进行安装，或者使用豆瓣网的镜像库在国内网络环境下安装。

安装完毕后可以检查一下安装的版本，命令如下：

```
pip show locustio
```

在笔者的计算机上执行该命令后输出结果如下：

```
Name: locustio
Version: 0.14.4
Summary: Website load testing framework
Home-page: https://locust.io/
Author: Jonatan Heyman, Carl Bystrom, Joakim Hamrén, Hugo Heyman
Author-email:
License: MIT
Location: /Library/Frameworks/Python.framework/Versions/3.7/lib/python3.7/
site-packages
Requires: flask, gevent, msgpack-python, psutil, ConfigArgParse, pyzmq,
geventhttpclient-wheels, requests, six
Required-by:
```

想了解更多的 Locust 命令，可以输入 locust --help 命令，输出结果如下：

```
usage: locust [-h] [-H HOST] [--web-host WEB_HOST] [-P PORT] [-f LOCUSTFILE]
              [--csv CSVFILEBASE] [--csv-full-history] [--master] [--slave]
              [--master-host MASTER_HOST] [--master-port MASTER_PORT]
              [--master-bind-host MASTER_BIND_HOST]
              [--master-bind-port MASTER_BIND_PORT]
              [--heartbeat-liveness HEARTBEAT_LIVENESS]
              [--heartbeat-interval HEARTBEAT_INTERVAL]
              [--expect-slaves EXPECT_SLAVES] [--no-web] [-c NUM_CLIENTS]
              [-r HATCH_RATE] [-t RUN_TIME] [--skip-log-setup] [--step-load]
              [--step-clients STEP_CLIENTS] [--step-time STEP_TIME]
              [--loglevel LOGLEVEL] [--logfile LOGFILE] [--print-stats]
              [--only-summary] [--no-reset-stats] [--reset-stats] [-l]
              [--show-task-ratio] [--show-task-ratio-json] [-V]
              [--exit-code-on-error EXIT_CODE_ON_ERROR] [-s STOP_TIMEOUT]
              [LocustClass [LocustClass ...]]
```

```
Args that start with '--' (eg. -H) can also be set in a config file
(~/.locust.conf or locust.conf). Config file syntax allows: key=value,
flag=true, stuff=[a,b,c] (for details, see syntax at https://goo.gl/R74nmi).
If an arg is specified in more than one place, then commandline values
override config file values which override defaults.

positional arguments:
  LocustClass

optional arguments:
  -h, --help            show this help message and exit
  -H HOST, --host HOST  Host to load test in the following format:
                        http://10.21.32.33
  --web-host WEB_HOST   Host to bind the web interface to. Defaults to '' (all
                        interfaces)
  -P PORT, --port PORT, --web-port PORT
                        Port on which to run web host
  -f LOCUSTFILE, --locustfile LOCUSTFILE
                        Python module file to import, e.g. '../other.py'.
                        Default: locustfile
  --csv CSVFILEBASE, --csv-base-name CSVFILEBASE
                        Store current request stats to files in CSV format.
  --csv-full-history    Store each stats entry in CSV format to
                        _stats_history.csv file
  --master              Set locust to run in distributed mode with this
                        process as master
  --slave               Set locust to run in distributed mode with this
                        process as slave
  --master-host MASTER_HOST
                        Host or IP address of locust master for distributed
                        load testing. Only used when running with --slave.
                        Defaults to 127.0.0.1.
  --master-port MASTER_PORT
                        The port to connect to that is used by the locust
                        master for distributed load testing. Only used when
                        running with --slave. Defaults to 5557. Note that
                        slaves will also connect to the master node on this
                        port + 1.
  --master-bind-host MASTER_BIND_HOST
                        Interfaces (hostname, ip) that locust master should
                        bind to. Only used when running with --master.
                        Defaults to * (all available interfaces).
  --master-bind-port MASTER_BIND_PORT
                        Port that locust master should bind to. Only used when
                        running with --master. Defaults to 5557. Note that
                        Locust will also use this port + 1, so by default the
                        master node will bind to 5557 and 5558.
  --heartbeat-liveness HEARTBEAT_LIVENESS
                        set number of seconds before failed heartbeat from
                        slave
  --heartbeat-interval HEARTBEAT_INTERVAL
                        set number of seconds delay between slave heartbeats
                        to master
  --expect-slaves EXPECT_SLAVES
```

```
                        How many slaves master should expect to connect before
                        starting the test (only when --no-web used).
  --no-web              Disable the web interface, and instead start running
                        the test immediately. Requires -c and -t to be
                        specified.
  -c NUM_CLIENTS, --clients NUM_CLIENTS
                        Number of concurrent Locust users. Only used together
                        with --no-web
  -r HATCH_RATE, --hatch-rate HATCH_RATE
                        The rate per second in which clients are spawned. Only
                        used together with --no-web
  -t RUN_TIME, --run-time RUN_TIME
                        Stop after the specified amount of time, e.g. (300s,
                        20m, 3h, 1h30m, etc.). Only used together with --no-
                        web
  --skip-log-setup      Disable Locust's logging setup. Instead, the
                        configuration is provided by the Locust test or Python
                        defaults.
  --step-load           Enable Step Load mode to monitor how performance
                        metrics varies when user load increases. Requires
                        --step-clients and --step-time to be specified.
  --step-clients STEP_CLIENTS
                        Client count to increase by step in Step Load mode.
                        Only used together with --step-load
  --step-time STEP_TIME
                        Step duration in Step Load mode, e.g. (300s, 20m, 3h,
                        1h30m, etc.). Only used together with --step-load
  --loglevel LOGLEVEL, -L LOGLEVEL
                        Choose between DEBUG/INFO/WARNING/ERROR/CRITICAL.
                        Default is INFO.
  --logfile LOGFILE     Path to log file. If not set, log will go to
                        stdout/stderr
  --print-stats         Print stats in the console
  --only-summary        Only print the summary stats
  --no-reset-stats      [DEPRECATED] Do not reset statistics once hatching has
                        been completed. This is now the default behavior. See
                        --reset-stats to disable
  --reset-stats         Reset statistics once hatching has been completed.
                        Should be set on both master and slaves when running
                        in distributed mode
  -l, --list            Show list of possible locust classes and exit
  --show-task-ratio     print table of the locust classes' task execution
                        ratio
  --show-task-ratio-json
                        print json data of the locust classes' task execution
                        ratio
  -V, --version         show program's version number and exit
  --exit-code-on-error EXIT_CODE_ON_ERROR
                        sets the exit code to post on error
  -s STOP_TIMEOUT, --stop-timeout STOP_TIMEOUT
                        Number of seconds to wait for a simulated user to
                        complete any executing task before exiting. Default is
                        to terminate immediately. This parameter only needs to
                        be specified for the master process when running
                        Locust distributed.
```

Locust 主要由下面几个库构成。

- gevent：一种基于协程的 Python 网络库，它用到了 Greenlet 提供的封装了 libevent 事件循环的高层同步 API。
- Flask：使用 Python 编写的轻量级 Web 应用框架。前面的章节中已经使用该框架搭建了一个简单的留言板网站服务。
- requests：Python HTTP 库，前面的章节中曾反复使用它进行 HTTP 的资源请求。
- msgpack-python：MessagePack 是一种快速、紧凑的二进制序列化格式，适用于类似于 JSON 的数据格式。msgpack-python 主要提供 MessagePack 数据序列化及反序列化的方法。
- six：Python 2 和 Python 3 的兼容库，用来封装 Python 2 和 Python 3 之间的差异性。
- pyzmq：是 zeromq（一种通信队列）的 Python 绑定，主要用来实现 Locust 的分布式运行。

Locust 的官方网站上有一个最简单的用例，其代码如下：

代码 6.1　6/6.2/6.2.1/demo.py

```
#coding:utf-8
from locust import HttpLocust, TaskSet, task

class UserBehavior(TaskSet):
    def on_start(self):
""" on_start is called when a Locust start before any task is scheduled """
        self.login()

    def login(self):
        self.client.post("/login", {"username":"ellen_key", "password":
"education"})

    @task(2)
    def index(self):
        self.client.get("/")

    @task(1)
    def profile(self):
        self.client.get("/profile")

class WebsiteUser(HttpLocust):
    task_set = UserBehavior
    host='http://example.com'
    min_wait = 5000
    max_wait = 9000
```

上述程序对网站 example.com 进行测试，先模拟用户登录系统，然后随机访问 index(/) 和 profile 页面（/profile)，请求比例为 2∶1，两次请求之间的时间间隔随机，介于 5s～9s。

运行上述脚本很简单，先通过 cd 命令跳转到该脚本所在的目录，然后执行如下命令：

```
locust
```

如果 locust 脚本不在当前目录下，那么需要使用-f 指定文件，并使用--host 指定测试主机地址，具体命令如下：

```
locust -f /path/to/file_name.py --host=http://example.com
```

如果要运行分布在多个进程上的 locust 脚本，则需要使用--master 启动主进程，具体命令如下：

```
locust -f /path/to/file_name.py --master --host=http://example.com
```

然后再使用--slave 启动任意数量的从进程，具体命令如下：

```
locust -f /path/to/file_name.py --slave --host=http://example.com
```

如果要在多台机器上分布式运行 locust 脚本，需要执行以下命令：

```
locust -f /path/to/file_name.py --slave --master-host=192.168.1.24 --host=
http://example.com
```

6.2.2　Locust 快速入门

Locust 可以先在 Web 界面进行设置，然后可以很方便地进行性能测试。默认使用 Web 模式，访问 http://localhost:8089 即可，如图 6.2 所示。在该页面中可以设置模拟的用户数量、需要持续执行的时间及需要测试的网页地址等。

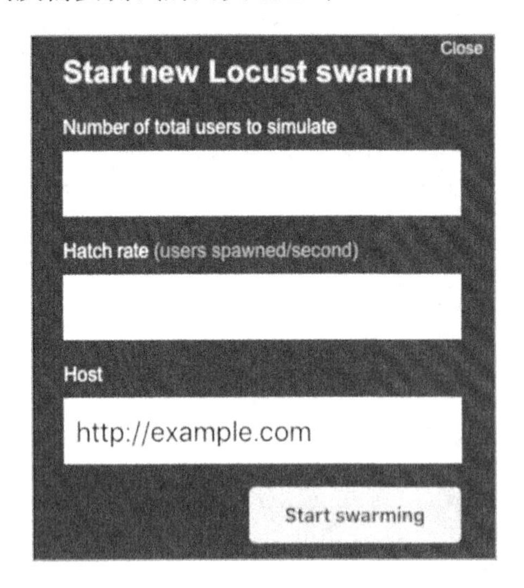

图 6.2　启动参数设置

当单击 Start swarming 按钮后，Locust 会执行脚本程序中的代码，随机访问设置的路由地址（URL），并形成结果写入 CSV 文件中，执行结果如图 6.3 所示。整个操作非常人性化，可视化界面让人耳目一新，能方便地统计失败的情况和异常的捕获。同时，Locust

也提供柱状图形式的统计，如每秒总请求数的变化统计、返回延迟时间统计和用户数量统计等，从多个维度全方位地展示测试结果。

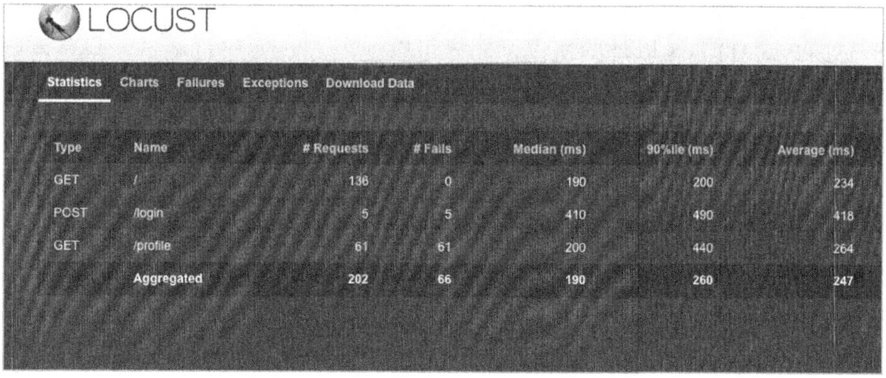

LOCUST

Statistics　Charts　Failures　Exceptions　Download Data

Type	Name	# Requests	# Fails	Median (ms)	90%ile (ms)	Average (ms)
GET	/	136	0	190	200	234
POST	/login	5	5	410	490	418
GET	/profile	61	61	200	440	264
	Aggregated	202	66	190	260	247

图 6.3　统计结果页面

如图 6.3 所示的报表中各字段含义如下：

- Type：请求类型；
- Name：请求路径；
- Requests：当前请求的数量；
- Fails：当前请求失败的数量；
- Median：中间值，单位是 ms，一半服务器的响应时间低于该值，而另一半服务器的响应时间高于该值；
- Average：所有请求的平均响应时间，单位为 ms；
- Min：请求的最小服务器响应时间，单位为 ms；
- Max：请求的最大服务器响应时间，单位为 ms；
- Content Size：单个请求的大小，单位是字节；
- reqs/sec：每秒请求的个数。

除此之外，Locust 也可以使用 no-web 模式进行性能测试，命令如下：

```
locust -f /path/to/file_name.py --no-web - csv=locust -c10 -r2 --run-time 2h30m
```

其中，--no-web 表示使用 no-web 模式运行，--csv 表示执行结果文件名，-c 表示并发用户数，-r 表示每秒请求数，--run_time 表示运行时间。

Locust 类的 client 属性是一种需要被调用者初始化的属性。在使用 Locust 时，需要先继承 Locust 类，然后在子类的 client 属性中绑定客户端的实现类。

对于常见的 HTTP 或 HTTPS，Locust 已经实现了 HttpLocust 类，其 client 属性绑定了 HttpSession 类，而 HttpSession 又继承自 requests.Session，因此在测试 HTTP(S)的 Locust 脚本中，可以通过 client 属性调用 Python requests 库的所有方法，包括 GET、POST、HEAD、

PUT、DELETE 和 PATCH 等，调用方式与 requests 完全一致。另外，由于使用了 requests.Session，因此 client 方法的调用过程就自动具有了状态记忆的功能。常见的场景是当登录系统后可以维持登录状态的 Session，从而使后续的 HTTP 请求操作都能带上登录状态。

对于 HTTP 或 HTTPS 以外的协议，同样可以使用 Locust 进行测试，只是需要我们自行实现客户端。在客户端的具体实现上，首先可通过注册事件的方式，在请求成功时触发 events.request_success，在请求失败时触发 events.request_failure 即可。然后创建一个继承自 Locust 类的类，对其设置一个 client 属性并与我们实现的客户端进行绑定。这样就可以像使用 HttpLocust 类一样测试其他协议类型的系统了。

在 Locust 类中，除了 client 属性，还需要关注以下几个属性。

- task_set：指向一个 TaskSet 类，该类定义了用户的任务信息。该属性为必填项。
- max_wait/min_wait：每个用户执行两个任务间隔时间的上下限（单位是 ms），具体数值在上下限中随机取值，若不指定则默认间隔时间固定为 1s。
- host：被测系统的主机 IP 地址（host），当在终端中启动 Locust 的过程中没有指定 --host 参数时才会用到。
- weight：同时运行多个 Locust 类时会用到，用于控制不同类型任务的执行权重。

测试开始后，每个虚拟用户（Locust 实例）的运行逻辑都会遵循如下规律：

（1）执行 WebsiteTasks 中的 on_start（只执行一次），进行初始化。

（2）从 WebsiteTasks 中随机挑选一个任务执行，如果定义了任务间的权重关系，那么就按照权重关系随机挑选。

（3）在 Locust 类中的 min_wait 和 max_wait 定义的间隔时间范围（如果 TaskSet 类中也定义了 min_wait 或者 max_wait，以 TaskSet 中的优先）内随机取一个值，休眠等待。

（4）重复（2）～（3）步，直至测试任务终止。

在上面介绍的属性和类中，建议先学习 TaskSet 类，该类实现了虚拟用户所执行任务的调度算法，包括规划任务执行顺序（schedule_task）、挑选下一个任务（execute_next_task）、执行任务（execute_task）、休眠等待（wait）及中断控制（interrupt）等。在此基础上的 TaskSet 子类可以顺利完成需要的操作，具体代码如下：

```
from locust import TaskSet, task
class UserBehavior(TaskSet):
    @task(1)
    def test_job1(self):
        self.client.get('/job1')
    @task(2)
  def test_job2(self):
        self.client.get('/job2')
```

采用 tasks 属性定义任务信息时，编写代码如下：

```
from locust import TaskSet
def test_job1(obj):
    obj.client.get('/job1')
def test_job2(obj):
    obj.client.get('/job2')
class UserBehavior(TaskSet):
    tasks = {test_job1:1, test_job2:2}
    # tasks = [(test_job1,1), (test_job1,2)]
```

下面编写一个接口压力测试的程序，具体代码如下：

```
from locust import HttpLocust, TaskSet, task

class UserBehavior(TaskSet):
    def setup(self):
        print('task has been setup')

    def teardown(self):
        print('task has been teardown')

    def on_start(self):
        # 虚拟用户启动任务时运行
        print('starting')

    def on_stop(self):
        # 虚拟用户结束任务时运行
        print('ending')

    @task(2)
    def index(self):
        self.client.get("/")

    @task(1)
    def profile(self):
        self.client.get("/profile")

class WebsiteUser(HttpLocust):
    def setup(self):
        print('locust setup')

    def teardown(self):
        print('locust teardown')

    host = 'http: // XXXXX.com'
    task_set = UserBehavior
    min_wait = 4000
    max_wait = 8000

if __name__ == '__main__':
    pass
```

一般来说，Locust 用于 HTTP 类型的服务测试，但是也可以自定义客户端来测试其他类型的服务，如 App 等。只需要编写一个触发 request_success 和 request_failure 事件的自定义客户端即可，并且官网上已经提供了一个完整的用例，代码如下：

```
import time
from locust import Locust, TaskSet, events, task
import requests


class TestHttpbin(object):
    def status(self):
        try:
            r = requests.get('http://httpbin.org/status/200')
            status_code = r.status_code
            print status_code
            assert status_code == 200, 'Test Index Error: {0}'.format(status_
code)
        except Exception as e:
            print e


class CustomClient(object):
    def test_custom(self):
        start_time = time.time()
        try:
            # 添加测试方法
            TestHttpbin().status()
            name = TestHttpbin().status.__name__
        except Exception as e:
            total_time = int((time.time() - start_time) * 1000)
            events.request_failure.fire(request_type="Custom",name=name,
response_time=total_time, exception=e)
        else:
            total_time = int((time.time() - start_time) * 1000)
            events.request_success.fire(request_type="Custom",name=name,
response_time=total_time, response_length=0)


class CustomLocust(Locust):
    def __init__(self, *args, **kwargs):
        super(CustomLocust, self).__init__(*args, **kwargs)
        self.client = CustomClient()


class ApiUser(CustomLocust):
    min_wait = 100
    max_wait = 1000

    class task_set(TaskSet):
        @task(1)
        def test_custom(self):
            self.client.test_custom()
```

在上述代码中，自定义了一个测试类 TestHttpbin，其中，status()方法用于校验接口返回码。因此只需要在 CustomClient 类的 test_custom()方法中添加需要的测试方法 TestHttpbin().status()，然后再利用注解的功能就可以使用 Locust 对该方法进行负载测试。

下面讲解一个登录 GitHub 的具体案例，代码如下：

代码 6.2　6/6.2/6.2.2/test_github.py

```
# -*- coding: utf-8 -*-
from locust import HttpLocust, TaskSet, task

# 继承 TaskSet 类
class WebsiteTasks(TaskSet):
    def on_start(self):                              # 初始化工作
        payload = {
            "username": "test_me",
            "password": "123456",
        }
        header = {
            "User-Agent": "Mozilla/5.0 (Windows NT 6.1; WOW64) AppleWebKit/
537.36 (KHTML, like Gecko) Chrome/58.0.3029.110 Safari/537.36"
        }
        self.client.post("/login", data=payload,headers=header)

    @task(5)
    def index(self):
        self.client.get("/")

    @task(1)
    def about(self):
        self.client.get("/about/")


class WebsiteUser(HttpLocust):
    host = https://github.com/                      # 提供给--host 的参数
    task_set = WebsiteTasks                         # TaskSet 类
    # 每个用户的间隔时间，单位是 ms，是在 max 和 min 之间的随机时间
    min_wait = 5000
    max_wait = 15000                                # 最大间隔时间
```

6.2.3　Locust 和其他工具集成

Locust 作为一款强大的性能测试框架，还可以搭配其他工具进行集成。例如，和 MySQL 进行对接，将 Locust 的结果写入 MySQL 中做持久化存储等，也可以配合 Jmeter 进行其他方面的测试，如代码覆盖测试。

持久化的运行逻辑如下：

（1）执行 Locust 命令生成 CSV 文件。

（2）读取 CSV 文件内容，然后写入 MySQL 中。

（3）完成后续分析。

其中，步骤（2）要使用 MySQL，因此需要安装 MySQL 服务和 Python 对 MySQL 支持的驱动模块。

安装 MySQL 的方法很简单，前往 MySQL 官网下载对应操作系统的 MySQL 安装包进行安装即可。安装完毕后即可启动 MySQL 服务。需要注意的是，在 Windows 下可在进程管理中将 MySQL 设置为自启动模式。

在 Python 中安装对应的驱动也很简便，命令如下：

```
pip install mysql-connector
```

例如，编写一个简单的连接 MySQL 的脚本，代码如下：

```
# 引入 MySQL 驱动
import mysql.connector
# 创造连接对象
conn = mysql.connector.connect(user='root', password='root', database=
'test')
# 创造游标对象
cursor = conn.cursor()
# 执行查询语句
data = cursor.execute("SELECT * FROM my_test")
```

如果是针对 Locust 服务进行性能采集分析，完全可以把 Locust 服务当作一个普通的网络服务进行定时访问，从而获得需要统计的数据。相关代码如下：

```
def get_locust_stats_by_web_api():
    print("get_locust_stats")
    try:
        start_url = f'http://localhost:8089/stats/requests'
        print(start_url)
        return requests.get(start_url).json()
    except Exception as e:
        print(e)
```

但这样的脚本也存在一定的缺陷，例如需要人为开启服务和定时任务进行监控，不符合自动化测试的要求。

更好的办法是把这段采集程序集成到 Locust 脚本中，这样就能做到采集监控和 Locust 服务同时启动或同时停止。而 no-web 模式下的性能数据采集和 Web 模式类似，这里不再赘述，更多的业务处理是在持续化存储方面，也就是对数据入库的处理。

6.3　常用的压力测试工具

压力测试工具很多，除了 6.2 节介绍的 Locust 外，还有基于 Web 的其他工具，如 AB 工具、webbench 工具和 http_load 工具等。它们各有特色和最适合的场景。本节将详细介绍它们的使用并给出应用案例。

6.3.1　轻量级 http_load 工具的使用

http_load 是一款基于 Linux 平台的 Web 服务器性能测试工具，用于测试 Web 服务器的吞吐量与负载，以及 Web 页面的性能。对于 Windows 用户，官方没有提供 exe 版本用于直接安装，一些爱好者提供了一种通过 Cygwin 移植到 Windows 系统上的方法。

http_load 工具的安装方式十分简单，在网站 acme.com 上下载 tar.gz 包，然后使用 make 和 make install 命令进行安装即可。到目前为止，最新的 tar 包为 http_load-09Mar2016.tar。

在安装的过程中，使用 make install 命令时可能遇到的报错如下：

```
make install
rm -f /usr/local/bin/http_load
cp http_load /usr/local/bin
rm -f /usr/local/man/man1/http_load.1
cp http_load.1 /usr/local/man/man1
cp: /usr/local/man/man1: No such file or directory
```

处理方式是先创建/usr/local/man 文件夹，然后再重新运行 make install 命令。完整的命令如下：

```
sudo mkdir -p /usr/local/man
make install
```

使用 http_load 做压力测试的方法简单、直接，语法如下：

```
http_load -p user_process_number  -s  second_number url_file
```

其中的参数介绍如表 6.1 所示。

表 6.1　http_load命令参数说明

参　　数	全　　称	含　　义
-p	-parallel	并发用户的进程数
-f	-fetches	总计访问次数
-r	-rate	每秒访问频率
-s	-seconds	连续访问时间

另外，url_file 为要设置测试的网址文件，需要提前创建好，如在当前目录下创建以下内容的文件 urls：

```
http://soso.com
```

执行命令后的输出结果如下：

```
~/install_soft/http_load-09Mar2016/http_load -rate 5 -seconds 10 urls
45 fetches, 5 max parallel, 261720 bytes, in 10.004 seconds
5816 mean bytes/connection
4.49818 fetches/sec, 26161.4 bytes/sec
msecs/connect: 365.563 mean, 388.459 max, 361.376 min
```

```
msecs/first-response: 518.561 mean, 557.724 max, 504.79 min
HTTP response codes:
  code 200 -- 45
```

对结果进行分析：这是执行了一个持续时间为 10s 的测试，频率为每秒 5 个用户；最终结果有 45 个请求，最大并发数为 5 个进程，总计传输的数据是 261 720 字节；最后一行也很关键，它表示打开响应页面的类型，200 是正常的 HTTP 状态码，如果是 403 比较多或者有 50X，那么说明服务存在一定的问题，系统可能遇到了瓶颈。

下面总结使用 http_load 时的常见错误。

- byte count wrong：http_load 在处理时会关注每次访问同一个 URL 的返回结果（即字节数）是否一致，若不一致就会抛出该错误。
- Too many open files：系统限制的 open files 太小，通过 ulimit -n 修改 open files 值即可。
- 无法发送最大请求（请求长度大于 600 个字符）：可以将默认接收请求的 buf 值调整为更大的值。
- Cannot assign requested address：客户端频繁地连服务器，由于每次连接都在很短的时间内结束，导致出现很多的 TIME_WAIT，以致用尽了可用的端口号，使新的连接没有办法绑定端口，所以要修改客户端机器的配置。

可以在 sysctl.conf 中添加以下配置。

- net.ipv4.tcp_tw_reuse = 1：表示开启重用，允许将 TIME-WAIT sockets 重新用于新的 TCP 连接，默认为 0，表示关闭。
- net.ipv4.tcp_timestamps=1：表示开启对 TCP 时间戳的支持，若该项设置为 0，则下面一项设置不起作用。
- net.ipv4.tcp_tw_recycle=1：表示开启 TCP 连接中对 TIME-WAIT sockets 的快速回收。

6.3.2　webbench 工具的使用

除了 Locust 之外，另外一款流行的 Web 性能测试工具是 webbench，它是轻量级的网站测压工具，最多可以对网站进行 3 万并发量的模拟请求测试。webbench 可以控制持续时间、是否使用缓存、是否等待服务器响应等参数，对中小型网站的测试有明显的效果，可以很容易测试出网站的承压极限。但 webbench 对于大型网站的测试效果不是很明显，因为这种网站（如百度）的承压能力非常强。

webbench 工具最重要的两个测试指标是每秒响应的请求数和每秒传输的数据量。

webbench 的安装方式和 http_load 类似，可以到官方网上下载对应的 tar.gz 包，然后使用命令 make 和 make install 进行安装即可。到目前为止，webbench 工具已经很久没有更新了，最新版本为 webbench 1.5。

例如，CentOS 系统上进行安装，安装命令如下：

```
wget http://www.ha97.com/code/webbench-1.5.tar.gz
tar xf  webbench-1.5.tar.gz
yum install gcc*  ctags* -y
make && make install
```

webbench 的使用方式很简单，语法如下：

```
webbench -c [并发数] -t [运行时间] [访问的 URL]
```

下面使用 webbench 测试之前的 tinyBBS 项目。先启动该项目服务，然后执行如下命令：

```
webbench -c 300 -t 10 http://127.0.0.1:5000/
Webbench - Simple Web Benchmark 1.5
Copyright (c) Radim Kolar 1997-2004, GPL Open Source Software.

Benchmarking: GET http://127.0.0.1:5000/
300 clients, running 10 sec.
```

使用 webbench 工具进行压力测试时应注意：

- 压力测试会对服务器性能产生一些影响，如会消耗 CPU 和内存资源，因此为了测试的准确性，应尽量找一个相对稳定的服务器进行测试。
- 压力测试应该逐步增加。例如，在并发数量增加到 50 的时候看看负载情况，增加到 100 的时候再观察一下情况，然后再进一步增加到 200 并发、300 并发等，最后测出网站变慢甚至打不开网页时的负载量。
- 针对一些访问量大的页面进行压力测试效果更佳，因此应有的放矢，对重要的页面和功能接口进行压力测试。

比起 webbench，开发者更熟悉 AB 工具，6.3.3 小节将会具体介绍。

6.3.3　AB 工具的使用

AB 工具是 Apache 超文本传输协议（HTTP）的性能测试工具。它的设计意图是描绘当前所安装的 Apache 的执行性能，显示用户安装的 Apache 每秒可以处理多少个请求。它是和 Apche 服务一起捆绑安装的，有 Apache 服务就有 AB 工具。

AB 工具的安装很简单，只需要到 Apache 官网上下载对应操作系统的安装包即可，这个工具针对 Windows 也有专门的版本，并且在不断维护和更新中。如果之前已经在计算机上安装过 Apache 服务，可以在执行文件的相同目录下找到 AB 工具的可执行 exe 文件。

1. Windows系统的安装方式

访问 Apache 官网，选择 Windows 平台，选择第一个选项 ApacheHaus，如图 6.4 所示。

图 6.4　Apache Windows 平台页面

然后选择下载 2.4 版本的 x64 的二进制文件，如图 6.5 所示。然后将下载的 zip 包复制到 C 盘根目录下并进行解压。

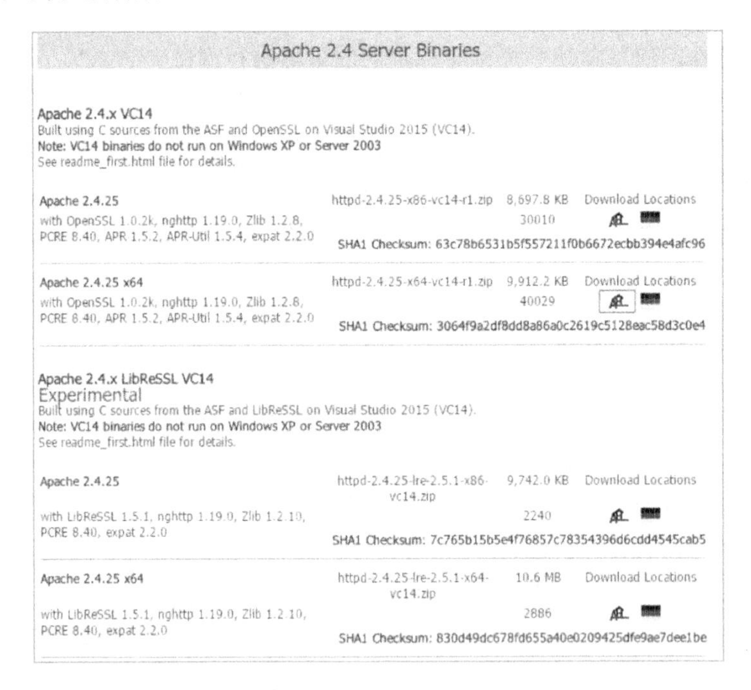

图 6.5　Windows 版本的安装包的下载页面

在 cmd 中进入解压后的目录，运行 httpd -k install 命令就能完成 Apache 服务的安装。

2. Mac OS系统的安装方式

同样也是在官网上找到对应的版本，选择 httpd-2.4.41.tar.gz 包即可（笔者写作本书时的最新版本为 2.4.41），如图 6.6 所示。然后再通过“编译三板斧”（即预配置、编译、编译安装 3 个步骤）来安装，对应的命令为：

```
./configure
make
make install
```

图 6.6 Mac OS 和 Linux 安装包的下载页面

安装好后，在终端中输入 ab，输出信息如下：

```
ab: wrong number of arguments
Usage: ab [options] [http[s]://]hostname[:port]/path
Options are:
    -n requests     Number of requests to perform
    -c concurrency  Number of multiple requests to make at a time
    -t timelimit    Seconds to max. to spend on benchmarking
                    This implies -n 50000
    -s timeout      Seconds to max. wait for each response
                    Default is 30 seconds
    -b windowsize   Size of TCP send/receive buffer, in bytes
    -B address      Address to bind to when making outgoing connections
    -p postfile     File containing data to POST. Remember also to set -T
    -u putfile      File containing data to PUT. Remember also to set -T
    -T content-type Content-type header to use for POST/PUT data, eg.
                    'application/x-www-form-urlencoded'
                    Default is 'text/plain'
    -v verbosity    How much troubleshooting info to print
    -w              Print out results in HTML tables
    -i              Use HEAD instead of GET
    -x attributes   String to insert as table attributes
    -y attributes   String to insert as tr attributes
    -z attributes   String to insert as td or th attributes
    -C attribute    Add cookie, eg. 'Apache=1234'. (repeatable)
```

```
    -H attribute    Add Arbitrary header line, eg. 'Accept-Encoding: gzip'
                    Inserted after all normal header lines. (repeatable)
    -A attribute    Add Basic WWW Authentication, the attributes
                    are a colon separated username and password.
    -P attribute    Add Basic Proxy Authentication, the attributes
                    are a colon separated username and password.
    -X proxy:port   Proxyserver and port number to use
    -V              Print version number and exit
    -k              Use HTTP KeepAlive feature
    -d              Do not show percentiles served table.
    -S              Do not show confidence estimators and warnings.
    -q              Do not show progress when doing more than 150 requests
    -l              Accept variable document length (use this for dynamic
                    pages)
    -g filename     Output collected data to gnuplot format file.
    -e filename     Output CSV file with percentages served
    -r              Don't exit on socket receive errors.
    -m method       Method name
    -h              Display usage information (this message)
    -I              Disable TLS Server Name Indication (SNI) extension
    -Z ciphersuite  Specify SSL/TLS cipher suite (See openssl ciphers)
    -f protocol     Specify SSL/TLS protocol
                    (TLS1, TLS1.1, TLS1.2 or ALL)
```

例如，要对百度首页进行并发测试，命令如下：

```
ab -n 5 -c 2 https://www.baidu.com/
```

其中，-n 表示选择多少个请求，-c 表示并发数。执行命令后，输出结果如下：

```
This is ApacheBench, Version 2.3 <$Revision: 1826891 $>
Copyright 1996 Adam Twiss, Zeus Technology Ltd, http://www.zeustech.net/
Licensed to The Apache Software Foundation, http://www.apache.org/

Benchmarking www.baidu.com (be patient).....done


Server Software:        BWS/1.1
Server Hostname:        www.baidu.com
Server Port:            443
SSL/TLS Protocol:       TLSv1.2,ECDHE-RSA-AES128-GCM-SHA256,2048,128
TLS Server Name:        www.baidu.com

Document Path:          /
Document Length:        166943 bytes

Concurrency Level:      2
Time taken for tests:   6.506 seconds
Complete requests:      5
Failed requests:        4
   (Connect: 0, Receive: 0, Length: 4, Exceptions: 0)
Total transferred:      839184 bytes
HTML transferred:       833016 bytes
Requests per second:    0.77 [#/sec] (mean)
Time per request:       2602.435 [ms] (mean)
Time per request:       1301.218 [ms] (mean, across all concurrent requests)
```

```
Transfer rate:          125.96 [Kbytes/sec] received

Connection Times (ms)
              min  mean[+/-sd] median   max
Connect:      621  703  58.1    723     775
Processing:  1241 1448 246.4   1485    1775
Waiting:      372  425  93.9    392     592
Total:       1916 2151 233.5   2183    2493

Percentage of the requests served within a certain time (ms)
  50%   2096
  66%   2270
  75%   2270
  80%   2493
  90%   2493
  95%   2493
  98%   2493
  99%   2493
 100%   2493 (longest request)
```

其中比较重要的参数如下。

- Requests per second：吞吐率。

公式为：吞吐率=总完成请求数量/测试消耗时间

- Concurrency Level：并发数。
- Time per request：用户平均请求等待时间。

公式为：用户平均请求等待时间=处理完成请求的总时间/并发用户数

- Time per request：服务器平均请求等待时间。

公式为：服务器平均请求等待时间=处理完所有请求所用时间/总请求数

AB 工具还可以将 post 数据存储在 JSON 文件中，具体命令如下：

```
ab -c 10 -n 200 -t 5 -p ./post.json -T 'application/json' http://httpbin.
org/post
```

其中，post.json 文件的内容也很简单，就是 JSON 格式的数据，具体如下：

```
{
'key1':'value',
'key2':'value2'
}
```

6.3.4　利用 Python 操作 AB 工具

有时候会觉得 AB 工具不够灵活，需要在它的基础上根据实际需求进行封装。下面我们就尝试编写一个 Python 脚本来操作 AB 工具。

代码 6.3　6/6.3/6.3.4/ab_tool.py

```
# -*- coding: utf-8 -*-
import os
```

```
import json


class AbTool(object):

    def __init__(self, url, child_process, request_num):
        self.url = url
        self.child_process = child_process
        self.request_num = request_num

    def set_url(self, url):
        self.url = url

    def set_child_process(self, child_process):
        self.child_process = child_process

    def set_request_num(self, request_num):
        self.request_num = request_num

    def set_time(self, seconds):
        self.seconds = seconds

    def runAndStore(self):
        cmd = "ab -n " + str(self.request_num) + " -c " + str(self.child_
process) + " -t 5 " + self.url
        print(cmd)
        os.system(cmd)


tool = AbTool('https://www.soso.com/', 2, 100)
tool.runAndStore()
```

其实 ab 命令的参数设置非常不“智能”，基本都是硬编码，当参数需要调整的时候，要在脚本里修改相应代码，因此可以考虑把参数写入一个配置文件中，通过读取配置文件来设置参数。配置文件的格式有很多种，如传统的 ini 和 XML，也有比较流行的 YAML。这里推荐使用 YAML 格式的配置文件，因其可读性更高。

下面介绍一下 YAML 方面的知识。

YAML 是一种用来表达数据序列化的格式，具有较高的可读性。YAML 参考了其他多种语言，包括 C 语言、Python 和 Perl，并从 XML 和电子邮件的数据格式（RFC 2822）中获得灵感。目前已经有数种编程语言和脚本语言支持（或者说解析）YAML。

YAML 的数据结构类似于大纲的缩进方式，例如：

```
items:
  prod_id: ST002321
  price:  37.00
  rank: 4
service:
  service_name: nginx
  port: 8081
  pid: 555345
```

Python 中也有用于解析 YAML 格式数据的包，安装方式如下：

```
pip install yaml
```

下面编写一个测试脚本，代码如下：

代码 6.4　6/6.3/6.3.4/test_yml.py

```
# coding:utf-8
import yaml

file_path = './test.yaml'

with open(file_path, 'rb') as f:
    data = yaml.load(f)

    print(data)
```

test.yaml 文件的内容如下：

```
stock:
  code_no: 000977
  name: lcxx
  price: 44.38
  market: SZ
```

执行命令 python test_yml.py，输出结果如下：

```
python test_yml.py
test_yml.py:6: YAMLLoadWarning: calling yaml.load() without Loader=... is
deprecated, as the default Loader is unsafe. Please read https://msg.pyyaml.
org/load for full details.
  data = yaml.load(f)
{'stock': {'code_no': '000977', 'name': 'lcxx', 'price': 44.38, 'market':
'SZ'}}
```

可以看出，yaml 包将 YAML 文件内容解析成可读性更强的字典结构，后续就可以像普通字典一样进行操作。下面将之前的 ab_tool.py（代码 6.3）改编为解析 YAML 文件的 ab_tool2.py，代码如下：

代码 6.5　6/6.3/6.3.4/ab_tool2.py

```
# -*- coding: utf-8 -*-
import os
import yaml

class AbTool(object):

    def __init__(self):
        config_data =  self.load_config()
        self.url = config_data['config']['url']
        self.child_process = config_data['config']['child_process']
        self.request_num = config_data['config']['request_num']
        # 执行持续的时间
        self.running_time = config_data['config']['running_time']
```

```
    # 从 YAML 文件中获取 config
    def load_config(self):
        config_data = {}
        file_path = './ab_config.yaml'
        with open(file_path, 'rb') as f:
            config_data = yaml.load(f)

        return config_data


    def set_url(self, url):
        self.url = url

    def set_child_process(self, child_process):
        self.child_process = child_process

    def set_request_num(self, request_num):
        self.request_num = request_num

    def set_time(self, seconds):
        self.seconds = seconds

    def runAndStore(self):
        cmd = "ab -n " + str(self.request_num) + " -c " + str(self.child_
process) + " -t " + str(self.running_time) + "" + self.url
        print(cmd)
        os.system(cmd)


tool = AbTool()
tool.runAndStore()
```

在与代码 6.5 同级目录（6/6.3/6.3.4）下的 ab_config.yaml 文件是配置文件，其内容如下：

```
config:
  url: https://soso.com/
  child_process: 3
  request_num: 100
  running_time: 5
```

执行 python ab_tool2.py，输出结果如下：

```
ab -n 100 -c 3 -t 5 https://soso.com/
This is ApacheBench, Version 2.3 <$Revision: 1826891 $>
Copyright 1996 Adam Twiss, Zeus Technology Ltd, http://www.zeustech.net/
Licensed to The Apache Software Foundation, http://www.apache.org/

Benchmarking soso.com (be patient)
Finished 65 requests


Server Software:        nginx
Server Hostname:        soso.com
Server Port:            443
```

```
SSL/TLS Protocol:       TLSv1.2,ECDHE-RSA-AES256-GCM-SHA384,2048,256
TLS Server Name:        soso.com

Document Path:          /
Document Length:        5816 bytes

Concurrency Level:      3
Time taken for tests:   5.020 seconds
Complete requests:      65
Failed requests:        0
Total transferred:      427895 bytes
HTML transferred:       378040 bytes
Requests per second:    12.95 [#/sec] (mean)
Time per request:       231.686 [ms] (mean)
Time per request:       77.229 [ms] (mean, across all concurrent requests)
Transfer rate:          83.24 [Kbytes/sec] received

Connection Times (ms)
              min  mean[+/-sd] median   max
Connect:      125  154  22.2    156     260
Processing:    44   55   7.8     56      83
Waiting:       43   54   7.7     55      82
Total:        170  209  25.9    213     304

Percentage of the requests served within a certain time (ms)
  50%    212
  66%    220
  75%    224
  80%    229
  90%    243
  95%    249
  98%    252
  99%    304
 100%    304 (longest request)
```

6.4　利用多线程实现性能提升

通过前面的压力测试可以看出，并发量是考核服务性能的一个关键指标。如果在高并发下能承受更大的流量和请求，则这样的服务会更加稳定、强大。

一般情况下，如果可以对一些大访问量的接口或者服务提供多线程的处理方式，那么会大幅度减少请求压力。因此可以利用服务器的多核特性，让服务器能更好地处理海量请求。

实现多线程并发处理，可以从以下几个方面去考虑：

- 服务器部署。
- Web 服务器配置，如负载均衡。
- Web Service 或框架自身调优。

- 代码多线程化。
- 中间件。

1．服务器部署

Python 常见的部署方式有以下几种：

- fcgi：使用 spawn-fcgi 或者框架自带的工具对各个项目分别生成监听进程，然后被 HTTP Web 服务器调用。但是 Python 项目很少直接使用 fcgi，更多的是选择使用 WSGI 方式部署。
- WSGI：利用 HTTP 服务的 mod_wsgi 模块来运行各个项目。它用于规范 Server 端和 application 端的交互。
- uWSGI：实现了 WSGI 协议，在 WSGI 基础上进一步开发，使用 C 语言编写，执行效率高，性能非常好。uWSGI 协议是专门供 uWSGI 服务器使用的。根据大量试验验证，uWSGI 协议的效率大约是 fcgi 协议的 10 倍。

在 Web 服务器中，一般选择 Apache 即可。Apache 支持解析 WSGI 协议，提供了 mod_wsgi 模块。但 uWSGI 的性能更好，内存占用低，可以多 App 管理，拥有详尽的日志功能且高度可定制。

2．Web服务器配置

针对 uWSGI 协议，可以在 Nginx 中配置该协议，其中，nginx.conf 的配置方法如下：

```
location / {
include uwsgi_params;
uwsgi_pass 127.0.0.1:9090
}
```

对应上面的配置来启动 Web 服务，具体命令如下：

```
uwsgi -s :9090 -w my_app -M -p 4
```

该命令的含义是使用一个主进程管理并发出 4 个线程来运行 Web 服务，占用的端口是 9090。也可以使用 Nginx 对多个应用进行部署，nginx.conf 配置如下：

```
server {
   listen       80;
   server_name  app1.mydomain.com;
   location / {
         include uwsgi_params;
         uwsgi_pass 127.0.0.1:9090;
         uwsgi_param UWSGI_PYHOME /var/www/myenv;
         uwsgi_param UWSGI_SCRIPT myapp1;
         uwsgi_param UWSGI_CHDIR /var/www/myappdir1;
    }
}
server {
```

```
    listen       80;
    server_name  app2.mydomain.com;
    location / {
         include uwsgi_params;
         uwsgi_pass 127.0.0.1:9090;
         uwsgi_param UWSGI_PYHOME /var/www/myenv;
         uwsgi_param UWSGI_SCRIPT myapp2;
         uwsgi_param UWSGI_CHDIR /var/www/myappdir2;
    }
}
```

重启 Nginx 服务后即可生效，这样就配置两个应用共用一个 uWSGI 服务来运行。

除此之外还可以配置负载均衡来分流请求，达到减少并发压力的效果。在相关配置文件中的具体配置方法如下：

```
#定义负载代理服务器组
upstream my_proxy  {
     server 127.0.0.1:8885;
     server 127.0.0.1:8886;
     server 127.0.0.1:8887;
     server 127.0.0.1:8888;
}
 server{
     listen  80;
     server_name message.test.com;
     keepalive_timeout 65;    #
     proxy_read_timeout 2000; #
     sendfile on;
     tcp_nopush on;
     tcp_nodelay on;
  location / {
     proxy_pass_header Server;
     proxy_set_header Host $http_host;
     proxy_redirect off;
     proxy_set_header X-Real-IP $remote_addr;
     proxy_set_header X-Scheme $scheme;
     proxy_pass  http://my_proxy;                # 通过多个代理去负载
     }
}
```

其中，每一个代理的 ip+port 都是一个后端服务，例如一个 Django Web 项目。

3. Web Service调优

不同的编程语言实现的 Web Service 的调优方式不同，由于本书的技术栈是 Python，在这里只对 Python 的常用 Web 框架进行讲解，具体包括 Django、Flask 和 Tornado。

其中，Django 没有单独设置并发的配置，一般还是利用 uWSGI+Nginx 来实现，具体方法已经在前面介绍过。如果要设置使用守护进程来运行 Web 服务，启动命令如下：

```
uwsgi -s :9090 -w my_app -M -p 4 -t 30 --limit-as 128 -R 10000 -d runing.log
```

其中，-d 指明使用守护进程来运行 Web 服务，--limit-as 通过使用 POSIX/UNIX 的

setrlimit()函数来限制每个uWSGI进程的虚拟内存占用量，这里设置最大不超过128MB。

Tornado是一款高性能的Web框架，它的特性是异步非阻塞，可以使用回调和协程来实现高性能接口响应。Tornado可以扩展出成千上万个开放的连接，非常适合长时间轮询，WebSocket需要与每个用户建立长期连接的其他应用程序。在Tornado框架的官网上提供了一个最简化版的脚本，代码如下：

```
import tornado.ioloop
import tornado.web

class MainHandler(tornado.web.RequestHandler):
    def get(self):
        self.write("Hello, world")

def make_app():
    return tornado.web.Application([
        (r"/", MainHandler),
    ])

if __name__ == "__main__":
    app = make_app()
    app.listen(8888)
    tornado.ioloop.IOLoop.current().start()
```

4．代码多线程化

对于某些业务，如需要批量下载多个文件，如果是单一进程去完成则耗费的时间比较长，如果使用多线程去处理则会非常高效。假设要下载3个PDF文件，代码如下：

代码6.6　6/6.4/threading01.py

```
# -*- coding: utf-8 -*-
from threading import Thread
from time import time,sleep

class DownFile(Thread):
    def __init__(self, file_name, cost_time):
        Super().__init__()
        self.__name = file_name
        self.__time = cost_time

    def run(self):
        print('Start to download %s.....' % self.__name)
        sleep(self.__time) # 模拟消耗时间
        print('%s finish download' % self.__name)

start = time()
task1 = DownFile('Python机器学习.pdf', 3)
task1.start()
task2 = DownFile('Golang编程指南.pdf', 4)
task2.start()
```

```
    task3 = DownFile('细说 PHP.pdf', 3)
    task3.start()
    task1.join()
    task2.join()
    task3.join()

    end = time()
    print("三个文件下载完成一共耗时: %.2f 秒" % (end - start))
```

执行该脚本，输出如下：

```
python threading01.py
Start to download Python 机器学习.pdf.....
Start to download Golang 编程指南.pdf.....
Start to download 细说 PHP.pdf.....
Python 机器学习.pdf finish download
细说 PHP.pdf finish download
Golang 编程指南.pdf finish download
三个文件下载完成一共耗时: 4.01 秒
```

由此可以看出，使用多线程使下载任务变成了并发执行，大大缩短了响应时间。

5. 消息中间件

消息中间件（MQ）是指支持与保障分布式应用程序之间同步或异步收发消息的中间件。它可以解决一些高并发的性能瓶颈，将消息队列中的任务分发给消息消费者，其架构图如图 6.7 所示。

MQ 具有异步、吞吐量大、延时低的特性，适合执行投递异步通知、限流及削峰平谷等任务。利用一些特性，可以做定时任务。

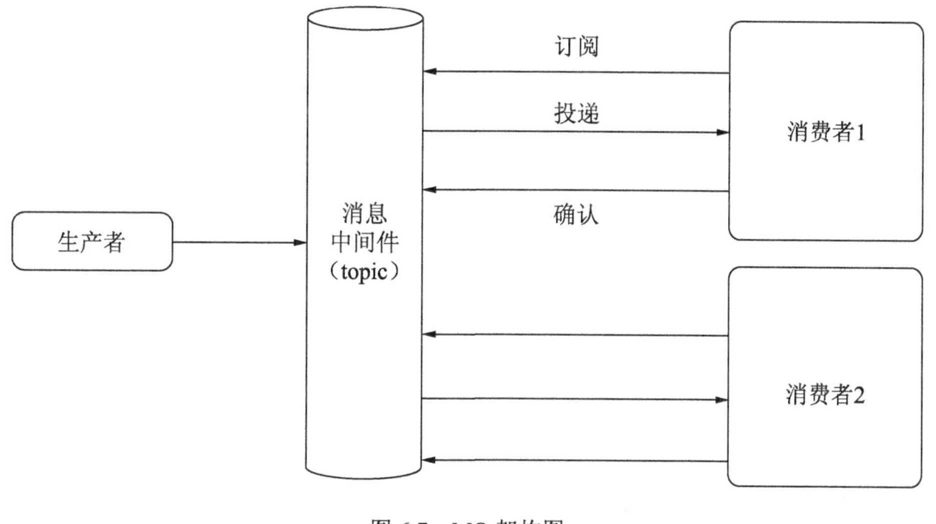

图 6.7　MQ 架构图

消息中间件的可选性很多，如 RabbitMQ、RocketMQ 及 ZeroMQ，国内还有 TubeMQ 可以选择使用。

6.5　使用 JMeter 对 Selenium 自动化代码进行压力测试

JMeter 是 Apache 组织开发的基于 Java 的压力测试工具，用于对软件进行压力测试，最初被用于 Web 应用测试，后来扩展到其他测试领域。JMeter 可以用于测试静态和动态资源，如静态文件、Java 小服务程序、CGI 脚本、Java 对象、数据库、FTP 服务器等。JMeter 可以模拟服务器、网络或对象产生的巨大负载，从不同压力类别下测试它们的强度，分析整体性能。另外，JMeter 能够对应用程序进行功能/回归测试，通过创建带有断言的脚本来验证程序是否返回期望的结果。为了能最大限度地灵活使用，JMeter 允许使用正则表达式创建断言。下面介绍 JMeter 的安装方法。

登录 JMeter 官网，下载页面如图 6.8 所示，根据自己的计算机操作系统选择适合的安装文件。目前的最新版本是 JMeter 5.2.1，需要 Java 1.8 及以上的版本支持。要安装 JMeter，必须先安装 JDK，还要进行相应的环境配置。

将下载好的 JMeter 文件解压，解压后的文件目录结构如图 6.9 所示。

/bin 目录下的常用文件和目录如下：

- examples：该目录下包含 JMeter 使用实例。
- ApacheJMeter.jar：JMeter 源码包。
- jmeter.bat：在 Windows 系统中的启动文件。
- jmeter.sh：在 Linux 系统中的启动文件。
- jmeter.log：JMeter 运行日志文件。
- jmeter.properties：JMeter 配置文件。
- jmeter-server.bat：在 Windows 系统中启动负载生成器服务的文件。
- jmeter-server：在 Linux 系统中启动负载生成器的文件。

其他目录如下：

- /docs：JMeter 帮助文档。
- /extras：提供对 Ant 的支持文件，可也用于持续集成。
- /lib：存放 JMeter 依赖的 jar 包，同时安装插件也存放于此目录下。
- /licenses：软件许可文件。
- /printable_docs：JMeter 用户手册。

其中，在 bin 目录下的 jmeter.sh（在 Windows 系统中是 jmeter.bat）文件就是可执行文件。运行或者双击该文件后，可以看到如图 6.10 所示的 GUI 操作界面。

Download Apache JMeter

Twitter　github

We recommend you use a mirror to download our release builds, but you **must** verify the integrity of the downloaded files using signatures downloaded from our main distribution directories. Recent releases (48 hours) may not yet be available from all the mirrors.

You are currently using **https://mirrors.tuna.tsinghua.edu.cn/apache/**. If you encounter a problem with this mirror, please select another mirror. If all mirrors are failing, there are *backup* mirrors (at the end of the mirrors list) that should be available.

Other mirrors: https://mirror.bit.edu.cn/apache/　Change

The `KEYS` link links to the code signing keys used to sign the product. The `PGP` link downloads the OpenPGP compatible signature from our main site. The `SHA-512` link downloads the sha512 checksum from the main site. Please verify the integrity of the downloaded file.

For more information concerning Apache JMeter, see the Apache JMeter site.

KEYS

Apache JMeter 5.3 (Requires Java 8+)

Binaries

apache-jmeter-5.3.tgz sha512 pgp
apache-jmeter-5.3.zip sha512 pgp

Source

图 6.8　JMeter 下载页面

名称
bin
docs
extras
lib
licenses
printable_docs
LICENSE
NOTICE
README

图 6.9　JMeter 的目录结构

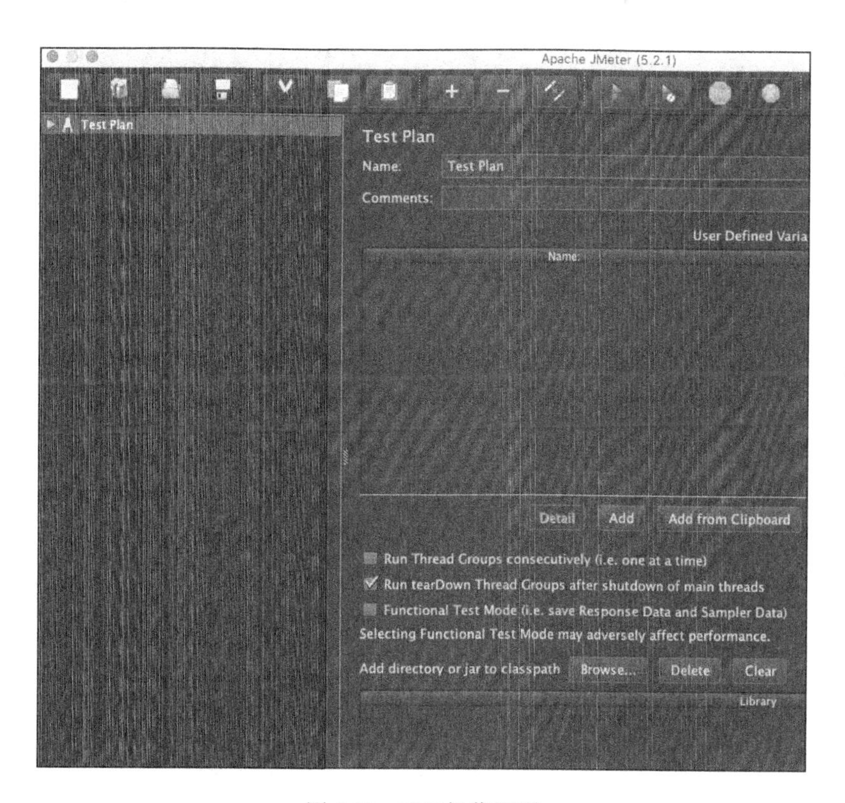

图 6.10　GUI 操作界面

下面介绍一个简单的压力测试实例，对一个 HTTP 请求接口进行测试，测试步骤如图 6.11 所示。

（1）新添加一个线程池配置，如图 6.11 所示。

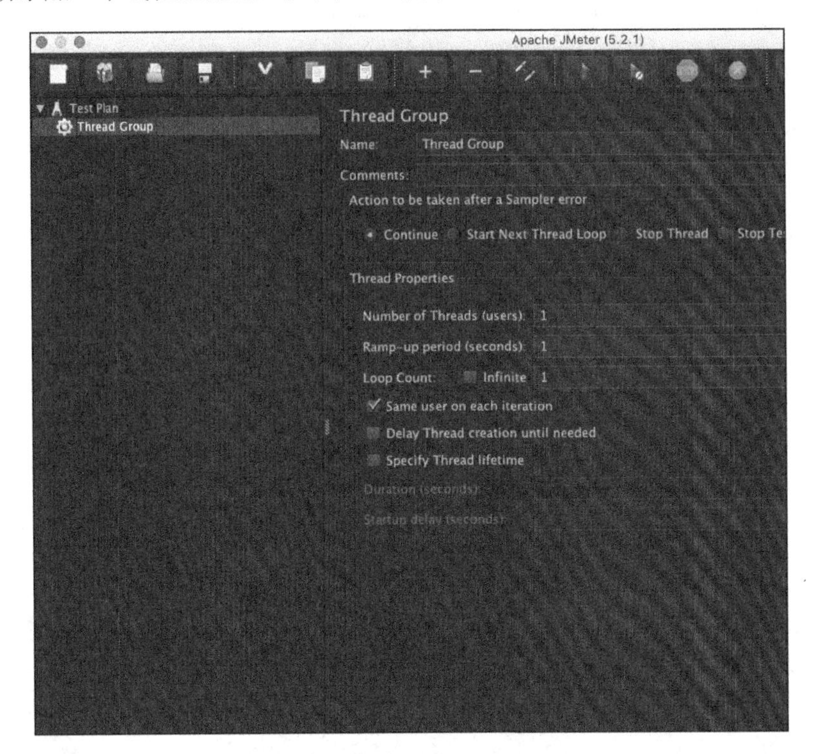

图 6.11　添加一个线程池配置

（2）设置线程数为 10，启动时间为 0s，线程重复数为 1，具体设置如图 6.12 所示。

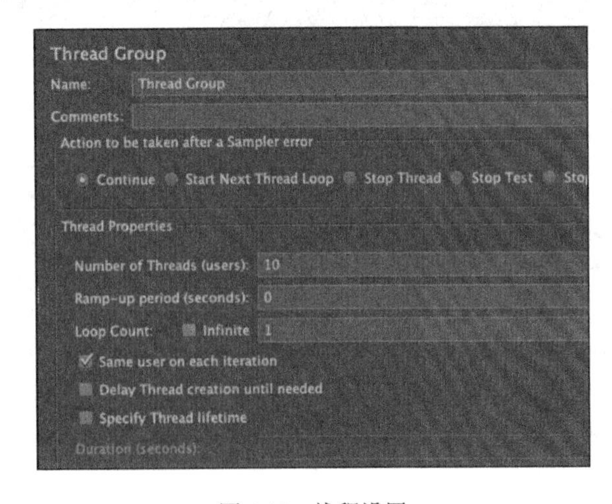

图 6.12　线程设置

（3）在上一步的基础上新增 HTTP 请求默认值，所有的请求都会使用这个设置好的默认值，协议设置为 HTTP，IP 为 localhost，端口为 8080，如图 6.13 所示。

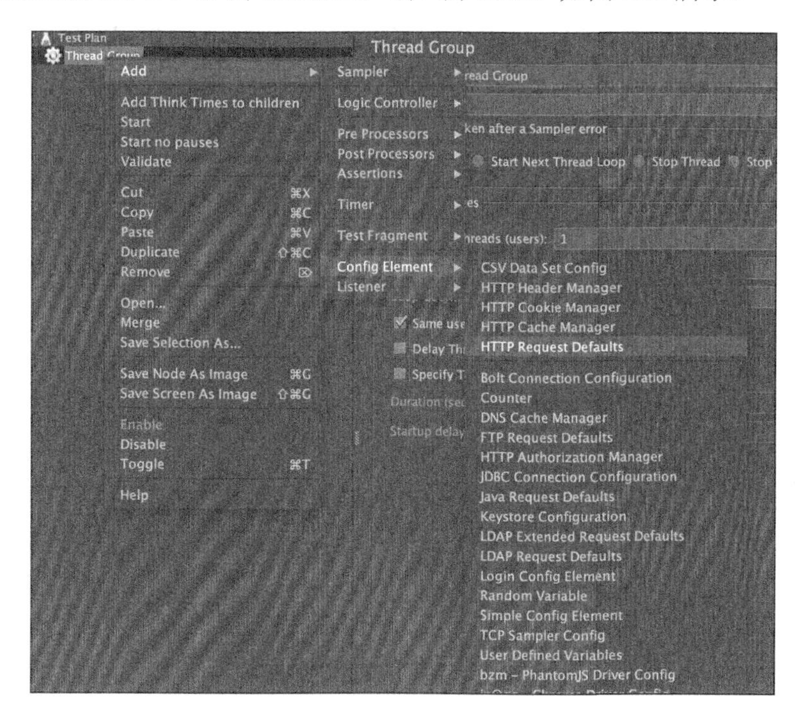

图 6.13　HTTP 请求默认值设置

（4）添加要进行压力测试的 HTTP 请求，具体设置如图 6.14 所示。

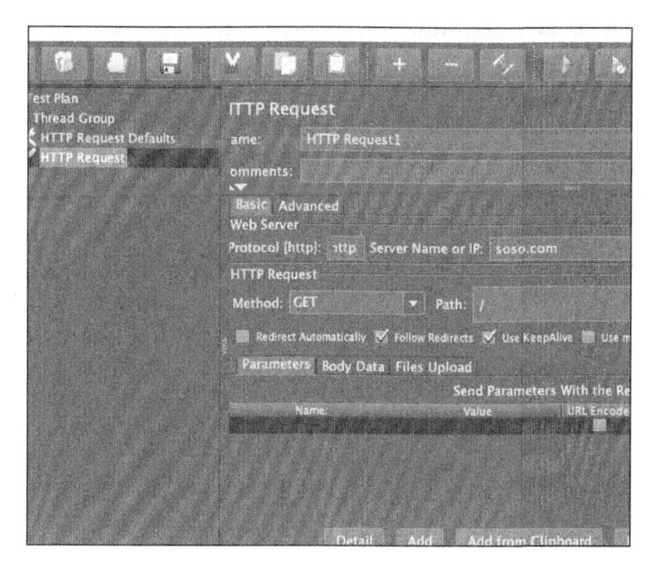

图 6.14　添加压力测试的 HTTP 请求

（5）新增监听器，用于查看压力测试的结果。分别设置 Aggregate Report、Graph Results、View Results in Table 监听器，设置界面如图 6.15 所示。

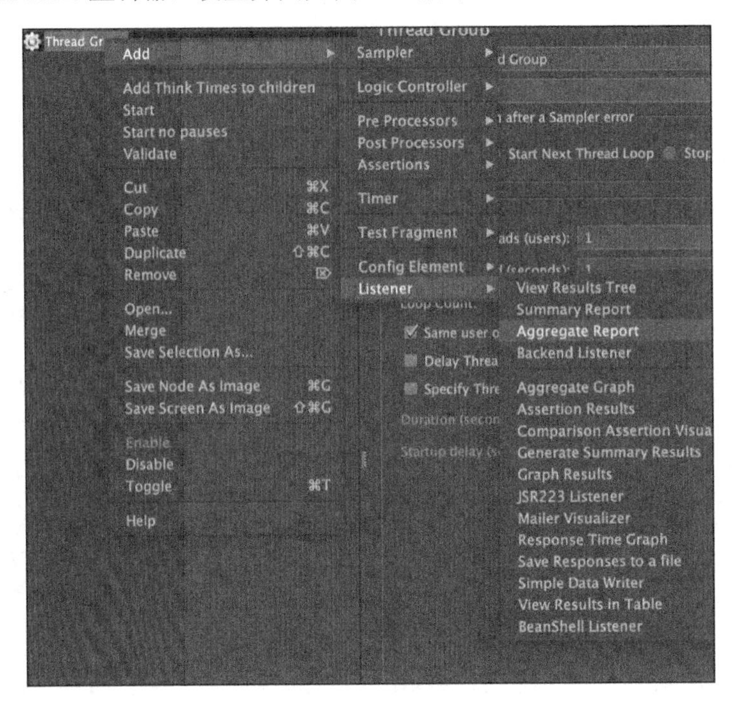

图 6.15　监听器设置界面

（6）单击执行按钮就可以看到测试结果，如图 6.16 所示。

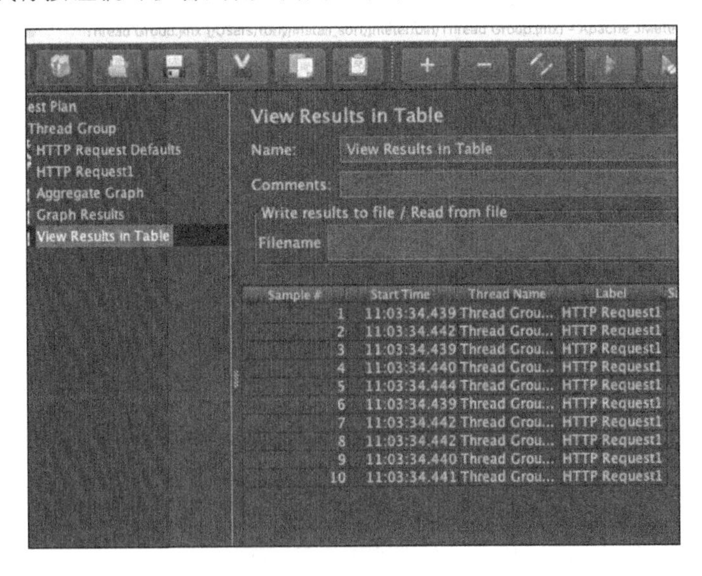

图 6.16　测试结果

JMeter 和 Selenium 结合使用，可以实现对网站页面的自动化性能的测试。下面介绍具体的实现方法。

1．下载WebDriver驱动

下载 WebDriver 插件（包含 Google 浏览器驱动和 Firefox 浏览器驱动），安装好之后需要重启 JMeter。注意，需要把解压的 lib 目录下的所有 jar 文件放到 JMeter 安装目录的 lib 文件夹下，再把解压的 lib/ext 文件夹下的 jmeterplugins-webdriver.jar 文件复制到 JMeter 安装目录的 lib/ext 文件夹里。

2．添加Chrome Driver

添加 Chrome Driver 的配置项，设置方式如图 6.17 所示。

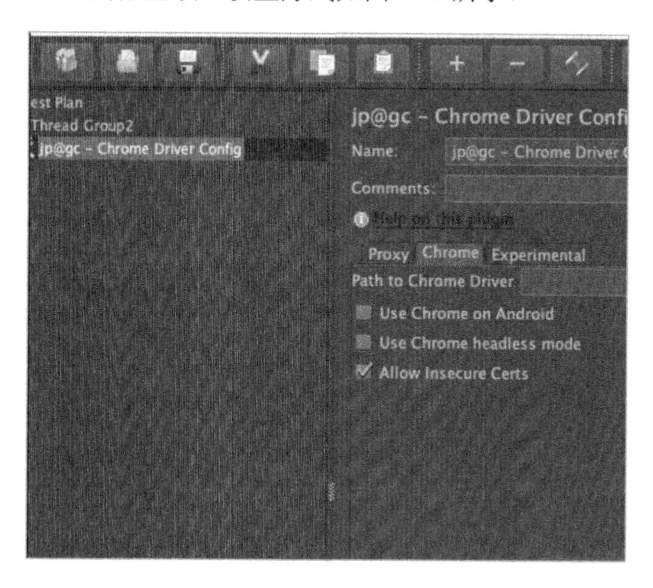

图 6.17　添加 Chrome Driver 配置项

3．添加WebDriver Sampier

新增一个 WebDriver Sampier 配置，如图 6.18 所示。编写 Selenium 代码实现自动化测试，代码编写好后就可以执行了。由于可能存在跨线程，需要设置全局变量，直接调用变量即可看到效果。具体代码如下：

```
WDS.sampleResult.sampleStart()
WDS.browser.get("https://www.google.com/");
var searchBox = WDS.browser.findElement(org.openqa.selenium.By.name("q"));
searchBox.click();
searchBox.sendKeys('Test');
```

```
searchBox.sendKeys(org.openqa.selenium.Keys.ENTER);
WDS.sampleResult.sampleEnd()
```

当然，JMeter 还有更复杂的用法。例如，可以自定义测试数据和采样器，设置吞吐量控制器，还可以设置除 HTTP 之外的其他应用协议，如 FTP。此外，还可以设置 HTTP Cookie 管理器，利用现有的 Cookie 来测试一些复杂的功能。

更多的测试方法，读者可以参考官方文档，这里不再赘述。

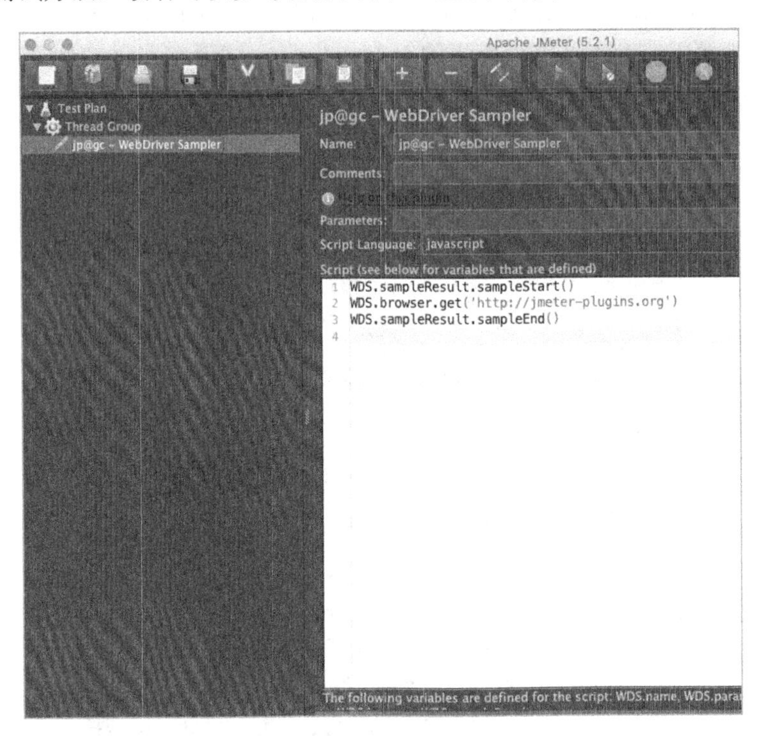

图 6.18　添加 WebDriver Sampier 配置

6.6　小　　结

性能测试作为测试环节中的重要一环，越来越受到开发人员和测试人员的重视。本章详细介绍了主流的性能测试工具并给出了具体的案例，帮助读者更好地理解和学习。

本章需要掌握的内容有：

- Locust 的可视化使用。Locust 作为由 Python 原生编写的性能测试工具，需要重点掌握，利用不同的可视化结果进一步分析性能瓶颈。
- http_load 工具的使用。利用这个轻量级的工具可以快速发起高并发请求，非常方便。

- AB 和 webbench 工具的使用。建议使用 AB 工具，因其更加主流，使用更方便。特别是针对一般的网站接口服务，对中小型网站的测试效果最佳。当然，也可以根据自己使用的工具适当进行代码封装，方便发起更多、更复杂的测试请求，这也是提高工作效率的最佳方法。
- 通过压力测试结果发现性能瓶颈点，再利用各种方法使用多线程来提升服务性能。可以针对以下方面提升性能：
  - 服务器配置；
  - Web 服务器配置；
  - 项目优化；
  - 代码优化；
  - 使用中间件。
- JMeter 工具。JMeter 是 Java 编写的压力测试工具，功能非常强大，可以利用线程池的设置实现对 HTTP、TCP 和 FTP 等不同协议服务的测试。也有众多的插件可供使用，搭配 Selenium 编写测试脚本，可以让测试工作定制化。

测试工作有时候并非一蹴而就，性能测试的过程大致需要以下几步：

（1）测试准备。在测试准备阶段主要是对需求进行分析，清楚用户明确的需求和潜在的需求，从而建立性能目标，比如要达到什么样的并发用户数量、吞吐率的需求、响应时间需求、是否要优化用户体验、系统占用资源的情况，以及服务的可扩展性；要了解项目本身的架构情况，了解使用的编程语言和框架，使用了哪个通信协议，以及 cooke 和 session 的使用情况等；了解部署平台的情况，在模拟压力测试的时候尽量贴近平台的实际配置，这样更容易测试出平台的实际承压值。

（2）搭建环境。主要是搭建测试环境的线上仿真环境。所有环境参数（如 Python 版本、MySQL 等数据库版本、CPU 核数等）和对应环境保持一致。

（3）开发测试脚本。利用本章介绍的 JMeter 工具去操作 WebDriver 对象完成一系列操作。

（4）准备测试数据。可以利用测试工具生成数据，或者利用脚本去采集并生成数据。

（5）执行测试。通过不断增加压力来测试临界值，可以在运行过程中人工监测服务器的情况，如 CPU、内存、数据库 I/O 等参数变化。也可以使用压力测试工具自带的结果图进行监测。

（6）结果分析与调优。对结果进行分析，找到承压瓶颈。

（7）测试后续跟踪。测试不是测试一次就可以了，在性能改进后需要重新测试，直到符合性能要求为止。

第 7 章　App 自动化测试

随着移动互联网的发展，越来越多的 App 产品应运而生。很多公司除了 Web 产品外还研发了相应的手机 App 产品，一些公司的主营业务甚至就是 App。

测试工程师也需要掌握一定的 App 端测试技能，从而让自己从烦琐、重复的“点点点”的人工测试中解脱出来，用自动化的“武器”武装自己，以适应新的测试需求。

本章将对 App 自动化测试的相关知识做必要的讲解，涉及 App 测试的定义和流程，以及 Appium 框架的使用，并且给出案例进行实践。

7.1　App 自动化测试简介

App 测试，顾名思义就是针对手机中的 App 进行的测试工作。它和 Web 端的测试流程类似，具体如下：

（1）需求分析。

（2）制定测试计划。

（3）设计测试用例。

（4）执行测试用例。

（5）记录和跟踪 bug 情况。

（6）验收测试。

（7）生成测试报告并分析。

（8）用户体验分析。

（9）软件发布上线。

如图 7.1 所示为手机 App 完整的测试流程图，该图详细地描述了一个手机 App 完整的测试过程。

App 在每次测试和上线时都有一个清晰的版本号，以方便对功能点进行管理和回溯，这一点和 Web 测试不同。App 测试的重点更多涉及 UI 层，对用户的交互性测试也更加看重。

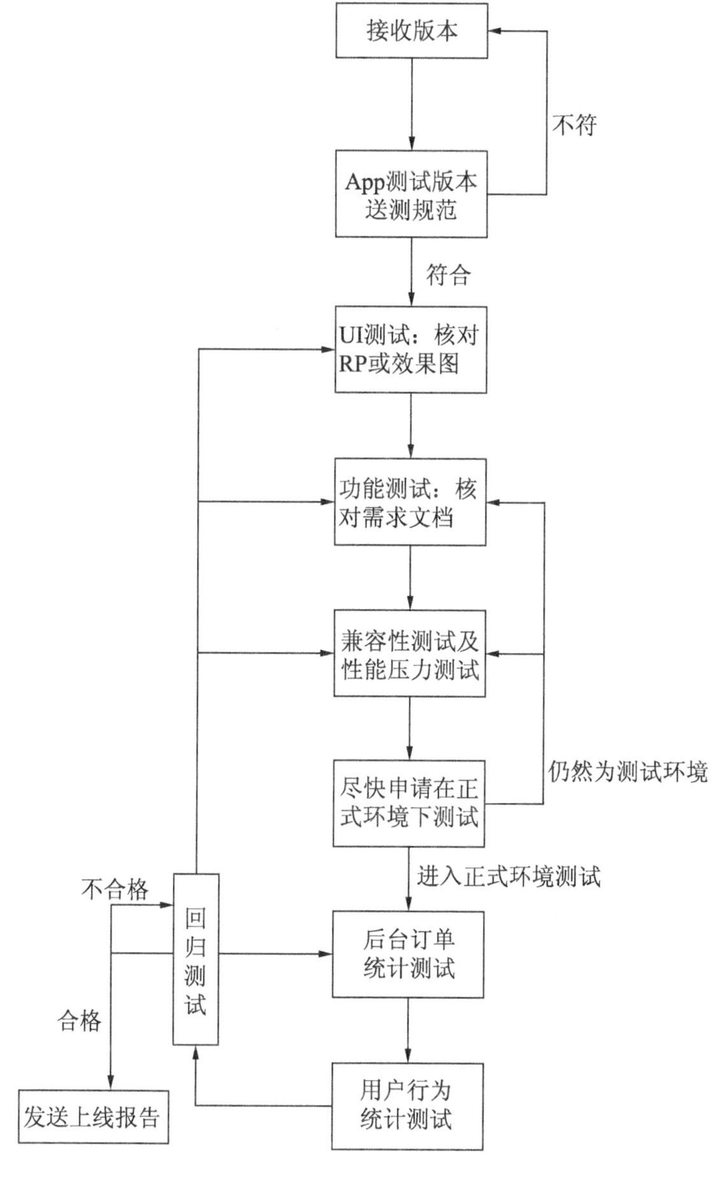

图 7.1　手机 App 完整的测试流程

根据 bug 的类型，可以把 App 测试分为以下几类。

- 功能性测试：需要检查产品的功能是否实现，功能是否符合产品设计，有无多余的功能点等。
- 易用性测试：重点看界面是否美观，操作是否简便，有无完整的文档支持等。
- 安全性测试：是否对传输的数据进行加密，通信协议是否足够安全，是否有隐私数据保护，有无安全漏洞，第三方库是否能稳定更新等。

- 可靠性测试：测试程序中影响软件可靠性的故障，通过排除相关故障来增加软件的可靠性。另外还要注意容灾问题，出现故障时可以快速恢复数据和服务。
- 性能测试：主要测试响应时间和在高并发下的服务情况。
- 兼容性测试：对系统的兼容性、软件的兼容性、硬件的兼容性、Web 系统架构、浏览器的兼容性等方面进行测试。
- 可维护性测试：往往指在功能性上测试人员可以通过测试来反哺产品设计的不足。过度的设计和没有良好的可维护性都是错误的。

App 测试主要针对安卓（Android）和苹果（iOS）两大主流的手机操作系统，进行功能性、兼容性、稳定性、易用性和性能等方面的测试。测试内容包括以下几个方面。

- App 的安装和卸载：测试这两个过程中的操作是否会遇到问题。
- App 运行：测试在有/无 SIM 卡、有/无网络的情况下 App 的运行情况。针对不同的操作系统和硬件机型进行测试，覆盖目标群体。
- UI 测试：测试在不同手机分辨率下界面的显示是否正常，色彩是否协调，按钮布局是否合理。
- 图形测试：测试在不同的手机系统和机型下，是否有无关按钮存在，控件的使用是否正常，有无长时间无响应的现象，卡顿或者等待的时候有无提示图案。
- 内容测试：测试 App 页面的相关文案和内容是否符合预期，界面的易用性是否符合用户的要求，字体和字号是否合乎规格等。
- 功能测试：指常规功能的测试，如用户的登录、注销和退出等。不同类型的 App 有不同的功能列表，可以根据罗列的功能进行逐一测试，不符合设计的功能就是功能缺陷或者功能优化点。
- 性能测试：测试 App 安装和卸载的响应时间、App 各项功能操作的响应时间、App 前后台切换的响应时间、App 获取用户信息的响应时间及服务器的响应时间等。
- 压力测试：区别于性能测试，主要测试性能的瓶颈点。压力测试可以通过对照组测试出性能问题，如在不同的系统环境下进行测试，可以在不同的网络情况下（移动流量和 WiFi）测试，可以在不同的硬件环境下测试，可以在电量不足的情况下测试。通过 App 检测移动设备的 CPU 的实际运行情况。
- 交叉事件测试：又被称为冲突测试，指在运行应用的时候，遇到短信或者电话等突发响应的情况时是否影响正在被测试的应用，要保证应用能正常运行。交叉事件测试包括前后台切换、网络切换和电量情况的测试等。
- App 更新测试：当 App 有新版本更新时是否会主动提示；不同的手机系统能否正常升级 App；对不同的更新方式进行测试，包括自动更新、手动更新和定时更新；对更新的校验是否正常；在前后台切换的时候更新能否正常进行。
- 兼容性测试：包括对不同网络环境的兼容性测试，不同操作系统的兼容性测试，不同手机分辨率的兼容性测试等。

- App 回归测试：针对提出的所有 bug 进行验证，如功能验证、兼容性验证和易用性验证等。
- App 安全性测试：测试危害手机数据的安全性和完整性的错误及缺陷。这类安全性问题需要高度重视，因为这类错误及缺陷可能会造成巨大的危害和损失。

7.2 测试计划设计

一个好的测试计划可以起到如下作用：

（1）使测试工作和整个开发工作融合。

（2）使资源和变更事件的风险可控制。

面对新的测试内容，如何编写一个 App 测试计划呢？首先需要确定是哪一种类型的 App 测试，目前主要有以下三种类型。

1．Web App测试

从本质上说，Web App 测试就是对 App 内置的 Web 浏览器进行测试。所有适用于 Web 测试的方法都适用于这种类型的 App 测试。前面介绍的一些 GUI 自动化框架，如数据驱动、页面对象模型、业务流程的相关封装模型等，也适用于 Web App 测试。当然，运行 Selenium 的前提是该浏览器支持 WebDriver，Selenium 针对自适应页面也能处理到位。

2．Native App测试

针对原生应用，不同的操作系统平台使用的测试方式是不同的。iOS 一般采用 XCUITest Driver，Android 一般采用 UiAutomator 2 或者 Espresso 等工具。但是通用的测试流程模块可以用于 Native App 的测试中，如使用模拟数据测试功能。

3．Hybird App测试

由于是混合 App，针对应用的不同部分，测试人员可能采用上面两种测试方式中的一种。例如，针对 HTML 5 的页面可以使用 GUI 测试方式，利用 WebDriver 实现相关的自动化测试；针对原生应用，可以使用 XCUITest 或者 UiAutomator 2 等原生测试框架。这两部分测试通过上下文（Context）来切换，要注意测试的是哪一部分。

设计用例应该包含以下部分：

- 功能测试；
- 性能测试；

- 安全性测试。

测试计划需要制定测试的时间安排和周期计划，例如对进度的描述。一个完整的测试进度安排如表 7.1 所示。

表 7.1　测试进度安排表

测试阶段	测试任务	工作量估计	人员分配	起止时间
第一阶段	需求评审	3日	开发人员、测试人员、产品设计人员	7/3～7/5
	用例编写	2日	测试人员	7/5～7/6
	测试点编写			7/5～7/6
第二阶段	功能测试:主要测试功能模块是否正常，包括UI	2日	测试人员	7/20～7/21
第三阶段	系统测试：包括App的业务流程和数据的准确性等	3日	测试人员	7/22～7/24
第四阶段	性能测试：主要测试响应	1日	测试人员	7/25
第五阶段	兼容测试:包括各种不同平台和机型的手机测试	4日	测试人员	7/26～7/29

要特别注意的是，测试点的编写是在用例的基础上完成的，而功能测试需要在测试功能清单确定后才能逐一检测。下面列举一个基于电商 App 的具体功能测试清单，如表 7.2 所示。

表 7.2　电商App功能测试清单

	功能模块	具体涉及的页面	自动化检查点	测试准备	脚本编写与调试的时间（小时）	测试执行与出报告的时间（小时）	时间总计
APK功能测试（安卓版本）	首页测试	首页显示、banner和热销列表	页面布局和内容，包括字段标题和商品排列逻辑检查		3	1.5	4.5
	订单页	订单列表					
		订单详情					
		订单分类Tab页					
	个人	账户信息页					
		账户安全					
		账户设置					
	帮助						

其实，这个例子中的大部分测试流程设计与普通的 Web 测试类似，这里只是针对该电商 App 的功能测试具体做了一份测试清单。此外，在 App 测试中还需要学习专门的自

动化测框架来提高工作效率，下一节将会具体介绍。

7.3　Appium 自动化测试框架

Appium 是开源、跨平台的自动化测试框架，可以用来测试原生及混合的移动端应用。Appium 支持 iOS、Android 及 Firefox OS 平台测试，使用 WebDriver 的 JSON Wire 协议来驱动 Apple 的 UIAutomation 库及 Android 的 UIAutomator 框架。由于调用了 Selenium 的 client 库，因此它可以使用任意语言，包括 Python、Ruby、Node.js 和 Objective-C 等。

Appium 作为最流行的 App 测试工具，它有许多强大的功能和 API，针对不同的操作系统都有对应的软件。

7.3.1　Appium 工具简介

Appium 是一款功能非常强大的自动化测试框架，通过 client-server 模式进行通信，封装了标准的 Selenium 客户端类库，值得认真学习。

Appium 的运行过程如图 7.2 所示，这是一个交互的过程。

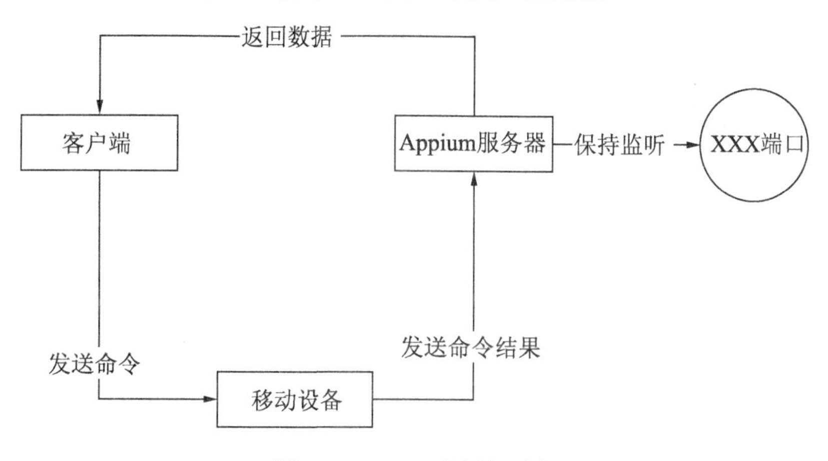

图 7.2　Appium 的运行过程

首先从客户端通知移动设备执行 command（经过了转换的指令），执行完的结果传给 Appium 服务器去分析，然后将结果再次传给客户端。Appium 真正做的事情就是对执行的 command 结果进行二次处理。

客户端的请求可以让不同设备在同一协议下实现通信自由，这一点 Appium 框架做出了巨大的贡献，它打通了端到端的信息有效传输。

Appium 的组成包括服务器（Server）和客户端（Client）两部分。服务器端是独立运行的，而客户端根据不同的开发语言可能会有所不同，目前支持的开发语言有 Java、Ruby、Python 和 JavaScript 等。

对于服务器而言，可以随意部署在任何机器上，如普通的云服务器，只要提供服务器的运行环境即可。

7.3.2　环境搭建

Appium 的安装方式有多种，可以在官网上下载对应的安装包，如图 7.3 所示下载的是服务器端的安装软件。

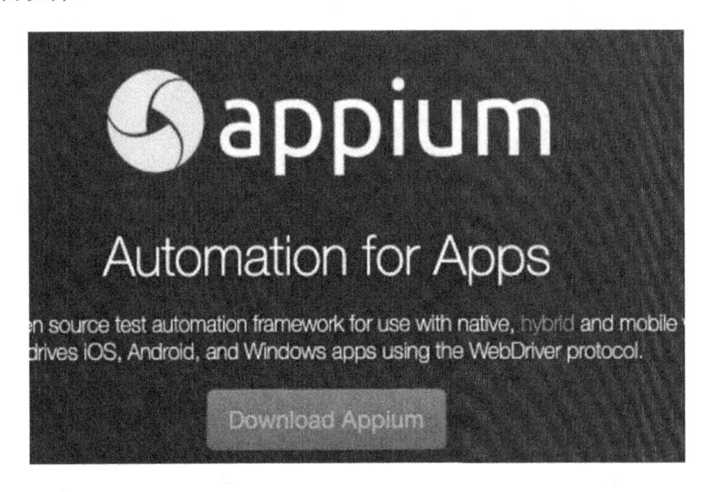

图 7.3　Appium 官网首页

根据自己使用的操作系统选择对应的安装包，下载页面如图 7.4 所示。如果是 Windows 用户，选择.exe 后缀的安装包下载并安装；如果是 Mac OS 用户，可以选择.dmg 的安装文件，也可以选择 Appunm-1.15.1-mac.zip 压缩包；而对于 Linux 用户，如 Ubuntu、Fedora 和 RedHat 用户，可以选择 Source code（源码包）进行下载，然后编译安装。命令如下：

```
# 编译环境配置检测
./configure
# 编译
make
# 编译安装
make install
```

由于安装包是在 GitHub 网站上，因此下载速度比较慢，笔者为大家提供了一个 1.15.1 版本的安装包放在百度网盘中，网址为 https://pan.baidu.com/s/1MJTS1RhFC01HUgUvhhMSFw，提取码为 29fx。

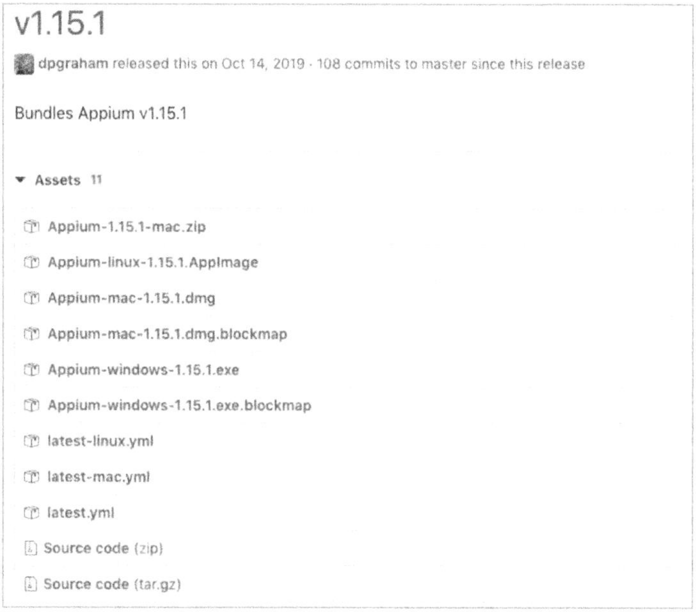

v1.15.1

dpgraham released this on Oct 14, 2019 · 108 commits to master since this release

Bundles Appium v1.15.1

Assets 11

Appium-1.15.1-mac.zip

Appium-linux-1.15.1.AppImage

Appium-mac-1.15.1.dmg

Appium-mac-1.15.1.dmg.blockmap

Appium-windows-1.15.1.exe

Appium-windows-1.15.1.exe.blockmap

latest-linux.yml

latest-mac.yml

latest.yml

Source code (zip)

Source code (tar.gz)

图 7.4　Server 端下载页面

客户端的安装方式也很简单，可以使用 pip 命令：

```
pip install Appium-Python-Client
```

执行以上命令，输出结果如下：

```
Collecting Appium-Python-Client
  Downloading Appium-Python-Client-0.50.tar.gz (56 kB)
     |████████████████████████████████| 56 kB 46 kB/s
Requirement already satisfied: selenium<4,>=3.14.1 in /Library/Frameworks/
Python.framework/Versions/3.7/lib/python3.7/site-packages (from Appium-
Python-Client) (3.141.0)
Requirement already satisfied: urllib3 in /Library/Frameworks/Python.
framework/Versions/3.7/lib/python3.7/site-packages (from selenium<4,>=
3.14.1->Appium-Python-Client) (1.25.7)
Installing collected packages: Appium-Python-Client
    Running setup.py install for Appium-Python-Client ... done
Successfully installed Appium-Python-Client-0.50
```

也可以使用源码包进行安装，从 PyPi 官网上下载客户端的 gz 包，安装命令如下：

```
tar -xvf Appium-Python-Client-X.X.tar.gz
cd Appium-Python-Client-X.X
python setup.py install
```

还可以从 GitHub 上下载源码包进行安装，命令如下：

```
git clone git@github.com:appium/python-client.git
cd python-client
python setup.py install
```

限于篇幅，下面只针对 Android 手机进行测试。首先需要搭建 Java 环境并安装 SDK。

1．搭建Java环境

在 Oracle 公司的网站上下载 JDK，建议选择 JDK 8 或者以上版本，如图 7.5 所示。

File Size	Download
72.94 MB	jdk-8u241-linux-arm32-vfp-hflt.
69.83 MB	jdk-8u241-linux-arm64-vfp-hflt
171.28 MB	jdk-8u241-linux-i586.rpm
186.1 MB	jdk-8u241-linux-i586.tar.gz
170.65 MB	jdk-8u241-linux-x64.rpm
185.53 MB	jdk-8u241-linux-x64.tar.gz
254.06 MB	jdk-8u241-macosx-x64.dmg
133.01 MB	jdk-8u241-solaris-sparcv9.tar.Z

图 7.5　JDK 下载页面

Windows 平台的 JDK 安装非常简单，运行.exe 安装包即可一步一步进行手动设置和安装。需要注意的是，如果是 32 位的操作系统，应选择下载-i586.exe；如果是 64 位的操作系统，应选择-x64.exe 安装包。之后再配置好环境变量即可，设置方式如图 7.6 所示。

Mac OS 系统的用户下载.dmg 安装包，和 Windows 下一样用“傻瓜式”操作即可安装成功，然后在终端中设置好环境变量即可。

Linux 系统的用户需要下载 tar.gz 文件，解压后即可继续完成环境变量的设置工作。

安装并配置好后，Windows 用户可以在 cmd 中输入 java -version 命令（Mac OS 或 Linux 系统可以在终端输入），输出如下信息则证明安装成功（笔者安装的是 10.x 版本）。

```
java -version
java version "10.0.1" 2018-04-17
Java(TM) SE Runtime Environment 18.3 (build 10.0.1+10)
Java HotSpot(TM) 64-Bit Server VM 18.3 (build 10.0.1+10, mixed mode)
```

图 7.6　设置环境变量

2．安装SDK

可以在网站 tools.android-studio.org 上下载对应平台的 SDK 包，下载页面如图 7.7 所示。该网站也提供了百度云盘的资料链接，方便国内开发者快速下载。

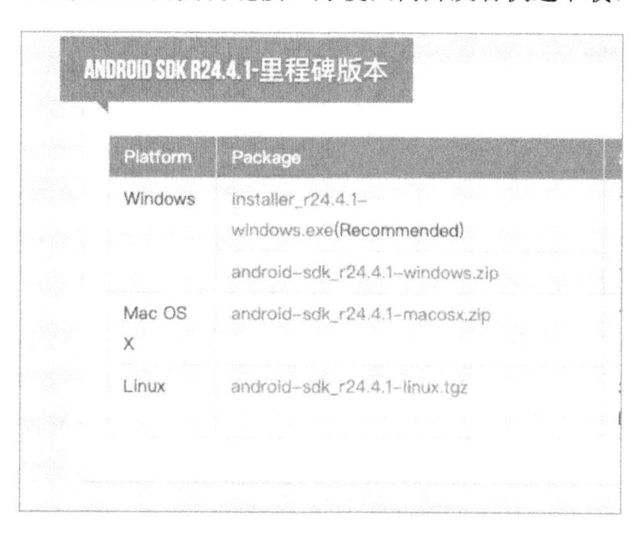

图 7.7　SDK 下载页面

在安装 SDK 的过程中，Windows 平台可能会出现安装失败的情况，解决办法是以管理员的身份打开 SDK Manger.exe。

安装完成之后，还需要像配置 JDK 一样配置相应的环境变量。这里需要设置 ANDROD_HOME，变量值为 SDK 的路径，如 D:/Android/android-sdk。在 Path 中增加两个路径：D:/Android/android-sdk/platform-tools 和 D:/Android/android-sdk/tools。

环境变量的配置在不同的操作系统中位置不同，如果是 Mac OS 或者 Linux 系统，需要在 bashrc 或者.bash_profile 文件中添加 path 变量，并使用 source 命令使修改生效。

完成所有的环境变量配置后，可以在命令行窗口中运行 adb –version 命令，如果安装成功并配置正确，那么会看到如下输出信息：

```
adb --version
Android Debug Bridge version 1.0.41
Version 29.0.6-6198805
Installed as /Users/tony/android/android-sdk/platform-tools/adb
```

3. Android调试工具的安装和使用

当解压 android-sdk 包后，在 platform-tools 文件夹中运行如下命令来启动 Android 工具下载器：

```
./android
```

命令运行后会出现 GUI 界面，如图 7.8 所示，可以在其中选择要下载的 build-tools 等相关 SDK。

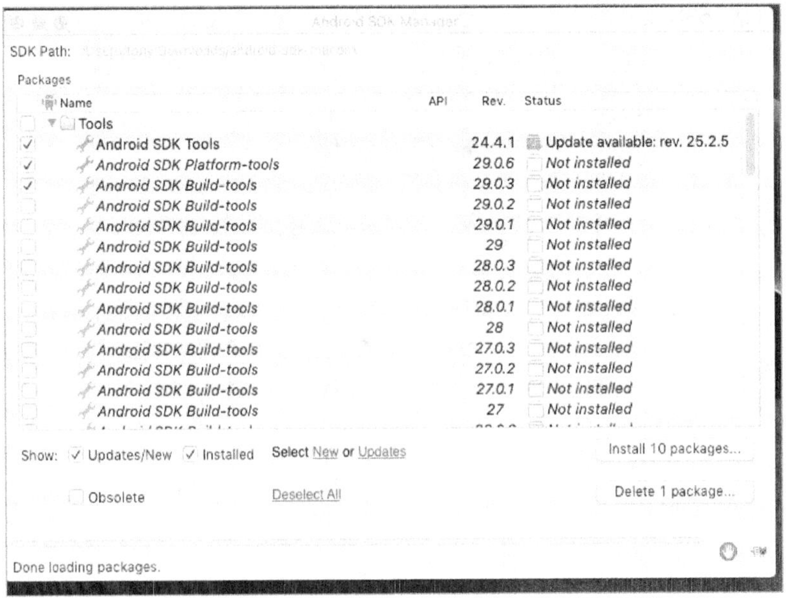

图 7.8　Build 工具下载界面

4．安装Android Studio

安装针对 Android 开发的 IDE 是为了更方便地创建 Android 模拟器，下载地址是 Google 的官网。Android Studio 的下载页面如图 7.9 所示。笔者把它放到了百度网盘中，读者可按照 7.3.2 小节给出的网址下载。

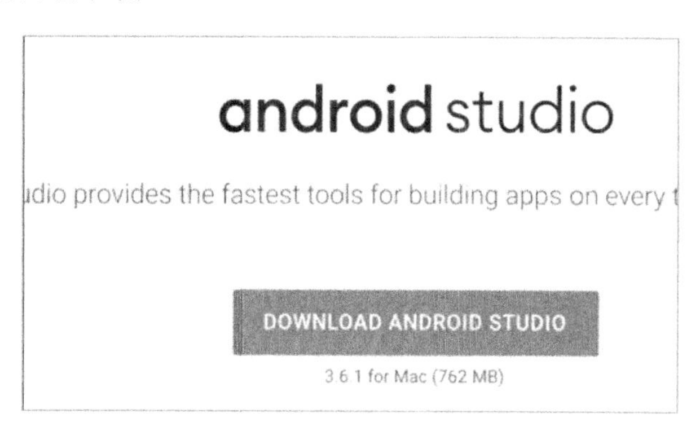

图 7.9 Android Studio 下载页面

7.3.3 Android Studio 的简单使用

1．熟悉AAPT工具

首先从调试工具 AAPT 开始介绍，需要下载 APK 安装包，然后使用如下命令进行检测。

```
./aapt dump badging /Users/tony/Downloads/qqlite_4.0.0.1025_537062065.apk
```

执行命令，输出信息如下：

```
package: name='com.tencent.qqlite' versionCode='5010' versionName='4.0.0'
install-location:'auto'
sdkVersion:'21'
targetSdkVersion:'26'
uses-permission: name='com.android.launcher.permission.INSTALL_SHORTCUT'
uses-permission: name='android.permission.INTERNET'
uses-permission: name='android.permission.VIBRATE'
uses-permission: name='android.permission.ACCESS_NETWORK_STATE'
uses-permission: name='android.permission.CHANGE_CONFIGURATION'
uses-permission: name='android.permission.RECEIVE_BOOT_COMPLETED'
uses-permission: name='android.permission.WAKE_LOCK'
uses-permission: name='android.permission.SYSTEM_ALERT_WINDOW'
uses-permission: name='android.permission.RECORD_AUDIO'
uses-permission: name='android.permission.MODIFY_AUDIO_SETTINGS'
uses-permission: name='android.permission.CAMERA'
uses-permission: name='android.permission.CHANGE_WIFI_STATE'
```

```
uses-permission: name='android.permission.ACCESS_WIFI_STATE'
uses-permission: name='android.permission.READ_PHONE_STATE'
uses-permission: name='android.permission.KILL_BACKGROUND_PROCESSES'
uses-permission: name='android.permission.CALL_PHONE'
uses-permission: name='com.android.launcher.permission.READ_SETTINGS'
uses-permission: name='com.android.launcher.permission.UNINSTALL_SHORTCUT'
uses-permission: name='android.permission.PERSISTENT_ACTIVITY'
uses-permission: name='android.permission.WRITE_SETTINGS'
uses-permission: name='android.permission.SEND_SMS'
uses-permission: name='android.permission.READ_SMS'
uses-permission: name='android.permission.GET_TASKS'
uses-permission: name='com.tencent.permission.VIRUS_SCAN'
uses-permission: name='android.permission.READ_LOGS'
uses-permission: name='android.permission.READ_CONTACTS'
uses-permission: name='android.permission.FLASHLIGHT'
uses-permission: name='android.permission.BLUETOOTH'
uses-permission: name='android.permission.BLUETOOTH_ADMIN'
uses-permission: name='android.permission.BROADCAST_STICKY'
uses-permission: name='android.permission.WRITE_CONTACTS'
uses-permission: name='android.permission.WRITE_OWNER_DATA'
uses-permission: name='android.permission.SYSTEM_OVERLAY_WINDOW'
uses-permission: name='android.permission.CHANGE_NETWORK_STATE'
uses-permission: name='android.permission.EXPAND_STATUS_BAR'
uses-permission: name='com.android.launcher.permission.WRITE_SETTINGS'
uses-permission: name='com.android.launcher3.permission.READ_SETTINGS'
uses-permission: name='com.android.launcher3.permission.WRITE_SETTINGS'
uses-permission: name='com.google.android.launcher.permission.READ_SETTINGS'
uses-permission: name='com.bbk.launcher2.permission.READ_SETTINGS'
uses-permission: name='com.huaqin.launcherEx.permission.READ_SETTINGS'
uses-permission: name='com.htc.launcher.settings'
uses-permission: name='com.htc.launcher.permission.READ_SETTINGS'
uses-permission: name='com.htc.launcher.permission.WRITE_SETTINGS'
uses-permission: name='com.huawei.launcher3.permission.READ_SETTINGS'
uses-permission: name='com.huawei.android.launcher.permission.READ_SETTINGS'
uses-permission: name='android.permission.READ_CALENDAR'
uses-permission: name='android.permission.WRITE_CALENDAR'
uses-permission: name='android.permission.USE_FINGERPRINT'
uses-permission: name='com.soter.permission.ACCESS_SOTER_KEYSTORE'
uses-permission: name='com.sonyericsson.home.permission.BROADCAST_BADGE'
uses-permission: name='com.sec.android.provider.badge.permission.READ'
uses-permission: name='com.sec.android.provider.badge.permission.WRITE'
uses-permission: name='android.permission.GET_ACCOUNTS'
uses-permission: name='android.permission.MANAGE_ACCOUNTS'
uses-permission: name='android.permission.AUTHENTICATE_ACCOUNTS'
uses-permission: name='android.permission.WRITE_CONTACTS'
uses-permission: name='android.permission.READ_SYNC_SETTINGS'
uses-permission: name='android.permission.WRITE_SYNC_SETTINGS'
uses-permission: name='android.permission.DISABLE_KEYGUARD'
uses-permission: name='android.permission.CHANGE_WIFI_MULTICAST_STATE'
uses-permission: name='android.permission.RESTART_PACKAGES'
uses-permission: name='android.permission.REQUEST_INSTALL_PACKAGES'
uses-permission: name='android.permission.NFC'
application-label:'QQ 极速版'
application-label-en:'QQLite'
application-icon-120:'res/drawable-xxhdpi/icon.png'
```

```
application-icon-160:'res/drawable-xxhdpi/icon.png'
application-icon-240:'res/drawable-xxhdpi/icon.png'
application-icon-320:'res/drawable-xxhdpi/icon.png'
application-icon-480:'res/drawable-xxhdpi/icon.png'
application-icon-65535:'res/drawable-xxhdpi/icon.png'
application: label='QQ 极速版' icon='res/drawable-xxhdpi/icon.png'
launchable-activity: name='com.tencent.mobileqq.activity.SplashActivity'
label='QQLite' icon=''
uses-library-not-required:'soterkeystore'
uses-permission: name='android.permission.CHANGE_WIFI_STATE'
uses-permission: name='android.permission.INTERNET'
uses-permission: name='android.permission.ACCESS_WIFI_STATE'
uses-permission: name='android.permission.ACCESS_NETWORK_STATE'
uses-permission: name='android.permission.ACCESS_FINE_LOCATION'
uses-permission: name='android.permission.ACCESS_COARSE_LOCATION'
uses-permission: name='android.permission.CAMERA'
uses-permission: name='android.permission.READ_PHONE_STATE'
uses-permission: name='android.permission.WAKE_LOCK'
uses-permission: name='com.android.launcher.permission.INSTALL_SHORTCUT'
uses-permission: name='android.permission.WRITE_EXTERNAL_STORAGE'
uses-permission: name='android.permission.RECEIVE_BOOT_COMPLETED'
uses-permission: name='com.tencent.qqlite.msg.permission.pushnotify'
uses-permission: name='com.qqlite.qqhead.permission.getheadresp'
uses-permission: name='android.permission.READ_EXTERNAL_STORAGE'
uses-implied-permission: name='android.permission.READ_EXTERNAL_STORAGE'
reason='requested WRITE_EXTERNAL_STORAGE'
feature-group: label=''
  uses-feature-not-required: name='android.hardware.camera'
  uses-feature-not-required: name='android.hardware.camera.autofocus'
  uses-feature-not-required: name='android.hardware.location'
  uses-feature-not-required: name='android.hardware.location.gps'
  uses-feature-not-required: name='android.hardware.location.network'
  uses-feature-not-required: name='android.hardware.telephony'
  uses-feature: name='android.hardware.bluetooth'
  uses-implied-feature: name='android.hardware.bluetooth' reason='requested
android.permission.BLUETOOTH permission, requested android.permission.
BLUETOOTH_ADMIN permission, and targetSdkVersion > 4'
  uses-feature: name='android.hardware.faketouch'
  uses-implied-feature: name='android.hardware.faketouch' reason='default
 feature for all apps'
  uses-feature: name='android.hardware.microphone'
  uses-implied-feature: name='android.hardware.microphone' reason='requested
android.permission.RECORD_AUDIO permission'
  uses-feature: name='android.hardware.screen.portrait'
  uses-implied-feature: name='android.hardware.screen.portrait' reason=
'one or more activities have specified a portrait orientation'
  uses-feature: name='android.hardware.wifi'
  uses-implied-feature: name='android.hardware.wifi' reason='requested
android.permission.ACCESS_WIFI_STATE permission, requested android.
permission.CHANGE_WIFI_MULTICAST_STATE permission, and requested android.
permission.CHANGE_WIFI_STATE permission'
main
other-activities
other-receivers
other-services
```

```
supports-screens: 'small' 'normal' 'large' 'xlarge'
supports-any-density: 'true'
locales: '--_--' 'en'
densities: '120' '160' '240' '320' '480' '65535'
native-code: 'armeabi'
```

从输出信息中可以看到需要 QQ 极速版 App 的信息，我们需要关注的是 launcher-Activity，这是启动事件，对应上面的输出是 launchable-activity: name='com.tencent.mobileqq.activity.SplashActivity，可以看到，这个 QQ 极速版的 launchable-activity 的名称是 com.tencent.mobileqq.activity.SplashActivity。测试工程师可以利用这个启动事件来做一些自动化测试工作。

2. 创建Android模拟器

打开 Android Studio，创建一个新的 Android 项目，单击图 7.10 所示的模拟器（AVD）生成按钮。

图 7.10　AVD 生成按钮

然后选择硬件，这里选择一款 Android 机，如图 7.11 所示。

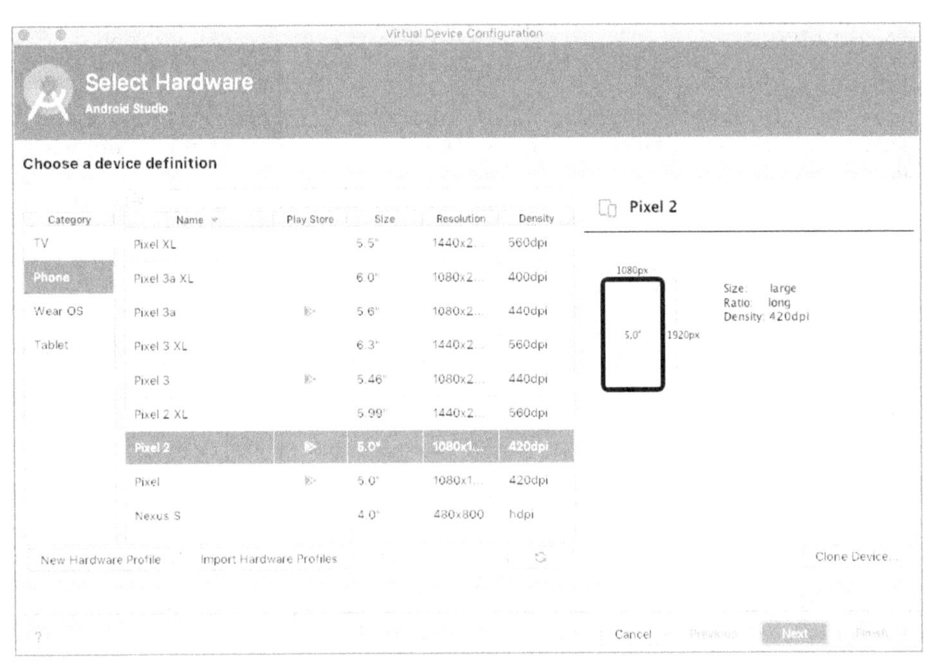

图 7.11　选择硬件设备

硬件设备提供了诸多机型，有不同分辨率和不同屏幕尺寸的机型可供选择，这里选择一个 4 英寸的 Nexus S 即可。然后再选择 Android 系统镜像，可以选择一个较新的镜像，如 Android 29 x86_64。生成模拟器后再运行模拟器开机即可，效果如图 7.12 所示。

关于镜像和机型，可以根据具体业务要求来选择，模拟器在不同尺寸设备上的显示效果也有所不同。建议使用不同的机型测试不同尺寸下的显示效果。虽然 Chrome 的调试工具也提供了不同尺寸和设备的页面显示效果，但是仿真效果不如模拟器。

启动模拟器后，可以看到一些内置软件，如果需要安装相应软件，则自行安装即可。

图 7.12　模拟机画面

然后执行如下命令，可以看到可用的模拟器设备信息。

```
./android list avd
Available Android Virtual Devices:
    Name: Nexus_S_API_29
  Device: Nexus S (Google)
    Path: /Users/tony/.android/avd/Nexus_S_API_29.avd
  Target: Android 10 (API level 29)
 Tag/ABI: default/x86_64
    Skin: nexus_s
  Sdcard: 512M
```

之后可以根据已有的模拟器和 APK 包编写如下脚本：

```
# coding=utf-8

from appium import webdriver

desire_caps = {
    'platformName': 'Android',
    'deviceName': ' Nexus_S_API_29',
    'platformVersion': '5.0',
    # APK 包名
    'appPackage': 'com.tencent.qqlite',
    'appActivity': ''
}

driver = webdriver.Remote('http;//127.0.0.1:4723/wd/hub', desire_caps)
```

其中，deviceName 是选择的模拟器名称，appPackage 是之前使用 aapt dump badging 命令获取的 package 名称。

7.3.4　自动化测试手机计算器

手机 App 测试案例很多，本节以最简单的手机计算器为例来测试一下相关的基本运算功能。前面笔者已经介绍了 Android Studio 的简单用法，现在对相关操作配置进行封装，并将单元测试与程序结合，使用断言进行结果判断，最后将测试结果以 HTML 报告的形式保存。代码如下：

代码 7.1　7/7.3/7.3.4/test_caculator.py

```
# -*- coding: utf-8 -*-
import time
import os
import unittest
import HTMLTestRunner
from appium import webdriver


class CalculateTest(unittest.TestCase):

    @classmethod                                    # 只初始化一次
    def setUpClass(cls):
        # 使用生成的模拟器的配置
        desire_caps = dict()
        desire_caps['platformName'] = 'Android'
        desire_caps['platformVersion'] = '29'
        desire_caps['deviceName'] = 'Nenux S'
        desire_caps['appPackage'] = 'com.android.calculator2'
        desire_caps['appActivity'] = '.Calculator'
        cls.driver = webdriver.Remote('http://127.0.0.1:4723/wd/hub',
desire_caps)

    # 测试加法运算
    def test_add(self):
        self.driver.find_element_by_name('9').click()
        self.driver.find_element_by_id('com.android.calculator2:id/plus').
click()
        self.driver.find_element_by_name('5').click()
        self.driver.find_element_by_name('=').click()
        result = self.driver.find_element_by_class_name('android.widget.EditText').
text
        self.assertEqual(result, str(9+5))          # 断言判断
        self.driver.find_element_by_name('CLR')     # 清空结果，方便后续测试

    # 测试减法运算
    def test_substract(self):
        self.driver.find_element_by_name('9').click()
        self.driver.find_element_by_id('com.android.calculator2:id/minus').
click()
        self.driver.find_element_by_name('4').click()
        self.driver.find_element_by_name('=').click()
        result = self.driver.find_element_by_class_name('android.widget.
EditText').text
        self.assertEqual(result, str(9-4))
        self.driver.find_element_by_name('CLR')
```

```
    # 测试乘法运算
    def test_multi(self):
        self.driver.find_element_by_name('9').click()
        self.driver.find_element_by_id('com.android.calculator2:id/mul').
click()
        self.driver.find_element_by_name('7').click()
        self.driver.find_element_by_name('=').click()
        result = self.driver.find_element_by_class_name('android.widget.
EditText').text
        self.assertEqual(result, str(9*7))
        self.driver.find_element_by_name('CLR')

    # 测试除法运算
    def test_div(self):
        self.driver.find_element_by_name('6').click()
        self.driver.find_element_by_id('com.android.calculator2:id/div').
click()
        self.driver.find_element_by_name('3').click()
        self.driver.find_element_by_name('=').click()
        result = self.driver.find_element_by_class_name('android.widget.
EditText').text
        self.assertEqual(result, str(int(6/3)))
        self.driver.find_element_by_name('CLR').click()

    @classmethod
    def tearDownClass(cls):
        cls.driver.quit()


if __name__ == '__main__':
    cal_suit = unittest.makeSuite(CalculateTest, 'test')
    path = os.path.abspath(os.path.dirname(os.getcwd()))
    report_time = time.strftime('%Y%m%d', time.localtime())
    # 结果保存路径及名称
    report_name = path + '\\report\\' + report_time + '-report.html'
    with open(report_name, 'wb') as fp:
        # 生成 HTML 格式的报告
        runner = HTMLTestRunner.HTMLTestRunner(stream=fp, title=u'手机计算
器测试报告', description=u'用例执行情况')
        runner.run(cal_suit)                                # 执行
```

从代码中可以看出，Appium 用 webdriver 类对元素进行定位，然后进一步操作 App。

以上只是一个简单的测试用例，实际工作中的情形可能更加复杂，有更多的功能清单和更复杂的前期准备工作，如测试数据的采集和生成。因此，在编写自动化测试脚本之前一定要认真地制订测试计划，厘清测试的内容和重点，覆盖所有的功能点，合理构建测试

框架。“磨刀不误砍柴工”，前期的准备能让后期的工作更加顺利。

7.3.5 Appium 的常用 API

Appium 有许多功能强大的 API，可以让测试工程师通过代码来控制一系列的操作。Appium 的常用 API 操作可以简单划分为以下几个类型。

1. 针对应用的操作

可以对应用进行安装、卸载、关闭和启动等操作。

安装应用到手机设备上，代码如下：

```
driver.installApp("path/to/my.apk");
driver.installApp("E:/android/myapk/qq.apk");
```

应用卸载也很简单，代码如下：

```
driver.removeApp("com.example.android.add");
```

关闭一个应用时，默认是关闭当前打开的应用，因此不需要传入参数，代码如下：

```
driver.closeApp();
```

但是这个操作不是真正地关闭应用，而是相当于按 Home 键将应用以后台方式运行。启动应用的方法是 launchApp()，主要是为了和 closeApp()方法搭配使用，代码如下：

```
driver.launchApp();
```

检查应用是否安装时需要传递应用的包名，返回结果是 True 或者 False，代码如下：

```
driver.isAppInstalled();
```

重置应用就是把被测试的程序重置到初始化状态，该方法也不需要传入参数，代码如下：

```
driver.restApp();
```

2. 针对上下文的操作

上下文这个概念在前面的内容中提到过，就是针对混合应用，如 App 里有原生部分和 HTML 部分，中间需要切换，就形成了上下文环境。

获取上下文的方法很简单，默认是获取当前所有可用的上下文，因此不用传入参数，代码如下：

```
driver.getContext();
```

获取当前上下文句柄的方法是 getContextHandles()，该方法也不需要传入参数，代码如下：

```
driver.getContextHandles();
```

切换上下文时，需要使用 context()方法指定上下文名称，代码如下：

```
driver.context('WEBVIEW_2');
```

3. 针对键盘的操作

模拟键盘操作也是常见的需求，可以在文本框中输入字符内容和按键内容等。

使用 sendKeys()方法可以模拟键盘按键操作，具体代码如下：

```
driver.findElements(By.name("NickName").sendKeys("Tony");
```

pressKeyCode()方法可以通过传递按键编码来实现按键操作，这是 Android 特有的方法，用法如下：

```
driver.pressKeyCode(29);
```

常用的 Android 系统的键盘编码如下：

```
电话键
KEYCODE_CALL 拨号键 5
KEYCODE_ENDCALL 挂机键 6
KEYCODE_HOME 按键 Home 3
KEYCODE_MENU 菜单键 82
KEYCODE_BACK 返回键 4
KEYCODE_SEARCH 搜索键 84
KEYCODE_CAMERA 拍照键 27
KEYCODE_FOCUS 拍照对焦键 80
KEYCODE_POWER 电源键 26
KEYCODE_NOTIFICATION 通知键 83
KEYCODE_MUTE 话筒静音键 91
KEYCODE_VOLUME_MUTE 扬声器静音键 164
KEYCODE_VOLUME_UP 音量增加键 24
KEYCODE_VOLUME_DOWN 音量减小键 25

控制键
KEYCODE_ENTER 回车键 66
KEYCODE_ESCAPE ESC 键 111
KEYCODE_DPAD_CENTER 导航键 确定键 23
KEYCODE_DPAD_UP 导航键 向上 19
KEYCODE_DPAD_DOWN 导航键 向下 20
KEYCODE_DPAD_LEFT 导航键 向左 21
KEYCODE_DPAD_RIGHT 导航键 向右 22
KEYCODE_MOVE_HOME 光标移动到开始键 122
KEYCODE_MOVE_END 光标移动到末尾键 123
KEYCODE_PAGE_UP 向上翻页键 92
KEYCODE_PAGE_DOWN 向下翻页键 93
KEYCODE_DEL 退格键 67
```

```
KEYCODE_FORWARD_DEL 删除键 112
KEYCODE_INSERT 插入键 124
KEYCODE_TAB Tab 键 61
KEYCODE_NUM_LOCK 小键盘锁 143
KEYCODE_CAPS_LOCK 大写锁定键 115
KEYCODE_BREAK Break/Pause 键 121
KEYCODE_SCROLL_LOCK 滚动锁定键 116
KEYCODE_ZOOM_IN 放大键 168
KEYCODE_ZOOM_OUT 缩小键 169

组合键
KEYCODE_ALT_LEFT Alt+Left
KEYCODE_ALT_RIGHT Alt+Right
KEYCODE_CTRL_LEFT Control+Left
KEYCODE_CTRL_RIGHT Control+Right
KEYCODE_SHIFT_LEFT Shift+Left
KEYCODE_SHIFT_RIGHT Shift+Right

基本键
KEYCODE_0 按键'0' 7
KEYCODE_1 按键'1' 8
KEYCODE_2 按键'2' 9
KEYCODE_3 按键'3' 10
KEYCODE_4 按键'4' 11
KEYCODE_5 按键'5' 12
KEYCODE_6 按键'6' 13
KEYCODE_7 按键'7' 14
KEYCODE_8 按键'8' 15
KEYCODE_9 按键'9' 16
KEYCODE_A 按键'A' 29
KEYCODE_B 按键'B' 30
KEYCODE_C 按键'C' 31
KEYCODE_D 按键'D' 32
KEYCODE_E 按键'E' 33
KEYCODE_F 按键'F' 34
KEYCODE_G 按键'G' 35
KEYCODE_H 按键'H' 36
KEYCODE_I 按键'I' 37
KEYCODE_J 按键'J' 38
KEYCODE_K 按键'K' 39
KEYCODE_L 按键'L' 40
KEYCODE_M 按键'M' 41
KEYCODE_N 按键'N' 42
KEYCODE_O 按键'O' 43
KEYCODE_P 按键'P' 44
KEYCODE_Q 按键'Q' 45
KEYCODE_R 按键'R' 46
KEYCODE_S 按键'S' 47
```

```
KEYCODE_T 按键'T' 48
KEYCODE_U 按键'U' 49
KEYCODE_V 按键'V' 50
KEYCODE_W 按键'W' 51
KEYCODE_X 按键'X' 52
KEYCODE_Y 按键'Y' 53
KEYCODE_Z 按键'Z' 54
```

还有一些按压操作，如 press()方法，使用该方法可以模拟手指按压手机屏幕的某个位置，用法如下：

```
TouchAction(driver).press(x=0, y=308),release().perform()
```

长按屏幕上某个坐标元素的方法为 longPress()，具体用法如下：

```
Touch LongPress(WebElement el, int x, int y, Dureation duration)
```

移动光标的方法是 moveTo()，具体用法如下：

```
movTo(WebElement el, int x, int y)
```

除了以上操作之外还有一些操作方法，如滑动 swipe()、拉出文件 pullFile()、推送文件 pushFile()等，读者可以参考 Appium 的官方 API 文档进行查阅和学习，这里不再一一列举。

7.4 小　　结

本章主要介绍了 App 自动化测试的相关技术，特别是对 Appium 自动化测试框架进行了详细的介绍。

App 自动化测试和常规的 Web 测试有许多共同之处。例如，都可以利用 WebDriver 进行元素的定位和操作；都可以利用 unittest 进行单元测试和接口测试，并且输出重要的测试报告。下一章将具体介绍 pytest 单元测试的内容。

第 8 章　使用 pytest 进行单元测试

前面我们学习了 unittest 框架，本章将学习 pytest 框架。pytest 是一款使用简便、功能强大的单元测试框架，能让测试人员更加高效地进行单元测试。pytest 可以整合到 Allure 框架中使用，可以生成可视化测试报告和测试结果，适合任意复杂程度的功能测试使用。

本书将对如何使用 pytest 框架进行单元测试进行详细讲解。

8.1　单元测试简介

如果读者玩过乐高积木或者组装过四驱车，就会明白很多复杂的东西都是通过多个简单的元件不断地组合拼装而成。当把它们拆解为最小的零件，就会发现每部分实际上并不是那么复杂。同样，单元测试也是软件的一个“零件”，对软件的最小功能单元进行单独测试就是单元测试。

单元测试通过编写代码来测试特定的最小功能逻辑单元的功能点。单元测试的结果有通过和不通过两种，它并不能保证被测功能是完全正确的，只能保证被覆盖的功能点的测试是没有问题的。

一般来说，单元测试需要提供的功能是：

- 构造最小、可运行的测试系统，通过驱动模块（Driver）来代替服务的上下游模块之间的服务；
- 模拟单元接口，提供给其他函数进行调用和使用；
- 模拟数据或者状态，提供可以局部替换的运行环境。

单元测试的主要任务是：

- 接口功能测试；
- 局部数据测试；
- 主要边界值测试；
- 代码覆盖率测试。

接口的功能测试用于保证该接口功能的正确性；局部数据测试用于保证接口传递和产生的数据接口是正确的。边界值的测试，可以是移除边界，如期望遇到的异常或者拒绝服务的情况等。还有一些临界值的测试，用于判断边界是否符合预期。

8.1.1　单元测试的重要性

单元测试作为测试的重要手段，起着非常重要的作用。有的人认为单元测试必须由开发人员来保证测试质量和软件的代码质量，这种说法有一定的道理，但是并不完全正确。对于测试工程师来说，单元测试是自动化测试工作中的一个环节，需要掌握和重视。

单元测试的优势如下：

- 提升软件质量。
- 通过测试，发现需求中的遗漏点，优化业务逻辑。
- 优化目标代码。
- 保障代码的重构。
- 是回归测试和持续集成的基石。

无论是开发人员还是测试人员，都必须了解单元测试，并且尽可能在一些重要的项目或者服务上进行单元测试实践。单元测试看上去是增加了工作量，但是确实把问题缩小在一个最小逻辑单元的层面，避免了更大、更隐藏问题的发生。

一些大型公司工作流程比较规范，会投入更多的时间进行产品的测试，从而针对每次所发布的产品功能进行较为彻底的单元测试。而一些小型公司为了降低成本或加快工期，往往在产品测试上投入的时间相对较少，无法使用单元测试对每个功能点进行测试。对于小型公司的这种情况，可以选择性地使用单元测试，对重要的接口和功能进行处理。由于接口 API 趋于稳定，改动频率和强度相比 UI 层要小很多，因此一旦编写好单元测试工具或脚本，就可以反复使用。如图 8.1 所示为 API 接口的常规架构图，从中可以看出单元测试更适合 API 层，而不是服务层。

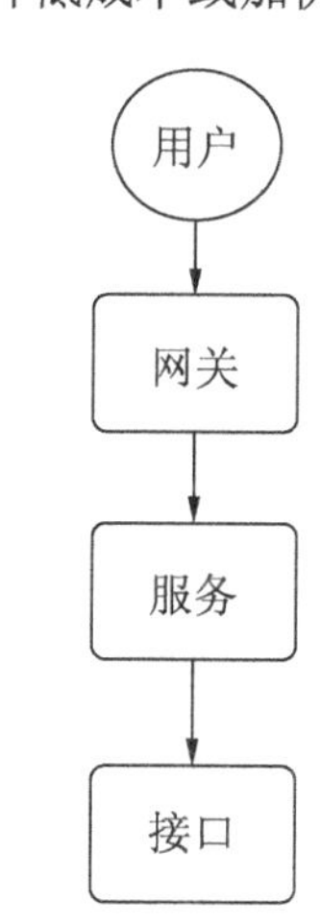

图 8.1　API 接口常规架构图

笔者认为需要重视单元测试，所谓“万丈高楼平地起”，每一步都非常重要。前期测试工作中增加单元测试，会让测试质量大幅度增长。

业务层或服务层会包含更复杂的业务逻辑，例如查询一个商品涉及以下步骤：

（1）处理传入的参数。

（2）检验参数的有效性，并抛出对应的错误。

（3）查询商品表及库存表。

（4）组装数据。

（5）记录查询日志。

（6）调用相关 API 接口，完成异步任务。

（7）组装返回的 JSON 数据。

（8）将数据返回给客户端。

单元测试只需要编写与 API 接口相关的测试代码即可，不涉及业务流程的全过程。

通常，一个设计成熟的请求会经过网关服务（Gateway）转发请求到服务层（Service），然后通过逻辑处理，在内部请求对应的 API 接口，以获取最基础的数据，然后把经过二次处理的数据返回给调用者。

从代码的角度看，有句话是这样说的："可测试的代码不一定是好代码，但是不可测试的代码一定有坏的味道"。

因此建议读者从一些关键功能和通用型底层库入手编写单元测试程序，这样可以让程序更加健壮，从而从测试的角度去弥补开发上的不足。

8.1.2　单元测试框架简介

Python 技术栈中的单元测试框架非常多，我们主要考虑主流框架，因为这些框架功能强大、文档健全、社区支持力度大，在使用过程中遇到任何问题都能很快地找到解决方案或者技术支持。

常见的单元测试框架有以下 3 种。

1．unittest框架

unittest 是 Python 自带的标准库中的单元测试框架，它有时也被称为 PyUnit。使用过 Java 的工程师可能会想起 JUnit，unittest 就相当于 Python 版的 JUnit。

2．nose框架

nose 框架属于第三方模块，需要单独安装，使用方式比 unittest 更简单。nose 框架可以自动识别继承于 unittest.TestCase 的测试单元并执行测试，而且还可以测试非继承于 unittest.TestCase 的测试单元。nose 框架提供了丰富的 API，便于编写测试代码。

nose 框架拥有很多内置的插件，可以帮助测试人员进行输出结果抓取、错误查找、代码覆盖、文档测试（Doctest）等。如果不喜欢这些内置插件提供的功能，或者这些插件不能满足项目结构，那么可以自定义开发插件来完成需要的功能。

3．pytest框架

pytest 是一款第三方测试框架，它主要有以下特点：

- 使用简单、灵活，容易入门。
- 支持参数化编程。
- 能够支持各种复杂程度的功能测试（从简单到复杂），还可以搭配其他自动化框架如 Selenium 或者 Appium 一起工作，完成接口自动化测试。
- 具有第三方插件，可以自定义扩展，如 pytest-selenium 用于集成 Selenium，pytest-html 用于生成 HTML 测试报告，pytest-rerunfailures 用于测试失败实例的重复执行，pytest-xdist 可以分布式执行测试实例等。
- 可以很好地与 Jenkins 集成。
- 可以和 Allure 框架进行集成。

unittest 框架和 pytest 框架的性能对比如表 8.1 所示。

表 8.1　单元测试框架pytest和unittest的性能对比

	pytest框架	unittest框架
学习难度	使用超简单，开箱即用，文档健全	多数时候需要二次封装，部分API使用复杂
识别测试模块	可自定义，自动识别用例	必须是基于类的方式
断言类型	简单使用assert便可以实现断言判断	self.assert()函数使用复杂，参数众多
插件	丰富的插件，强大的社区，插件多达300款	需要自己设计

由表 8.1 可以看出，pytest 框架更具优势。下面将详细介绍该框架，熟悉了该框架后再学习其他框架会更加得心应手。

8.1.3　安装 pytest

因为 pytest 不是 Python 内置的框架，所以需要单独安装。安装命令如下：

```
pip install -U pytest
```

可以使用以下命令验证安装的版本：

```
pytest --version
```

如果输出以下信息，则说明安装成功。

```
This is pytest version 5.4.1, imported from /Library/Frameworks/Python.
framework/Versions/3.7/lib/python3.7/site-packages/pytest/__init__.py
```

下面举一个简单的例子，代码如下：

```
#!/usr/bin/env python
#-*-coding:utf-8-*-
import pytest
def func(x):
    return x+1
def test_answer():
assert  func(3)==5
```

执行以上脚本，输出结果如下：

```
========================= test session starts ==========================
platform darwin -- Python 3.7.4, pytest-5.4.1, py-1.8.1, pluggy-0.13.1
rootdir: /XXX/XXX/www/autoTestBook/8/8.1
collected 1 item
pytest01.py F[100%]

=============================== FAILURES ===============================
______________________________ test_answer _____________________________

    def test_answer():
>       assert  func(3)==5
E       assert 4 == 5
E        +  where 4 = func(3)

pytest01.py:7: AssertionError
======================= short test summary info ========================
FAILED pytest01.py::test_answer - assert 4 == 5
========================== 1 failed in 0.05s ===========================
```

该测试会返回一个失败报告，因为 func(3)会返回 4，而不是 5。

8.1.4　pytest 的简单用例

pytest 的使用可以参考官网，一般情况下，测试工程师需要编写多个测试用例，而不是只有一个单独的接口，因此会采用编写测试类的方式。本例的代码如下：

代码 8.1　8/8.1/8.1.4/test_class.py

```
#-*-coding:utf-8-*-
import pytest
class TestClass:
    # 检查名称是否包含某字符
    def test_check_username(self):
        username = "Supreme"
        assert "Cheer" in username

    # 测试属性中是否有某字符
    def test_has_attr(self):
        attr_str = "my"
        assert hasattr(attr_str, "fun")

    # 测试是否相等
    def test_equal(self):
        assert 2==4
```

测试代码编写好之后就可以使用 pytest 命令进行单元测试了。

1．命令参数

pytest搭配不同的命令参数会有不同的执行效果。例如，对上面的脚本执行pytest test_class.py 命令，输出结果如下：

```
========================== test session starts ==========================
platform darwin -- Python 3.7.4, pytest-5.4.1, py-1.8.1, pluggy-0.13.1
rootdir: /xxx/xxx/www/autoTestBook/8/8.1/8.1.4
collected 3 items
test_class.py FFF[100%]

================================ FAILURES ================================
______________________ TestClass.test_check_username ___________________

self = <test_class.TestClass object at 0x10b64bb90>

    def test_check_username(self):
        username = "Supreme"
>       assert "Cheer" in username
E       AssertionError: assert 'Cheer' in 'Supreme'

test_class.py:7: AssertionError
_______________________ TestClass.test_has_attr _______________________

self = <test_class.TestClass object at 0x10b64b190>

    def test_has_attr(self):
        attr_str = "my"
>       assert hasattr(attr_str, "fun")
E       AssertionError: assert False
E        +  where False = hasattr('my', 'fun')

test_class.py:12: AssertionError
_________________________ TestClass.test_equal _________________________

self = <test_class.TestClass object at 0x10b643b10>

    def test_equal(self):
>       assert 2==4
E       assert 2 == 4

test_class.py:16: AssertionError
======================== short test summary info ========================
FAILED test_class.py::TestClass::test_check_username - AssertionError:
assert 'Cheer' in 'Supreme'
FAILED test_class.py::TestClass::test_has_attr - AssertionError: assert
```

```
False
FAILED test_class.py::TestClass::test_equal - assert 2 == 4
========================= 3 failed in 0.06s ============================
```

显然上面的 3 个测试方法都不能通过测试，代码中已经输出了测试结果和报错行数。

pytest 命令还有更多的运行参数，如-k。如果将上面执行脚本的命令改为：

```
pytest -k "not test_equal" test_class.py
```

执行后的输出结果如下：

```
========================= test session starts ==========================
platform darwin -- Python 3.7.4, pytest-5.4.1, py-1.8.1, pluggy-0.13.1
rootdir: /Users/tony/www/autoTestBook/8/8.1/8.1.4
collected 3 items / 1 deselected / 2 selectedtest_class.py FF     [100%]

=============================== FAILURES ===============================
______________________ TestClass.test_check_username ______________________

self = <test_class.TestClass object at 0x10f7cb690>

    def test_check_username(self):
        username = "Supreme"
>       assert "Cheer" in username
E       AssertionError: assert 'Cheer' in 'Supreme'

test_class.py:7: AssertionError
_________________________ TestClass.test_has_attr _________________________

self = <test_class.TestClass object at 0x10f7cb710>

    def test_has_attr(self):
        attr_str = "my"
>       assert hasattr(attr_str, "fun")
E       AssertionError: assert False
E        +  where False = hasattr('my', 'fun')

test_class.py:12: AssertionError
====================== short test summary info =======================
FAILED test_class.py::TestClass::test_check_username - AssertionError:
assert 'Cheer' in 'Supreme'
FAILED test_class.py::TestClass::test_has_attr - AssertionError: assert
False
================== 2 failed, 1 deselected in 0.05s ==================
```

关于 pytest -k "not test_equal" test_class.py 命令的解释如下：

上面的代码中，-k 参数使 test_equal()方法未被执行，因此可以用这个参数跳过不需要执行的测试用例。

对于多个测试用例在同一个脚本中的情况，可预设最多允许几个用例不能被通过，参数为--maxfail=num，完整的执行命令如下：

```
pytest --maxfail=4 test_script.py
```

前面的输出内容比较复杂，如果要简洁一点的输出结果，可以添加-q 参数，完整命令如下：

```
pytest -q test_script.py
```

2．装饰器的使用

可以在测试用例代码里通过使用装饰器注释来生成测试数据，类似于 Spring Boot 中的注解。

装饰器根据参数个数可以分为单个参数和多个参数两种形式。下面先来看一个单个参数的例子，具体代码如下：

代码 8.2　8/8.1/8.1.4/test_single_param.py

```
#-*-coding:utf-8-*-

import pytest
import random

# 该注解会生成参数
@pytest.mark.parametrize('x', [(3), (7), (9)])
def test_add(x):
   print(x)
assert x == random.randrange(1, 7)
```

运行以上脚本，输出结果如下：

```
pytest -q test_single_param.py
FFF[100%]
============================== FAILURES ===============================
_____________________________ test_add[3] _____________________________

x = 3

    @pytest.mark.parametrize('x', [(3), (7), (9)])
    def test_add(x):
        print(x)
>       assert x == random.randrange(1, 7)
E       assert 3 == 5
E        + where 5 = <bound method Random.randrange of <random.Random object
at 0x7fa0d181f020>>(1, 7)
E        +   where <bound method Random.randrange of <random.Random object
at 0x7fa0d181f020>> = random.randrange

test_single_param.py:10: AssertionError
------------------------ Captured stdout call -------------------------
3
```

```
________________________________ test_add[7] ________________________________

x = 7

    @pytest.mark.parametrize('x', [(3), (7), (9)])
    def test_add(x):
        print(x)
>       assert x == random.randrange(1, 7)
E       assert 7 == 4
E        +  where 4 = <bound method Random.randrange of <random.Random object
at 0x7fa0d181f020>>(1, 7)
E        +    where <bound method Random.randrange of <random.Random object
at 0x7fa0d181f020>> = random.randrange

test_single_param.py:10: AssertionError
------------------------- Captured stdout call -------------------------
7
________________________________ test_add[9] ________________________________

x = 9

    @pytest.mark.parametrize('x', [(3), (7), (9)])
    def test_add(x):
        print(x)
>       assert x == random.randrange(1, 7)
E       assert 9 == 2
E        +  where 2 = <bound method Random.randrange of <random.Random object
at 0x7fa0d181f020>>(1, 7)
E        +    where <bound method Random.randrange of <random.Random object
at 0x7fa0d181f020>> = random.randrange

test_single_param.py:10: AssertionError
------------------------- Captured stdout call -------------------------
9
====================== short test summary info ======================
FAILED test_single_param.py::test_add[3] - assert 3 == 5
FAILED test_single_param.py::test_add[7] - assert 7 == 4
FAILED test_single_param.py::test_add[9] - assert 9 == 2
3 failed in 0.05s
```

由结果可以看出，随机数产生的是 1～7 中的任意数字，所以每次的运行结果不一定相同。

参数化标记注解的语法如下：

```
@pytest.mark.parametrize(param_name, data = [])
```

其中，param_name 需要和被注解的输入参数的名称保持一致，而 data 则是用列表包含的一个或多个元组对象，每一个元组对象的值都会赋给 param_name 变量去执行被注解的方法逻辑块。

多个参数的注解绑定也很简单，代码如下：

代码 8.3　8/8.1/8.1.4/test_multi_params.py

```
# -*-coding:utf-8-*-

import pytest


@pytest.mark.parametrize('n1,n2', [
    (7 + 5, 12),
    (2 - 5, 1),
    (6 * 5, 30),
    (9 / 3, 2)
])
def test_equal(n1, n2):
    assert n1 == n2
```

执行 pytest test_multi_params.py 命令，输出结果如下：

```
========================== test session starts ==========================
platform darwin -- Python 3.7.4, pytest-5.4.1, py-1.8.1, pluggy-0.13.1
rootdir: /Users/tony/www/autoTestBook/8/8.1/8.1.4
collected 0 items / 1 error ================== ERRORS ==================

________________ ERROR collecting test_multi_params.py ________________
test_multi_params.py:7: in <module>
    (2-5, 1),
E   TypeError: 'tuple' object is not callable
======================== short test summary info ========================
ERROR test_multi_params.py - TypeError: 'tuple' object is not callable
!!!!!!!!!!!!!!!!!!!!!!!!!!!!!!!!!!!!!!!!!!!!!!!!!!!!!!!!!!!!!!!!!!!!!!!!
!!!!!!! Interrupted: 1 error during collection !!!!!!!!!!!!!!!!!!!!!!!!!
!!!!!!!!!!!!!!!!!!!!!!!!!!!!!!!!!!!!!!!!!!!!!!!!!!!!!!!!!!!!!!
=========================== 1 error in 0.09s ===========================
(venv) ➜ 8.1.4 pytest test_multi_params.py
========================== test session starts ==========================
platform darwin -- Python 3.7.4, pytest-5.4.1, py-1.8.1, pluggy-0.13.1
rootdir: /Users/tony/www/autoTestBook/8/8.1/8.1.4
collected 4 items
test_multi_params.py .F.F                                         [100%]

=============================== FAILURES ===============================
___________________________ test_equal[-3-1] ___________________________

n1 = -3, n2 = 1

    @pytest.mark.parametrize('n1,n2', [
        (7 + 5, 12),
        (2 - 5, 1),
        (6 * 5, 30),
        (9 / 3, 2)
    ])
```

```
    def test_equal(n1, n2):
>       assert n1 == n2
E       assert -3 == 1

test_multi_params.py:13: AssertionError
_____________________________ test_equal[3.0-2] _____________________________

n1 = 3.0, n2 = 2

    @pytest.mark.parametrize('n1,n2', [
        (7 + 5, 12),
        (2 - 5, 1),
        (6 * 5, 30),
        (9 / 3, 2)
    ])
    def test_equal(n1, n2):
>       assert n1 == n2
E       assert 3.0 == 2

test_multi_params.py:13: AssertionError
======================= short test summary info =======================
FAILED test_multi_params.py::test_equal[-3-1] - assert -3 == 1
FAILED test_multi_params.py::test_equal[3.0-2] - assert 3.0 == 2
===================== 2 failed, 2 passed in 0.05s =====================
```

3. 使用多个断言

如果直接在被测试的方法中编写多个断言判断语句，一旦一个断言失败，后面的断言就不会再执行。这时就要用到 pytest 的 pytest-assume 插件来实现多个断言的执行。该插件的安装方法如下：

```
pip install pytest-assume
```

一个简单的用例代码如下：

代码 8.4　8/8.1/8.1.4/test_multi_asset.py

```
# -*-coding:utf-8-*-

import pytest
from pytest import assume


def test_multi_assert():
    assume(3 == 4)
    assume(5 == 5)
    assume(7 == 2)
```

执行以上脚本，输出结果如下：

```
test_multi_asset.py F[100%]

================================ FAILURES ================================
_____________________________ test_multi_assert _____________________________
```

```
tp = <class 'pytest_assume.plugin.FailedAssumption'>, value = None, tb =
None

    def reraise(tp, value, tb=None):
        try:
            if value is None:
                value = tp()
            if value.__traceback__ is not tb:
>               raise value.with_traceback(tb)
E               pytest_assume.plugin.FailedAssumption:
E               2 Failed Assumptions:
E
E               test_multi_asset.py:8: AssumptionFailure
E               >>assume(3 == 4)
E               AssertionError: assert False
E
E               test_multi_asset.py:10: AssumptionFailure
E               >>assume(7 == 2)
E               AssertionError: assert False

/Users/tony/Library/Python/3.7/lib/python/site-packages/six.py:695: Failed
Assumption
======================= short test summary info ======================
FAILED test_multi_asset.py::test_multi_assert - pytest_assume.plugin.
FailedAssumption:
========================= 1 failed in 0.07s ==========================
```

测试某项功能时，可能会遇到测试失败需要“重跑”的情况，此时可以使用 pytest-rerunfailures 插件，安装命令如下：

```
pip install pytest-rerunfailures
```

编写一个测试失败之后需要“重跑”的脚本，代码如下：

```
# -*-coding:utf-8-*-

import pytest
import random

# 重试测试类
class TestReTry():

    @pytest.mark.flaky(reruns=5)
    def test_random(self):
        print(1)
        pytest.assume((random.randint(0, 8) + 1) == 5)

    @pytest.mark.flaky(returns=3)
    def test_ping(self):
        ping = random.choice([True, False])
        assert (ping == True)
```

关于测试用例的执行顺序，也可以使用 pytest-ordering 插件来设置。首先安装该插件，命令如下：

```
pip install pytest-ordering
```

执行 pytest test_retry.py 命令，输出结果如下：

```
======================== test session starts =========================
platform darwin -- Python 3.7.4, pytest-5.4.1, py-1.8.1, pluggy-0.13.1
rootdir: /Users/tony/www/autoTestBook/8/8.1/8.1.4
plugins: assume-2.2.1, html-2.1.1, metadata-1.8.0
collected 2 items

test_retry.py F.[100%]

============================== FAILURES ==============================
________________________ TestReTry.test_random ________________________

tp = <class 'pytest_assume.plugin.FailedAssumption'>, value = None, tb =
None

    def reraise(tp, value, tb=None):
        try:
            if value is None:
                value = tp()
            if value.__traceback__ is not tb:
>               raise value.with_traceback(tb)
E               pytest_assume.plugin.FailedAssumption:
E               1 Failed Assumptions:
E
E               test_retry.py:12: AssumptionFailure
E               >>pytest.assume((random.randint(0, 8) + 1) == 5)
E               AssertionError: assert False

/Users/tony/Library/Python/3.7/lib/python/site-packages/six.py:695: Failed
Assumption
------------------------ Captured stdout call -------------------------
1
========================== warnings summary ==========================
test_retry.py:9
  /Users/tony/www/autoTestBook/8/8.1/8.1.4/test_retry.py:9: PytestUnknown
MarkWarning: Unknown pytest.mark.flaky - is this a typo?  You can register
custom marks to avoid this warning - for details, see https://docs.pytest.
org/en/latest/mark.html
    @pytest.mark.flaky(reruns=5)

test_retry.py:14
  /Users/tony/www/autoTestBook/8/8.1/8.1.4/test_retry.py:14: PytestUnknown
MarkWarning: Unknown pytest.mark.flaky - is this a typo?  You can register
custom marks to avoid this warning - for details, see https://docs.pytest.
org/en/latest/mark.html
    @pytest.mark.flaky(returns=3)

-- Docs: https://docs.pytest.org/en/latest/warnings.html
======================= short test summary info ======================
FAILED test_retry.py::TestReTry::test_random - pytest_assume.plugin.Failed
Assumption:
============== 1 failed, 1 passed, 2 warnings in 0.08s ==============
➔ 8.1.4
```

下面编写一个简单的用例，代码如下：

代码 8.5　8/8.1/8.1.4/test_order.py

```
# -*-coding:utf-8-*-
import pytest

@pytest.mark.run(order=2)
def test_order1():
    print("first test")
    assert True

@pytest.mark.run(order=1)
def test_order2():
    print("second test")
assert True
```

执行 pytest test_order.py 命令，输出结果如下：

```
========================== test session starts ==========================
platform darwin -- Python 3.7.4, pytest-5.4.1, py-1.8.1, pluggy-0.13.1
rootdir: /Users/tony/www/autoTestBook/8/8.1/8.1.4
plugins: assume-2.2.1, html-2.1.1, metadata-1.8.0
collected 2 items

test_order.py .[100%]

========================== warnings summary ============================
test_order.py:4
  /Users/tony/www/autoTestBook/8/8.1/8.1.4/test_order.py:4: PytestUnknown
MarkWarning: Unknown pytest.mark.run - is this a typo?  You can register
custom marks to avoid this warning - for details, see https://docs.pytest.
org/en/latest/mark.html
    @pytest.mark.run(order=2)

test_order.py:9
  /Users/tony/www/autoTestBook/8/8.1/8.1.4/test_order.py:9: PytestUnknown
MarkWarning: Unknown pytest.mark.run - is this a typo?  You can register
custom marks to avoid this warning - for details, see https://docs.pytest.
org/en/latest/mark.html
    @pytest.mark.run(order=1)

-- Docs: https://docs.pytest.org/en/latest/warnings.html
==================== 2 passed, 2 warnings in 0.02s ====================
```

8.2　pytest 的基本用法

关于 pytest 的基本用法在 8.1 节中也列举了一些，本节将总结一下 pytest 的基础用法。在介绍 pytest 的基本用法之前，首先要了解测试用例的编写规则，具体如下：

- 测试用例文件名以 test_*.py 开头（以_test 结尾也可以）。
- 测试类以 Test*开头并且不能带有_init_方法。
- 测试类方法以 test_*开头。

例如，执行某个测试文件，命令如下：

```
pytest test_*.py
```

单独执行某个测试用例，命令如下：

```
pytest test_*.py::test_*
```

标记策略的方法总结如下：

- 注解@pytest.mark.level1 用于标记和分类用例。
- 注解@pytest.mark.run(order=1)用于标记用例的执行顺序（需要安装 pytest-ordering）。
- 注解@pytest.mark.skipif/xfail 用于标记用例在指定条件下跳过或直接执行失败。
- 注解@pytest.mark.usefixtures()来标记使用指定的 fixture（测试准备及清理方法），fixture 是 pytest 在执行被测试方法之前执行的外壳函数。
- 参数化标记，使用@pytest.mark.parametrize 注解。
- pytest.mark.timeout(60)用于标记超时时间（需要安装 pytest-timeout）。
- @pytest.mark.flaky(reruns=5, reruns_delay=1)用于标记失败“重跑”次数（需要安装 pytest-rerunfailures）。

要执行这些注解和测试用例，需要使用 pytest 命令。在执行 pytest 命令时有很多参数可以选择，笔者整理的常用参数如下：

- -m：标记的名称。例如，有一个@pytest.mark.slow 注解，如果只执行被@pytest.mark.slow 注解的方法，那么需要使用 pytest -m slow 命令。
- -v：执行 pytest 命令时输出详细信息，完整命令是 pytest -v。
- -q：执行 pytest 命令时输出简化信息，完整命令是 pytest -q。
- --tb=no：关闭错误信息回溯，完整命令是 pytest --tb=no。
- --tb=line：错误信息回溯的发生错误的那一行，完整命令是 pytest --tb=line。

综合使用上述参数，可以让执行 pytest 命令的输出结果更合理，更方便调试和排查问题。

8.2.1　断言

程序员在编写代码时一般都会做一些假设，断言就用于在代码中捕捉这些假设。可以将断言视为异常处理的一种高级形式。具体语法如下：

```
assert(<表达式>)
```

其中，表达式可以是 a==b、a!=b、a>b、a<b 等。简而言之，可以进行==、！=、+、-、

*、/、<=、>=，以及 is True、is False、is not True、is not False、in、not in 等判断。

下面编写一个简单的脚本来完成各种断言，代码如下：

```
import pytest
def add(a,b):
    return a + b

def is_prime(n):
    if n <= 1:
        return False
    for i in range(2,n):
        if n % i == 0:
            return  False
        return True

def test_add_1():
    '''测试相等'''
    assert add(3,4) == 7

def test_add_2():
    '''测试不相等'''
    assert add(12,3)  != 16

def test_add_3():
    '''测试小于或等于'''
    assert add(17,22)  <= 50

def test_add_4():
    '''测试大于或等于'''
    assert add(17,22)  >=38

def test_in():
    '''测试包含'''
    a = 'hello'
    b = 'he'
    assert b in a

def test_not_in():
    '''测试不包含'''
    a = 'hello'
    b = 'hi'
    assert b not in a

def test_true_1():
    '''判断是否为 True'''
    assert is_prime(13)  is True

def test_true_2():
    '''判断是否为 True'''
    assert is_prime(7)  is True
```

```
def test_true_3():
    '''判断是否不为 True'''
    assert is_prime(4) is not True


def test_true_4():
    '''判断是否不为 True'''
    assert is_prime(6) is not True

def test_false_1():
    '''判断是否为 False'''
    assert is_prime(8) is False

if __name__ == '__main__':
pytest.main()
```

8.2.2　异常处理

在使用断言的过程中时常会出现异常，例如输入一些特定数据时会抛出特定的异常。对于特定的异常，可以进一步处理，让用例执行成功。

对于特定异常的断言，可以使用 pytest.raises()进行处理。例如，下面的例子用于判断是否是闰年，代码如下：

代码 8.6　8/8.2/8.2.2/is_leap_year.py

```
# -*-coding:utf-8-*-

def is_leap_year(year):
    # 先判断 year 是否为整数
    if isinstance(year, int) is not True:
        raise TypeError("传入的年份参数不是整数")
    elif year <= 0:
        raise ValueError("公元元年是从公元纪年开始算起！")
    elif (year % 4 ==0 and year % 100 != 0) or year % 400 == 0:
        print("%d 年是闰年" % year)
        return True
    else:
        print("%d 年不是闰年" % year)
        return False
```

然后编写测试类引入上面的 is_leap_year 模块，具体代码如下：

代码 8.7　8/8.2/8.2.2/test_years.py

```
# -*-coding:utf-8-*-

import sys
sys.path.append(".")
```

```
import pytest
import is_leap_year

class TestYear():
    def test_some_exception(self):
        with pytest.raises(ValueError) as ex:
            is_leap_year.is_leap_year(-1)

        assert "从公元纪年开始" in str(ex.value)
        assert ex.type == ValueError
```

执行 pytest test_years.py 命令，输出结果如下：

```
========================= test session starts ==========================
platform darwin -- Python 3.7.4, pytest-5.4.1, py-1.8.1, pluggy-0.13.1
rootdir: /Users/tony/www/autoTestBook/8/8.2/8.2.2
plugins: assume-2.2.1, html-2.1.1, metadata-1.8.0
collected 1 item
test_years.py .[100%]

========================= 1 passed in 0.01s ============================
```

总的来说，断言的使用非常简单，除了将异常信息存储到变量中之外，也可以对输出信息进行断言判断，当异常类型和异常输出信息同时匹配成功时，才让该用例执行成功。除此之外，还可以使用标记（注解）的方式进行异常断言判断，标记如下：

```
pytest.mark.xfail(raises=xxx)
```

8.2.3　执行测试和参数设置

执行测试用例可以设置不同的参数，在前面的例子中也列举并用到了一些参数，这里具体总结一下。为了方便理解，以下面这个脚本为测试脚本来配合参数的使用。

代码 8.8　8/8.2/8.2.3/test_example.py

```
# -*-coding:utf-8-*-

import pytest


class TestExample():

    def test_run_all(self):
        assert ("install" == "install")

    def test_pick_me(self, x):
        x = 'ycy'
        assert "superstar" in x
```

```
    def test_add(self):
        sum_result = 10 + 5
        assert 16 == sum_result
```

1．参数-s

参数-s 用于输出用例中的调试语句，即用例运行过程中执行代码中的 print()函数，执行命令如下：

```
pytest -s test_example.py
```

输出结果如下：

```
========================= test session starts ==========================
platform darwin -- Python 3.7.4, pytest-5.4.1, py-1.8.1, pluggy-0.13.1
rootdir: /Users/tony/www/autoTestBook/8/8.2/8.2.3
plugins: assume-2.2.1, html-2.1.1, metadata-1.8.0
collected 3 items

test_example.py .EF
.....
TestExample.test_pick_me ______________________________________________
.... ple.py, line 11
      def test_pick_me(self, x):
E       fixture 'x' not found
>       self = <test_example.TestExample object at 0x103d14990>
......(省略部分堆栈报错)
    def test_add(self):
        sum_result = 10 + 5
>       assert 16 == sum_result
E       assert 16 == 15

test_example.py:17: AssertionError
====================== short test summary info =======================
FAILED test_example.py::TestExample::test_add - assert 16 == 15
ERROR test_example.py::TestExample::test_pick_me
================= 1 failed, 1 passed, 1 error in 0.06s ================
(venv) ➜  8.2.3
```

2．参数 -q

q 代表 quiet 的意思，就是最简化输出执行结果。命令及输出结果如下：

```
pytest -q test_example.py
.EF[100%]
================================ ERRORS =================================
______________ ERROR at setup of TestExample.test_pick_me ______________
file /Users/tony/www/autoTestBook/8/8.2/8.2.3/test_example.py, line 11
      def test_pick_me(self, x):
E       fixture 'x' not found
>       available fixtures: cache, capfd, capfdbinary, caplog, capsys,
capsysbinary, doctest_namespace, extra, metadata, monkeypatch, pytestconfig,
```

```
record_property, record_testsuite_property, record_xml_attribute, recwarn,
tmp_path, tmp_path_factory, tmpdir, tmpdir_factory
>       use 'pytest --fixtures [testpath]' for help on them.

/Users/tony/www/autoTestBook/8/8.2/8.2.3/test_example.py:11
============================== FAILURES ===============================
________________________ TestExample.test_add _________________________

self = <test_example.TestExample object at 0x10c0d3fd0>

    def test_add(self):
        sum_result = 10 + 5
>       assert 16 == sum_result
E       assert 16 == 15

test_example.py:17: AssertionError
======================= short test summary info =======================
FAILED test_example.py::TestExample::test_add - assert 16 == 15
ERROR test_example.py::TestExample::test_pick_me
1 failed, 1 passed, 1 error in 0.05s
```

可以看出，输出结果更加简洁、直观，非常适合在查看最终结果时使用。

3．参数 --collect-only

参数--collect-only 可以收集将要执行的用例，但不会执行该用例，命令及输出结果如下：

```
pytest --collect-only test_example.py
======================== test session starts =========================
platform darwin -- Python 3.7.4, pytest-5.4.1, py-1.8.1, pluggy-0.13.1
rootdir: /Users/tony/www/autoTestBook/8/8.2/8.2.3
plugins: assume-2.2.1, html-2.1.1, metadata-1.8.0
collected 3 items
<Module test_example.py>
<Class TestExample>
<Function test_run_all>
<Function test_pick_me>
<Function test_add>

======================== no tests ran in 0.01s ========================
```

4．参数 -k [参数列表]

参数-k 表示运行脚本中包含关键词的用例，如执行脚本中的函数等。例如，要执行脚本中的 run_all()函数，命令如下：

```
pytest --collect-only -k "run_all"
```

输出结果如下：

```
======================== test session starts =========================
platform darwin -- Python 3.7.4, pytest-5.4.1, py-1.8.1, pluggy-0.13.1
```

```
rootdir: /Users/tony/www/autoTestBook/8/8.2/8.2.3
plugins: assume-2.2.1, html-2.1.1, metadata-1.8.0
collected 3 items / 3 deselected

========================= 3 deselected in 0.01s ==========================
```

5. 参数 -maxfail=num

参数-maxfail 用于设置最大失败次数，如果超过设置限制则会立即停止。执行命令如下：

```
pytest --maxfail=3
```

6. 参数 -x

参数-x 表示当用例运行失败时立即停止执行脚本，执行命令如下：

```
pytest -x test_example.py
```

输出结果如下：

```
======================== test session starts =========================
platform darwin -- Python 3.7.4, pytest-5.4.1, py-1.8.1, pluggy-0.13.1
rootdir: /Users/tony/www/autoTestBook/8/8.2/8.2.3
plugins: assume-2.2.1, html-2.1.1, metadata-1.8.0
collected 3 items

test_example.py .E

================================ ERRORS ================================
______________ ERROR at setup of TestExample.test_pick_me ______________
file /Users/tony/www/autoTestBook/8/8.2/8.2.3/test_example.py, line 11
     def test_pick_me(self, x):
E       fixture 'x' not found
>       available fixtures: cache, capfd, capfdbinary, caplog, capsys,
capsysbinary, doctest_namespace, extra, metadata, monkeypatch, pytestconfig,
record_property, record_testsuite_property, record_xml_attribute, recwarn,
tmp_path, tmp_path_factory, tmpdir, tmpdir_factory
>       use 'pytest --fixtures [testpath]' for help on them.

/Users/tony/www/autoTestBook/8/8.2/8.2.3/test_example.py:11
====================== short test summary info ======================
ERROR test_example.py::TestExample::test_pick_me
!!!!!!!!!!!!!!!!!!!!!!!!!!!!!!!! stopping after 1 failures !!!!!!!!!!!!
!!!!!!!!!!!!!!!!!!!!
==================== 1 passed, 1 error in 0.02s =====================
```

7. 参数 --tb=选项

参数“--tb=选项”可以选择的选项有 auto、long、short、no、line、native，表示用例运行失败时展示错误信息的详细程度。

8．参数 --ff （--failed first）

参数--ff 表示先执行上一次失败的测试用例，然后再执行上一次通过的测试用例，命令及输出结果如下：

```
pytest --ff test_example.py
========================= test session starts =========================
platform darwin -- Python 3.7.4, pytest-5.4.1, py-1.8.1, pluggy-0.13.1
rootdir: /Users/tony/www/autoTestBook/8/8.2/8.2.3
plugins: assume-2.2.1, html-2.1.1, metadata-1.8.0
collected 3 items
run-last-failure: rerun previous 2 failures first

test_example.py EF.[100%]

================================ ERRORS ================================
_____________ ERROR at setup of TestExample.test_pick_me ______________
file /Users/tony/www/autoTestBook/8/8.2/8.2.3/test_example.py, line 11
     def test_pick_me(self, x):
E       fixture 'x' not found
>       available fixtures: cache, capfd, capfdbinary, caplog, capsys,
capsysbinary, doctest_namespace, extra, metadata, monkeypatch, pytestconfig,
record_property, record_testsuite_property, record_xml_attribute, recwarn,
tmp_path, tmp_path_factory, tmpdir, tmpdir_factory
>       use 'pytest --fixtures [testpath]' for help on them.

/Users/tony/www/autoTestBook/8/8.2/8.2.3/test_example.py:11
=============================== FAILURES ===============================
________________________ TestExample.test_add _________________________

self = <test_example.TestExample object at 0x1031cfe50>

   def test_add(self):
       sum_result = 10 + 5
>       assert 16 == sum_result
E       assert 16 == 15

test_example.py:17: AssertionError
======================= short test summary info =======================
FAILED test_example.py::TestExample::test_add - assert 16 == 15
ERROR test_example.py::TestExample::test_pick_me
================= 1 failed, 1 passed, 1 error in 0.05s ================
```

9．参数--durations=num -vv

当 num 为 0 时则倒序显示所有的用例，为具体值时则显示耗时最长的对应该数量的用例；-vv 显示持续时间为 0s 的用例。执行 pytest 命令的输出结果会按执行用例耗时时长（按从长到短的次序）来显示，可用于调优测试代码。

10．参数-r option

参数-r option 用于生成指定需求的简略报告，如图 8.2 所示。

```
test_example.py .EF

=========================================== ERRORS ===========================================
_____________________________ ERROR at setup of TestExample.test_pick_me _____________________
file /Users/tony/www/autoTestBook/8/8.2/8.2.3/test_example.py, line 11
      def test_pick_me(self, x):
E       fixture 'x' not found
>       available fixtures: cache, capfd, capfdbinary, caplog, capsys, capsysbinary, doctest_namespace, extra, metadata,
d_xml_attribute, recwarn, tmp_path, tmp_path_factory, tmpdir, tmpdir_factory
>       use 'pytest --fixtures [testpath]' for help on them.

/Users/tony/www/autoTestBook/8/8.2/8.2.3/test_example.py:11
========================================== FAILURES ==========================================
___________________________________ TestExample.test_add _____________________________________

self = <test_example.TestExample object at 0x110c3a590>

    def test_add(self):
        sum_result = 10 + 5
>       assert 16 == sum_result
E       assert 16 == 15

test_example.py:17: AssertionError
================================== short test summary info ===================================
ERROR test_example.py::TestExample::test_pick_me
FAILED test_example.py::TestExample::test_add - assert 16 == 15
PASSED test_example.py::TestExample::test_run_all
============================ 1 failed, 1 passed, 1 error in 0.11s ============================
```

图 8.2　简略结果报告图表

8.2.4　对测试结果进行分析和处理

对于测试结果，一般情况下建议做可视化处理。推荐使用 Allure 集成 pytest 来实现测试结果的可视化，效果非常好。

Allure 是一款开源的、轻量级的测试报告框架，使用简单，集成方便，支持大多数主流的测试框架，如 pytest、TestNG 和 JUnit 等。

作为 pytest 的插件，Allure 的安装方法非常简单，命令如下：

```
pip install allure-pytest
```

要使 Allure 侦听器能够在测试执行期间收集结果，只需要添加--alluredir 选项，并提供指向存储结果的文件夹路径即可，命令如下：

```
pytest --alluredir=/tmp/my_allure_results
```

如果要在测试完成后查看实际报告，则需要使用 allure 命令生成报告，命令如下：

```
allure serve /tmp/my_allure_results
```

这个命令会在默认的浏览器中显示生成的测试报告，十分方便。

下面列举一个改造的官方文档，代码如下：

代码 8.9　8/8.2/8.2.4/test_allure.py

```
import pytest

def test_success():
"""this test succeeds"""
    assert True


def test_failure():
"""this test fails"""
    assert False


def test_skip():
"""this test is skipped"""
    pytest.skip('for a reason! Miss it')


def test_broken():
raise Exception('oh, just broken')
```

执行该脚本，命令如下：

```
pytest --alluredir=/Users/tony/www/autoTestBook/8/8.2/8.2.4/run_result
```

输出结果如下：

```
========================= test session starts ==========================
platform darwin -- Python 3.7.4, pytest-5.4.1, py-1.8.1, pluggy-0.13.1
rootdir: /Users/tony/www/autoTestBook/8/8.2/8.2.4
plugins: allure-pytest-2.8.12, assume-2.2.1, ordering-0.6
collected 4 items
test_allure.py .FsF[100%]

============================== FAILURES ===============================
_____________________________ test_failure ____________________________

    def test_failure():
"""this test fails"""
>       assert False
E       assert False

test_allure.py:10: AssertionError
_____________________________ test_broken _____________________________

    def test_broken():
>       raise Exception('oh, just broken')
E       Exception: oh, just broken

test_allure.py:19: Exception
======================= short test summary info =======================
```

```
FAILED test_allure.py::test_failure - assert False
FAILED test_allure.py::test_broken - Exception: oh, just broken
================ 2 failed, 1 passed, 1 skipped in 0.07s ===============
```

然后执行以下命令：

```
allure serve /Users/tony/www/autoTestBook/8/8.2/8.2.4/run_result
```

此时系统会自动打开默认的浏览器，笔者的是 Chrome 浏览器，之后会在页面上显示测试执行结果，如图 8.3 所示。

图 8.3　Allure 显示页面

单击 Show all 按钮，可以看到用例函数的执行详情，如图 8.4 所示。

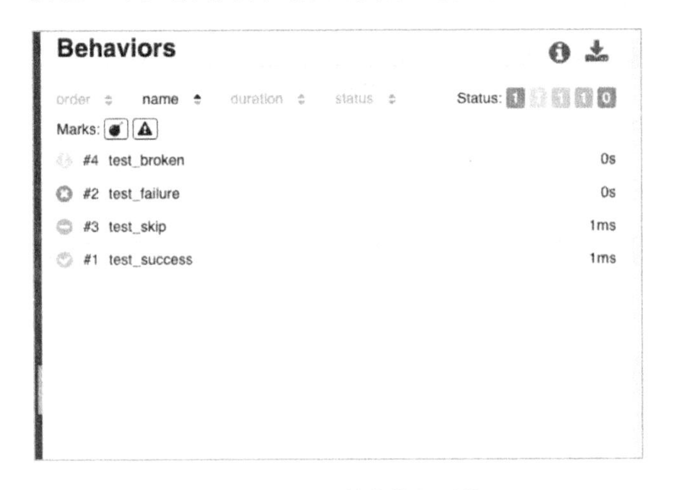

图 8.4　用例函数的执行详情

选择图 8.4 中的 test_skip，页面右侧会出现详情展示，如图 8.5 所示。

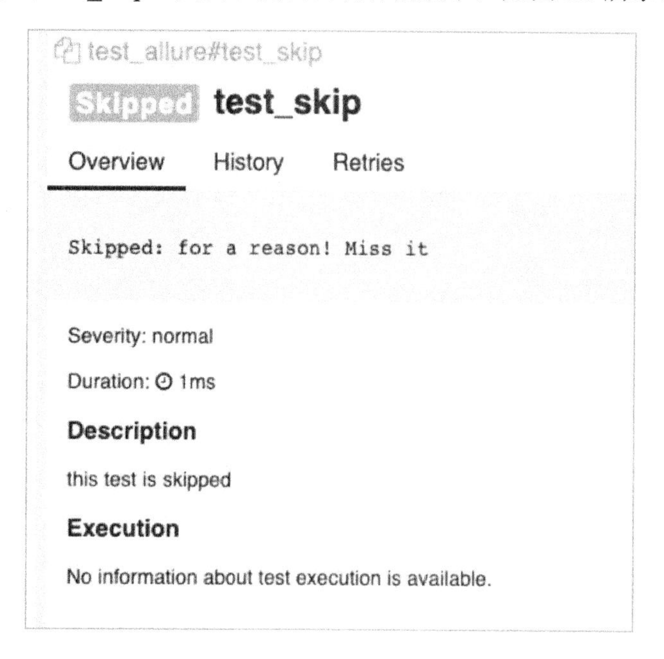

图 8.5　test_skip 执行详情图

从图 8.5 中可以看到运行消耗的时间和输出结果，还可以看到历史执行记录和重试选择信息。由此可以看出 Allure 的 GUI（图形用户界面）十分直观、方便。

除了可以使用上面的 GUI 方式单独执行某个特定的测试步骤之外，还有另外一种方法可以直接调用指定的测试步骤，那就是使用标记注解，具体的标记命令如下：

```
@allure.step('Start with some function in the tile, postitional: "{0}",
keyword: "{key}"')
```

完整的用例代码如下：

代码 8.10　8/8.2/8.2.4/test_process.py

```
# -*-coding:utf-8-*-
import allure


@allure.step('Start with some function in the tile, postitional: "{0}",
keyword: "{key}"')
def step_with_title_fun1(arg1, key=None):
    pass


def test_steps_with_fun():
    step_with_title_fun1(1, key="hello")
```

```
    step_with_title_fun1(2)
step_with_title_fun1(3, "China")
```

运行脚本后，生成的结果如图 8.6 所示。

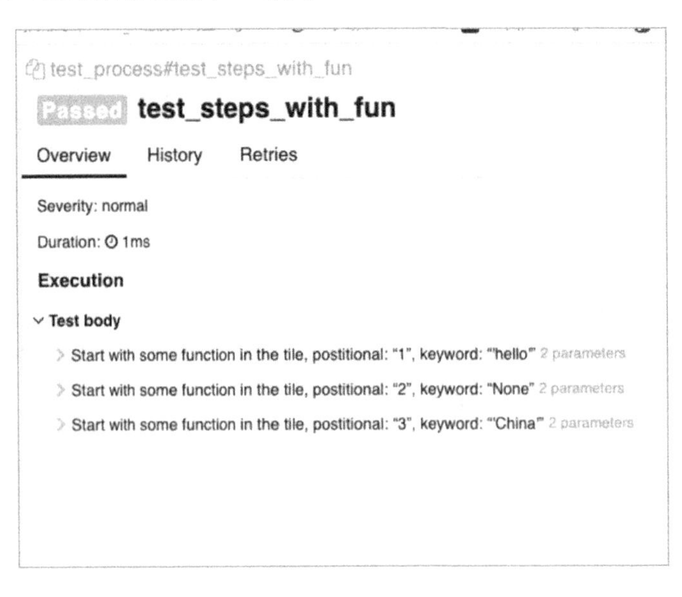

图 8.6　test_steps_with_fun 结果图

除了以上介绍的几种 pytest 的基本用法之外，还有一些非常规用法，读者可以参考官方文档进一步学习。

8.3　pytest 进阶之 conftest 的使用

conftest 的作用范围是当前目录及所属子目录里的相关测试模块。例如，在测试项目的根目录下创建 conftest.py 文件，而文件中 fixture 的作用范围（测试用例执行前的准备工作和测试用例执行后的清理工作）是作用域内的所有测试模块。如果在某个单独的测试文件夹下创建 conftest.py 文件，则该文件中 fixture 的作用范围就仅局限于该测试文件夹里的测试模块，而该测试文件夹以外的测试模块或者该测试文件夹之外的测试文件夹，则无法调用这个 conftest.py 文件中的 fixture。

注意：如果测试根目录和测试子目录下都有 conftest.py 文件，并且这两个 conftest.py 文件中都有一个同名的 fixture，那么测试子目录中的测试用例使用这个同名的 fixture 时，实际使用的是测试子目录下 conftest.py 文件中的 fixture。

下面举一个稍微复杂一些的例子。假设有一个项目的目录结构如下：

```
web_test_py
├─ soso
│  │  conftest.py
│  │  test_1_soso.py
│  │  __init__.py
│
│
├─wordpress
│  │  conftest.py
│  │  test_2_wordpress.py
│  │  __init__.py
│
│  conftest.py
│  __init__.py
```

其中，根目录下的 conftest.py 文件代码如下：

代码 8.11　8/8.3/web_test_py/conftest.py

```
# -*-coding:utf-8-*-
import pytest


@pytest.fixture(scope="session")
def start():
    print("打开 home page")
```

先编写 soso 文件夹里的 conftest.py 文件，代码如下：

代码 8.12　8/8.3/web_test_py/soso/conftest.py

```
# -*-coding:utf-8-*-

import pytest


@pytest.fixture(scope="session")
def open_soso():
print("打开 soso 页面_session")
```

soso 文件夹下的 test_1_soso.py 文件也很简单，代码如下：

```
# -*-coding:utf-8-*-

import pytest


def test_01(start, open_soso):
    print("测试用例 test_1")
    assert 1
```

```
def test_02(start, open_soso):
    print("测试用例 test_2")
    assert 1


if __name__ == "__main__":
    pytest.main(["-s", "test_1_soso.py"])
```

运行 test_1_soso.py 文件，其中的 start 和 open_soso 方法只运行了一次，属于会话级别。输出结果如下：

```
python test_1_soso.py
========================= test session starts ==========================
platform darwin -- Python 3.7.4, pytest-5.4.1, py-1.8.1, pluggy-0.13.1
rootdir: /Users/tony/www/autoTestBook/8/8.3/web_test_py/soso
plugins: assume-2.2.1, html-2.1.1, metadata-1.8.0
collected 2 itemstest_1_soso.py 打开 home page
打开 soso 页面_session
测试用例 test_1
.测试用例 test_2
.

========================== 2 passed in 0.01s ===========================
```

再编写 wordpress 文件夹下的 conftest.py 文件，代码如下：

代码 8.13　8/8.3/web_test_py/wordpress/conftest.py

```
# -*-coding:utf-8-*-

import pytest


@pytest.fixture(scope="function")
def open_wordpress():
    print("打开 wordpress 页面_function")
```

然后编写被 conftest.py 测试的同级目录下的 test_2_wordpress.py 文件，代码如下：

代码 8.14　8/8.3/web_test_py/wordpress/test_2_wordpress.py

```
import pytest

def test_03(start, open_blog):
    print("测试用例 test_03")
    assert 1

def test_04(start, open_blog):
    print("测试用例 test_04")
```

```
    assert 1

def test_05(start, open_baidu):
    '''跨模块调用 baidu 模块下的 conftest'''
    print("测试用例 test_05,跨模块调用 baidu")
    assert 1

if __name__ == "__main__":
pytest.main(["-s", "test_2_blog.py"])
```

test_05(start, open_baidu)用例不能跨模块调用 baidu 模块下的 open_baidu，所以 test_05 用例会运行失败。

执行以上脚本，输出结果如下：

```
 python test_2_wordpress.py
======================== test session starts =========================
platform darwin -- Python 3.7.4, pytest-5.4.1, py-1.8.1, pluggy-0.13.1
rootdir: /Users/tony/www/autoTestBook/8/8.3/web_test_py/wordpress
plugins: assume-2.2.1, html-2.1.1, metadata-1.8.0
collected 3 items
test_2_wordpress.py 打开 home page
打开 wordpress 页面_function
测试用例 test_03
.打开 wordpress 页面_function
测试用例 test_04
.E

=============================== ERRORS ===============================
______________________ ERROR at setup of test_05 _____________________
file /Users/tony/www/autoTestBook/8/8.3/web_test_py/wordpress/test_2_
wordpress.py, line 13
  def test_05(start, open_soso):
E       fixture 'open_soso' not found
>       available fixtures: cache, capfd, capfdbinary, caplog, capsys,
capsysbinary, doctest_namespace, extra, metadata, monkeypatch, open_
wordpress, pytestconfig, record_property, record_testsuite_property,
record_xml_attribute, recwarn, start, tmp_path, tmp_path_factory, tmpdir,
tmpdir_factory
>       use 'pytest --fixtures [testpath]' for help on them.

/Users/tony/www/autoTestBook/8/8.3/web_test_py/wordpress/test_2_wordpress.
py:13
====================== short test summary info =======================
ERROR test_2_wordpress.py::test_05
===================== 2 passed, 1 error in 0.03s =====================
```

8.4　其他单元测试框架

单元测试框架是为了更好地进行单元测试，并可以量化测试结果，方便开发者优化代码，以及对实现功能进行查漏补缺。

市场上流行的单元测试框架有以下几种。

- unittest：Python 自带，是最基础的单元测试框架。
- nose：基于 unittest 开发，易用性好，有许多插件。
- pytest：同样基于 unittest 开发，易用性好，信息更详细，插件众多。
- Robot Framework：一款基于 Python 语言的关键字驱动测试框架，功能完善，自带报告及日志，界面清晰、美观。

这些框架的对比见表 8.2。

表 8.2　不同单元测试框架对比

项　目	unittest	nose	pytest	Robot Framework
用例编写	继承 unittest.TestCase 类，需要组织和构建各种用例测试前的测试环境，testSuite断言种类很多，使用比较复杂	命名以test开头的方法即可	命名以test开头的方法即可	编写文本文件作为参数来运行
执行器	run_all_tests+discover +CommandParser	nosetests /path/to/ script_name	pytest /path/to/script_ name	pyrobot /path/to/ script_name
用例发现	支持	支持	支持	支持
跳过用例	unittest.skip()unittest.skipIf()raise uniitest.SkipTest	from nose.plugins. skip import Skip Testraise SkipTest	@pytest.mark.skipif (condition)@pytest.mark. xfail	支持，可进行可视化设置
参数化	结合ddt使用	结合ddt使用	@pytest.mark.parametrize ("a,b,expected", testdata)def test_timedistance_v0(a, b, expected):diff = a - bassert diff == expected	[Template] 1 2 3 4
报告	HTMLTestRunner	pip install nose-htmloutput--with-html --html-file=	pip install -U pytest-htmlpy. test --html=./report. html	支持，默认自动生成
Fixtures	setUp/tearDown@classmethodsetUpClass...	支持	@pytest.fixture(session= "session", autouse=True) fixture的作用域：function、module、session，autouse= True使函数默认执行	[Setup] ...[Teardown] ...

（续）

项　目	unittest	nose	pytest	Robot Framework
用例标签	借助unittest.skip()+comandParser实现	tags attrib标签from nose.plugins. attrib import attr @attr(speed='slow') def test_big_download(): pass$ nosetests -a speed= slow	@pytest.mark.webtest 自定义一个mark（测试方法的标记），然后执行py.test -v -m webtest命令，表示只运行标记了 webtest的函数，执行py.test -v -m "not webtest" 命令运行未标记webtest的函数	[Tags] test level1 pybot -i/--include tagName C:\TF-Testpybot -e/--exculde level1 *.robot排除
日志生成	自行实现	--nologcapture表示不使用日志格式输出。 --logging-datefmt=FORMAT表示使用自定义的格式显示日志。 --logging-filter=FILTER为日志过滤，一般很少用，可以不用关注。 --logging-clear-handlers也可以不用关注。 --logging-level=DEFAULT log，等级定义	pytest test_add.py --resultlog=./log.txtpytest test_add.py --pastebin=all	支持，默认自动
失败用例“重跑”	无	nosetests -v --failed	pip install -U pytest-rerunfailures@pytest.mark.flaky(reruns=5)py.test –rerun =3	robot --rerunfailed
并发	改造unittest使用协程并发，或使用线程池+Beautiful Report	命令行并发	pytest-xdist：分发到不用的CPU或机器上	命令行并发

总体来说，unittest 框架的使用比较简单，对于二次开发十分方便，适合有经验的开发者使用；pytest 和 nose 框架更加方便、简洁，开发效率更高，适合初学者及追求效率的团队和个人使用；Robot Framework 框架可以生成可视化的报告，易用性更好，但灵活性及可定制性相对较差。

本章主要介绍 pytest 框架，笔者认为 pytest 单元测试框架有诸多的优点，足够满足工程师的日常测试开发需求。如果读者还想学习其他框架，推荐 nose 框架，它也是目前主流的单元测试框架。

8.5　小　　结

本章主要介绍了单元测试的相关知识，以及 pytest 框架的安装和使用。本章的要点概括如下：

（1）单元测试可以保障最小可运行逻辑单元的正确性。

（2）pytest 的断言和标记语言可以处理从简单到复杂的任何测试用例。

（3）对执行测试用例过程中出现的异常应进行合理判断和处理，设置输出结果生成的报告形式。

（4）选择框架要选择“生态”更好的框架。所谓好的生态，是指有良好的技术支持、完备的文档、持续的补丁计划、用户数量庞大。不用一味求新或者一味注重学习难度。

第2篇 Python 自动化测试实战

第 9 章　基于 RESTful API 的自动化测试案例

本章将结合之前学习的知识，选择一个完整功能的接口服务进行自动化测试。基于接口的测试，需要通过多种工具和技术来实现。本章将详细介绍一个基于 RESTful API 的自动化测试案例的实现过程。

9.1　RESTful API 简介

RESTful API 是互联网时代最流行的通信架构，其结构清晰，传输数据高效，因此越来越多地应用于 Web 服务。REST 是 2000 年 Roy Thomas Fielding 在他的博士论文中提出的，即 Representational State Transfer 的缩写，意思是表现层状态转化。

“表现层”其实指的是“资源”（resource）的“表现层”。所谓资源，就是网络上的一个实体，可以是一段文本，一张图片，一段视频，或一种服务。

客户端为了获取资源或操作资源，需要通过 HTTP 发送请求。目前有 4 种请求方式，分别为 POST、GET、PUT 和 DELETE。其中，GET 用于资源获取操作，POST 用于新建资源，PUT 用于更新资源，DELETE 用于删除资源。

常见的 RESTful 架构如图 9.1 所示。用户从客户端发起不同类型的 HTTP 请求，API 服务器请求并获取数据库资源，然后继续完成其他业务操作。由于数据库不是本章的重点，因此在图 9.1 中被隐去。

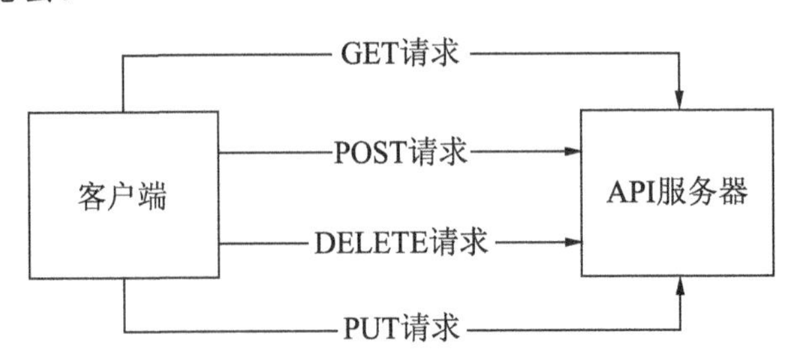

图 9.1　RESTful API 架构图

了解了 RESTful API 的架构后，再介绍一下 RESTful 的设计风格。RESTful 的设计风格主要体现在请求的网址上。那么符合 RESTful 设计风格的请求网址是什么样的呢？举一个简单的例子：原始网址为/get_user?id=3，改为符合 RESTful 设计风格的 URL，结果为/user/3，改后的结构和语义更加清晰。

为了进一步讲解 RESTful API 的设计和实现方法，本章针对用户登录后的文章管理模块进行测试，然后再搭建一个自制的自动化框架。

针对文章管理模块设计一个完整的 API 非常简单，初步的构想如表 9.1 所示。

表 9.1　文章API设计

请求路径	含　义
GET /articles	列出所有文章
POST /articles	新建一篇文章
GET /articles/ID	获取某个指定ID的文章
PUT /articles/ID	更新某个指定ID的文章
PATCH /articles/ID	更新某个指定ID文章的部分信息
DELETE /articles/ID	删除某个指定ID的文章

这里的文章 API 设计仅作为设计思路展示，后续具体实现时可以在此基础上进行调整。

9.2　接口分析

本项目是用 Flask 搭建的 RESTful API 项目，只有一个启动脚本文件，命名为 app.py，代码如下：

代码 9.1　9/9.2/rest_api_test/app.py

```
from flask import Flask, jsonify, abort, request

app = Flask(__name__)

articles = [
    {
        'id': 1,
        'title': u'三重门',
        'author': u'韩寒',
        'price': 20
    },
    {
        'id': 2,
        'title': u'黄金时代',
```

```
        'author': u'王小波',
        'price': 35
    }
]


@app.route('/my_app/api/v1/articles', methods=['GET'])
def get_articles():
    # 获取所有文章的数据
    return jsonify({'articles': articles})


@app.route('/my_app/api/v1/articles/<int:id>', methods=['GET'])
def get_article_by_id(id):
    # 通过文章 ID 获取某篇文章
    for article in articles:
        if article['id'] == id:
            return jsonify({'article': article})
    abort(404)


@app.route('/my_app/api/v1/articles/', methods=['POST'])
def create_articles():
    # 创建文章
    if not request.form or not 'title' in request.form:
        abort(400)
    article = {
        'id': articles[-1]['id'] + 1,
        'title': request.form['title'],
        'author': request.form['author'],
        'price': request.form['price'],
    }
    articles.append(article)
    return jsonify({'book': article}), 201

@app.route('/my_app/api/v1/articles/<int:id>', methods=['PUT'])
def update_article_by_id(id):
    # 根据文章 ID 进行更新
    for article in articles:
        if article['id']==id:
            article["title"] = request.form['title']
            article["author"] = request.form['author']
            article["price"] = request.form['price']
        return jsonify({'articles': articles})
    abort(400)


@app.route('/my_app/api/v1/articles/<int:id>', methods=['DELETE'])
def delete_article(id):
    # 删除指定的文章
    for article in articles:
        if article['id'] == id:
            articles.remove(article)
            return jsonify({'result': True})
```

```
        abort(404)

    return jsonify({'result': True})


if __name__ == '__main__':
    app.run()
```

由于数据库存储不在本节介绍的范畴内，因此这里采用本地化变量存储，在上面的代码中使用数组 articles 存储文章数据。

执行 python app.py 命令，输出结果如下：

```
* Serving Flask app "app" (lazy loading)
 * Environment: production
   WARNING: This is a development server. Do not use it in a production
deployment.
   Use a production WSGI server instead.
 * Debug mode: off
 * Running on http://127.0.0.1:5000/ (Press CTRL+C to quit)
```

分析上面的代码，总结文章接口设计，如表 9.2 所示。

表 9.2　文章接口设计

接　　口	URL	方式和备注
获取所有文章接口	http://127.0.0.1:5000/my_app/api/v1/articles	使用GET请求方式
获取单个文章接口（通过ID查询文章）	http://127.0.0.1:5000/my_app/api/v1/articles/[ID]	使用GET请求方式
新增文章接口	http://127.0.0.1:5000/my_app/api/v1/articles	使用POST请求方式，参数为JSON格式的文章数据
删除指定的文章接口(通过ID查询文章)	http://127.0.0.1:5000/my_app/api/v1/articles/[ID]	使用DELETE请求方式，其中，ID为文章ID
更新文章接口	http://127.0.0.1:5000/my_app/api/v1/articles/[ID]	使用PUT请求方式，其中，ID为文章ID

总体来说，表 9.2 中对文章管理的各个功能都有所涉及，URL 的设计也应该遵守 RESTful API 的实际原则，体现资源的名词性（即资源尽量使用名词来表示，如文章就是 article）和可读性，通过不同的 HTTP 方法来区分不同的操作请求，通过“版本号/资源/参数”来定义标准化的 URL，使结构清晰。

其中，要特别讲到的是 PUT 和 DELETE 请求方式。PUT 用于更新数据中的一部分数据，因此在更新接口中采用了 PUT 请求方式。它与通常使用的 POST 请求方式不同，更强调修改的含义而不是新增操作，语义性更强。

DELETE 是 HTTP 1.1 之后新增的 HTTP 请求类型，专门用于删除请求。这些不同的请求类型可以通过编写脚本程序或者利用自动化工具来实现。当然 Linux 下的 cURL 命令也可以模拟上述所有类型的请求。

本节主要处理的就是这些接口，接下来需要针对不同的接口编写测试用例。

9.3　编写配置

为了后续对测试结果和相关数据进行采集，需要先做一些配置的代码编写工作，例如对需要记录的文章数据进行持久化存储，对请求接口的记录和返回结果进行存储等，这样可以方便后续分析和研究。

在前面的章节中我们学习了 MySQL 的使用，本章也采用 MySQL 作为数据库来存储相关的数据信息。首先编写一个 MySQL 操作类，代码如下：

代码 9.2　9/9.3/libs/SmartMySQL.py

```
#!/usr/bin/env python
# -*- coding: utf-8 -*-

import mysql.connector
import time, re
from mysql.connector import errorcode


class SmartMySQL:
"""Smart python class connects to MySQL. """

    # db 配置，如账号、密码和数据库名
    _dbconfig = None
    _cursor = None
    _connect = None
    # MySQL 错误码
    _error_code = ''
    # 30s 后的超时设置
    TIMEOUT_DEADLINE = 30
    TIMEOUT_THREAD = 10  # threadhold of one connect
    TIMEOUT_TOTAL = 0  # total time the connects have waste

    # 初始化
    def __init__(self, dbconfig):
        try:
            self._dbconfig = dbconfig
            self.check_dbconfig(dbconfig)
            self._connect = mysql.connector.connect(user=self._dbconfig
 ['user'], password=self._dbconfig['password'],
                                                  database=self._dbconfig['db'])
        except mysql.connector.Error as e:
            print(e.msg)
            if e.errno == errorcode.ER_BAD_DB_ERROR:
```

```
                print("Database dosen't exist, check it or create it")
            # 重试
            if self.TIMEOUT_TOTAL < self.TIMEOUT_DEADLINE:
                interval = 0
                self.TIMEOUT_TOTAL += (interval + self.TIMEOUT_THREAD)
                time.sleep(interval)
                self.__init__(dbconfig)
            raise Exception(e.errno)

        self._cursor = self._connect.cursor
        print("init success and connect it")

    # 检查数据库配置是否正确
    def check_dbconfig(self, dbconfig):
        flag = True
        if type(dbconfig) is not dict:
            print('dbconfig is not dict')
            flag = False
        else:
            for key in ['host', 'port', 'user', 'password', 'db']:
                if key not in dbconfig:
                    print("dbconfig error: do not have %s" % key)
                    flag = False
            if 'charset' not in dbconfig:
                self._dbconfig['charset'] = 'utf8'

        if not flag:
            raise Exception('Dbconfig Error')
        return flag

    # 执行 SQL
    def query(self, sql, ret_type='all'):
        try:
            self._cursor.execute("SET NAMES utf8")
            self._cursor.execute(sql)
            if ret_type == 'all':
                return self.rows2array(self._cursor.fetchall())
            elif ret_type == 'one':
                return self._cursor.fetchone()
            elif ret_type == 'count':
                return self._cursor.rowcount
        except mysql.connector.Error as e:
            print(e.msg)
            return False

    def dml(self, sql):
        '''update or delete or insert'''
        try:
            self._cursor.execute("SET NAMES utf8")
            self._cursor.execute(sql)
```

```
            self._connect.commit()
            type = self.dml_type(sql)
            if type == 'insert':
                return self._connect.insert_id()
            else:
                return True
        except mysql.connector.Error as e:
            print(e.msg)
            return False

    def dml_type(self, sql):
        re_dml = re.compile('^(?P<dml>\w+)\s+', re.I)
        m = re_dml.match(sql)
        if m:
            if m.group("dml").lower() == 'delete':
                return 'delete'
            elif m.group("dml").lower() == 'update':
                return 'update'
            elif m.group("dml").lower() == 'insert':
                return 'insert'
        print(
            "%s --- Warning: '%s' is not dml." % (time.strftime('%Y-%m-%d
%H:%M:%S', time.localtime(time.time())), sql))
        return False

    # 将结果转换为数组
    def rows2array(self, data):
        '''transfer tuple to array.'''
        result = []
        for da in data:
            if type(da) is not dict:
                raise Exception('Format Error: data is not a dict.')
            result.append(da)
        return result

    # close it
    def __del__(self):
        '''free source.'''
        try:
            self._cursor.close()
            self._connect.close()
        except:
            pass

    def close(self):
        self.__del__()
```

上面的代码中，SmartMySQL 类对 MySQL 的相关操作进行了封装，这样可以更方便地使用 MySQL。下面编写测试脚本来测试 SmartMySQL 类，代码如下：

代码 9.3　9/9.3/test/test_mysql.py

```
#!/usr/bin/env python
import sys
sys.path.append('../libs/')
from SmartMySQL import SmartMySQL

config = {
    'host': '127.0.0.1',
    'port': 3306,
    'user': 'xxx',                          # 改为你自己的用户名
    'password': 'xxx',                      # 改为你自己的密码
    'db': 'test_go'                         # 改为你自己要用的数据库
}
mysql_obj = SmartMySQL(config)
```

执行脚本，输出结果如下，表示连接数据库成功。

```
python test_mysql.py
init success and connect it
```

本章案例需要新创建一个数据库，命名为 for_python_test。因为对数据库的相关配置会反复用到该数据库，所以需要在一个单独的文件中编写连接 MySQL 的相关配置，代码如下：

代码 9.4　9/9.3/test/test_mysql.py

```
#!/usr/bin/env python
# -*- coding: utf-8 -*-

# 获取数据库的相关配置
def get_config():
    return {
        'host': '127.0.0.1',
        'port': 3306,
        'user': 'root',
        'password': '1234567qaz,TW',
        'db': 'for_python_test'
    }
```

然后编写初始化表的脚本，具体代码如下：

代码 9.5　9/9.3/database_seeds/create_tables.py

```
#!/usr/bin/env python
# -*- coding: utf-8 -*-

import sys
sys.path.append('../libs/')
from SmartMySQL import SmartMySQL
sys.path.append('../config/')
from dbconfig import get_config

create_article_sql = '''
CREATE TABLE `api_articles` (
  `id` int(11) unsigned NOT NULL AUTO_INCREMENT COMMENT '主键',
```

```
  `title` varchar(80) CHARACTER SET utf8mb4 COLLATE utf8mb4_bin NOT NULL
COMMENT '文章名',
  `author` varchar(80) CHARACTER SET utf8mb4 COLLATE utf8mb4_bin NOT NULL
COMMENT '作者名',
  `price` int(11) NOT NULL DEFAULT '0' COMMENT '价格',
  `created` int(11) DEFAULT NULL COMMENT '记录创建时间',
  `modified` int(11) DEFAULT NULL COMMENT '记录修改时间',
  PRIMARY KEY (`id`)
) ENGINE=InnoDB DEFAULT CHARSET=utf8mb4 COLLATE=utf8mb4_bin
'''

# 获取配置信息
db_config = get_config()

# print(" the db config is \r\n")
# print(db_config)
# exit(0)
create_request_log_sql = '''
CREATE TABLE `request_logs` (
  `id` int(11) unsigned NOT NULL AUTO_INCREMENT COMMENT '主键',
  `api_path` varchar(100) CHARACTER SET utf8mb4 COLLATE utf8mb4_bin NOT NULL
COMMENT '请求的接口地址',
  `http_method` varchar(6) CHARACTER SET utf8mb4 COLLATE utf8mb4_bin NOT
NULL COMMENT '请求方式，GET、POST、PUT、DELETE',
  `params` varchar(1000) CHARACTER SET utf8mb4 COLLATE utf8mb4_bin NOT NULL
COMMENT '参数，以 JSON 字符串形式存储',
  `response` varchar(500) CHARACTER SET utf8mb4 COLLATE utf8mb4_bin NOT NULL
COMMENT '返回结果文本',
  `assert_result` varchar(500) CHARACTER SET utf8mb4 COLLATE utf8mb4_bin
NOT NULL COMMENT '断言判断结果',
  `created` int(11) DEFAULT NULL COMMENT '记录创建时间',
  PRIMARY KEY (`id`)
) ENGINE=InnoDB DEFAULT CHARSET=utf8mb4 COLLATE=utf8mb4_bin
'''

mysql_obj = SmartMySQL(db_config)
mysql_obj.query(create_article_sql)
mysql_obj.query(create_request_log_sql)
```

执行该脚本即可生成 api_articles 表和 request_logs 表，其结构分别如表 9.3 和表 9.4 所示。

表 9.3　api_articles表结构设计

字段名	字段类型	长度	是否非空	默认值	索引	备注
id	int	11	是		主键	主键ID
title	varchar	80	是			文章标题
author	varchar	80	是			作者名
price	int	11	是	0		

（续）

字段名	字段类型	长度	是否非空	默认值	索引	备注
created	int	11	是			创建时间，UNIX时间戳
modified	int	11	是			修改时间，UNIX时间戳

表 9.4　request_logs表结构设计

字段名	字段类型	长度	是否非空	默认值	索引	备注
id	int	11	是		主键	主键ID
api_path	varchar	100	是			请求的接口地址
http_method	varchar	6	是			请求方式：GET、POST、PUT和DELETE
params	varchar	1000	是			参数，以JSON字符串的形式存储
response	varchar	500	是			返回结果文本
assert_result	varchar	500				断言判断结果
created	int	11	是			创建时间，UNXI时间戳

其中，request_logs 表的设计要结合实际工作需要，这里以记录传入参数和结果为主，读者可以自行设计具体的表结构。关于表的设计原则有很多，如第一范式和第三范式等，日志类信息由于比较规范，因此适合使用 MySQL 这种传统的关系型数据库进行有效存储，后期的筛选和汇总非常便捷。

除此之外还可以引入 log 日志工具类。Python 官方推荐 logging 模块用于引入 log 日志工具类。使用日志工具类可以进行日志记录工作。由于 logging 模块的配置过于灵活和烦琐，因此可以考虑将 logging 模块封装成一个工具类先行配置，这样可以减少代码的冗余，而且方便调用。具体代码如下：

代码 9.6　9/9.3/libs/my_logger.py

```
#! /usr/bin/env python
# coding=utf-8

import logging

'''
  基于 logging 封装操作类
  author: freephp
  date: 2020
'''
class My_logger:
```

```
    _logger = None

    '''
    初始化函数，主要用于设置命令行和文件日志的报错级别及参数
    '''
    def __init__(self, path, console_level=logging.DEBUG, file_level=
logging.DEBUG):
        self._logger = logging.getLogger(path)
        self._logger.setLevel(logging.DEBUG)
        fmt = logging.Formatter('[%(asctime)s] [%(levelname)s] %(message)s',
'%Y-%m-%d %H:%M:%S')

        # 设置命令行日志
        sh = logging.StreamHandler()
        sh.setLevel(console_level)
        sh.setFormatter(fmt)

        # 设置文件日志
        fh = logging.FileHandler(path, encoding='utf-8')
        fh.setFormatter(fmt)
        fh.setLevel(file_level)
        self._logger.addHandler(sh)
        self._logger.addHandler(fh)

    # 当级别为 debug 时的记录调用
    def debug(self, message):
        self._logger.debug(message)

    # 当级别为 info 时的记录调用
    def info(self, message):
        self._logger.info(message)

    # 当级别为 warning(警告)时的记录调用
    def warning(self, message):
        self._logger.warning(message)

    # 当级别为 error 时的记录调用
    def error(self, message):
        self._logger.error(message)

    # 当级别为 critical(严重错误)时的记录调用，类似于 PHP 中的 Fata Error
    def critical(self, message):
        self.logger.critical(message)

# if __name__ == '__main__':
#     logger = My_logger('./catlog1.txt')
#     logger.warning("FBI warning it\r\n")
```

上述脚本中，最后几行被注释的代码就是在展示用法，如果将注释去掉并执行该脚本，可以在同级目录下生成 catlog1.txt 文件，内容如下：

```
[2020-05-02 11:53:29] [WARNING] FBI warning it
```

由此可见，可以通过自定义设置得到想要的日志信息和内容，非常方便。其实所谓配置编写，更多的是“磨刀不误砍柴工”的前期准备工作，看似麻烦，但是一劳永逸，提升了后续工作的效率，也进一步提高了自己的编程能力。

可以看到，为了编写各种工具类及为数据库配置做准备，项目的目录已发生了一系列变化，如图 9.2 所示。

图 9.2　项目结构图

至此，配置的编写工作基本完成，下一步是测试数据的准备工作。

9.4　数据准备

针对文章的增、删、改、查接口，可以编写一些用例的数据。例如，测试文章内容，具体代码如下：

```
]# -*-coding:utf-8-*-

# 用于添加的文章数据
insert_data = [
    {
        'title': u'PHP 全书',
        'author': u'freephp',
        'price': 45
    },
    {
        'title': u'Python 自动化测试',
        'author': u'freephp',
        'price': 34
    },
    {
        'title': u'UNIX 编程',
        'author': u'鸟哥',
        'price': 97
    }
]
# 用于修改的文章数据
update_data = [
    {
        'id': 3,
        'title': u'PHP 全书',
        'author': u'高老师',
        'price': 55
    },
    {
```

```
        'id': 4,
        'title': u'Python 自动化测试',
        'author': u'freephp',
        'price': 40
    },
    {
        'id': 5,
        'title': u'UNIX 编程',
        'author': u'freephp',
        'price': 87
    }
]
```

根据删除接口的参数要求，只需要传递 ID 即可，相关脚本代码如下：

```
delete_ids = [1, 2]
```

后续可以利用这些数据对 RESTful API 进行逐一测试。

9.5　新增文章接口测试代码用例

首先编写新增文章接口的测试用例，还是使用 unittest 来做单元测试和断言工作，具体代码如下：

```
#! /usr/bin/env python
# coding=utf-8

import unittest
import requests
import json


class Api_Test(unittest.TestCase):
    _insert_data = None
    _insert_url = None

    # 用 setUp()来代替__init__，setUp()会在每一个用例执行前被自动执行
    def setUp(self) -> None:
        self._insert_data = [
            {
                'title': u'PHP 全书',
                'author': u'freephp',
                'price': 45
            },
            {
                'title': u'Python 自动化测试',
                'author': u'freephp',
                'price': 34
            },
            {
                'title': u'UNIX 编程',
```

```
                'author': u'鸟哥',
                'price': 97
            }
        ]

        self._insert_url = "http://127.0.0.1:5000/my_app/api/v1/articles"

    def test_insert(self):
        response = requests.post(self._insert_url, self._insert_data[0])
        # print(response.text)
        res_data = json.loads(response.text)
        self.assertEqual(res_data['book']['price'], '45')
        self.assertEqual(res_data['book']['author'], 'freephp')
```

执行结果如下：

```
/xxxk/venv/bin/python /Applications/PyCharm.app/Contents/helpers/pycharm/
_jb_unittest_runner.py --target insert_request.Api_Test.test_insert
Launching unittests with arguments python -m unittest insert_request.Api_
Test.test_insert in /Users/tony/www/autoTestBook/9/9.5



Ran 1 test in 0.020s

OK
```

如果把日志类和请求入库的相关代码加上，那么完整的代码如下：

代码 9.7　9/9.5/insert_request.py

```
#! /usr/bin/env python
# coding=utf-8

import unittest
import requests
import json
import sys
import time

sys.path.append('./libs/')
from SmartMySQL import SmartMySQL
from my_logger import My_logger

sys.path.append('./config/')
from dbconfig import get_config


class Api_Test(unittest.TestCase):
    _insert_data = None
    _insert_url = None

    # 用 setUp()来代替__init__, setUp()会在每一个用例执行前被自动执行
    def setUp(self) -> None:
        self._insert_data = [
            {
```

```
                'title': u'PHP 全书',
                'author': u'freephp',
                'price': 45
            },
            {
                'title': u'Python 自动化测试',
                'author': u'freephp',
                'price': 34
            },
            {
                'title': u'UNIX 编程',
                'author': u'鸟哥',
                'price': 97
            }
        ]

        self._insert_url = "http://127.0.0.1:5000/my_app/api/v1/articles"

    def test_insert(self):
        config = get_config()
        mysql_obj = SmartMySQL(config)
        api_path = self._insert_url
        http_method = 'POST'
        my_logger = My_logger('./logs/test_insert.log')
        for row_data in self._insert_data:

            json_data_str = json.dumps(row_data, ensure_ascii=False)

            response_str = 'ok'
            created = int(time.time())
            assert_result = "见报告"
            insert_sql = "INSERT request_logs (api_path, http_method, params,
response, assert_result, created) VALUES("
            response = requests.post(self._insert_url, row_data)

            if response.status_code != 200:
                response_str = str(response.content)
                my_logger.error("The http code is %s" % str(response.status_
code))

            res_data = json.loads(response.text)
            self.assertEqual(res_data['book']['price'], '45')
            self.assertEqual(res_data['book']['author'], 'freephp')

            insert_sql += "'" + api_path + "', '" + str(
                http_method) + "','" + json_data_str + "','" + response_str + "',
'" + assert_result + "'," + str(
                created) + ")"
            print(insert_sql)
            res = mysql_obj.dml(insert_sql)
            # print("somthing: \r\n")
            # print(res)
            # print("over=======")
            # exit(0)
```

```
def main():
    suite = unittest.TestLoader().loadTestsFromTestCase(Api_Test)
    test_result = unittest.TextTestRunner(verbosity=2).run(suite)
    print('All case number')
    print(test_result.testsRun)
    print('Failed case number')
    print(len(test_result.failures))
    print('Failed case and reason')
    print(test_result.failures)
    for case, reason in test_result.failures:
        print(case.id())
        print(reason)


if __name__ == '__main__':
    main()
```

其实，新增接口中的 MySQL 入库操作并非通用型做法，如果只是想简单地记录一下，也可以考虑写入文件的方式，这样更加简单、直接。

9.6　修改文章接口测试代码用例

修改文章内容的接口类似于新增文章接口，只是多传递了主键 ID 用于修改指定的数据内容，具体代码如下：

代码 9.8　9/9.5/update_request.py

```
#! /usr/bin/env python
# coding=utf-8

import unittest
import requests
import json
import sys
import time

sys.path.append('./libs/')
from SmartMySQL import SmartMySQL
from my_logger import My_logger

sys.path.append('./config/')
from dbconfig import get_config


class Api_Test2(unittest.TestCase):
    _insert_data = None
    _insert_url = None
```

```
    # 用 setUp()来代替__init__，setUp()会在每一个用例执行前被自动执行
    def setUp(self) -> None:
        self._update_data = {
                'id' : 5,
                'title': u'PHP 全书',
                'author': u'freephp',
                'price': 46
            }

        self._update_url = "http://127.0.0.1:5000/my_app/api/v1/articles"

    def test_update(self):
        response = requests.put(self._update_url + '/' + str(self._update_
data['id']), self._update_data)
        print(response.text)
        res_data = json.loads(response.text)
        self.assertEqual(res_data['result'], "ok")
```

执行该单元测试用例，输出结果如下：

```
Launching unittests with arguments python -m unittest update_request.Api_
Test2.test_update in /Users/tony/www/autoTestBook/9/9.5



Ran 1 test in 0.013s

OK
{"result":"ok"}
```

这里为了展示关键逻辑，没有添加如 my_logger 的日志类调用和 MySQL 入库操作（引入部分的代码是有的，方便后面使用），读者可以根据实际需要进行增加。最重要的是要理解解决问题的思路和逻辑，而不是具体的代码实现方式，因为代码的实现方式是多种多样的。

9.7　删除文章接口测试代码用例

删除接口和修改接口类似，也需要传递要被删除的文章 ID，并且只需要传递这个参数即可，代码如下：

代码 9.9　9/9.5/delete_request.py

```
#! /usr/bin/env python
# coding=utf-8

import unittest
import requests
import json
import sys
import time
```

```
sys.path.append('./libs/')
from SmartMySQL import SmartMySQL
from my_logger import My_logger

sys.path.append('./config/')
from dbconfig import get_config


class Api_Test3(unittest.TestCase):
    _insert_data = None
    _insert_url = None

    # 用 setUp()来代替__init__，setUp()会在每一个用例执行前被自动执行
    def setUp(self) -> None:
        self._delete_data = [4, 5]

        self._update_url = "http://127.0.0.1:5000/my_app/api/v1/articles"

    def test_delete(self):
        for id in self._delete_data:
            response = requests.delete(self._update_url + '/' + str(id))
            print(response.text)
            res_data = json.loads(response.text)
            self.assertEqual(res_data['result'], True)
```

传递需要被删除的文章 ID，可以使用数组批量循环删除，在每次循环内进行逻辑判断和断言即可。

9.8　查询文章接口测试代码用例

查询文章接口的调用最简单，无须添加任何多余参数的传递，只需要发起一个 GET 请求，重点是持久化存储和断言的执行逻辑，具体代码如下：

代码 9.10　9/9.5/search_request.py

```
#! /usr/bin/env python
# coding=utf-8

import unittest
import requests
import json
import sys
import time

sys.path.append('./libs/')
from SmartMySQL import SmartMySQL
from my_logger import My_logger

sys.path.append('./config/')
```

```
from dbconfig import get_config


class Api_Test4(unittest.TestCase):

    _search_url = None

    def setUp(self) -> None:
        self._search_url = "http://127.0.0.1:5000/my_app/api/v1/articles"


    def test_get(self):
        response = requests.get(self._search_url)
        db_config = get_config()
        mysql_obj = SmartMySQL(db_config)
        print(response.text)
        json_data = json.loads(response.text)
        articles = json_data["article"]
        self.assertCountEqual(len(articles), 5)

        for article in articles:
            # 组装 SQL
            Pass
```

在将获取的数据插入数据库时，可以考虑逐条插入，即逐条组装对应的 insert sql，也可以考虑一次性批量插入，只用组装一个完整的 SQL 语句即可。当然这需要考虑数据的长度，MySQL 通常可以支持一次性插入 500 条左右的数据。下面是单条插入和多条插入的 SQL 组装代码，在数据量较大的情况下优先考虑使用批量插入，性能更好。代码如下：

```
# 单条插入的 SQL 组装
def make_insert_sql(row_data):
    # 占位符拼接更加符合人性化操作
    sql = "INSERT api_articles (title, author, price, created) VALUES('%s',
'%s', %s, %s)" % (row_data['title'], row_data['author'], row_data['price'],
int(time.time()))
return sql

# 批量插入的 SQL 组装
def make_batch_insert_sql(data):
    sql = "INSERT api_articles (title, author, price, created) VALUES"

    for row_data in data:
        sql += "('%s', '%s', %s, %s)," % (row_data['title'], row_data
['author'], row_data['price'], int(time.time()))

    sql = sql[0:len(sql) - 1]        # 去掉最后一个多余的逗号字符
return sql
```

9.9　API 测试工具

本节主要介绍如何使用 Tavern 工具实现 RESTful API 的自动化测试，这个工具非常轻量而且是基于命令行的，非常值得学习。

9.9.1　Tavern 简介

Tavern 是一款使用 Python 编写的用于自动化测试的命令行工具，并且基于 YAML 语法进行了灵活、简单的配置。它上手容易，可以适用于不同复杂程度的测试任务。Tavern 支持 RESTful API 的测试，同时也支持基于 MQTT 的测试。

稍微解释一下 MQTT。MQTT（Message Queuing Telemetry Transport，消息队列遥测传输）是一种基于发布/订阅（publish/subscribe）模式的“轻量级”通信协议，该协议构建于 TCP/IP 之上，由 IBM 于 1999 年发布。MQTT 的最大优点在于可以用极少的代码和有限的带宽，为连接远程设备提供实时、可靠的消息服务。作为一种低开销、低带宽占用的即时通信协议，其在物联网、小型设备和移动应用等方面得到了较广泛的应用。

使用 Tavern 的最佳方式是搭配 pytest，所以首先必须要安装 Tavern 和 pytest 包。安装 Tavern 的方法很简单，命令如下：

```
pip install tavern
```

可以通过编写.tavern.yaml 文件来定义测试用例，然后使用 pytest 运行测试用例。这意味着测试人员可以访问所有的 pytest 生态系统，并可以执行各种操作。例如，定期对测试服务器运行测试用例，报告失败信息或生成 HTML 报告。

9.9.2　Tavern 的基本用法

首先创建一个.tavern.yaml 配置文件，例如 test_minimal.tavern.yaml，内容如下：

```
---
# Every test file has one or more tests...
test_name: Get some fake data from the JSON placeholder API

# ...and each test has one or more stages (e.g. an HTTP request)
stages:
  - name: Make sure we have the right ID

    # Define the request to be made...
    request:
```

```
      url: https://jsonplaceholder.typicode.com/posts/1
      method: GET

    # ...and the expected response code and body
    response:
      status_code: 200
      json:
        id: 1
```

这个配置文件可以是任何名称。如果想要将 pytest 与 Tavern 一起使用，则仅拾取名为 test _ *.tavern.yaml 的文件。

执行 pytest test_minimal.tavern.yaml -v 命令，输出信息如下：

```
========================= test session starts ==========================
platform linux -- Python 3.5.2, pytest-3.4.2, py-1.5.2, pluggy-0.6.0 -
/home/taverntester/.virtualenvs/tavernexample/bin/python3
cachedir: .pytest_cache
rootdir: /home/taverntester/myproject, inifile:
plugins: tavern-0.7.2
collected 1 item

test_minimal.tavern.yaml::Get some fake data from the JSON placeholder API
PASSED   [100%]

====================== 1 passed in 0.14 seconds ======================
```

强烈建议将 Tavern 与 pytest 结合使用，因为它不仅有大量的工具可以控制测试用例的发现和执行，而且还有大量的插件可以改善开发者的开发体验。如果由于某种原因不能使用 pytest，则可以使用 tavern-ci 命令行界面。执行命令后输出信息如下：

```
tavern-ci --stdout test_minimal.tavern.yaml
2020-04-08 16:17:10,152 [INFO]: (tavern.core:55) Running test : Get some
fake data from the JSON placeholder API
2020-04-08 16:17:10,153 [INFO]: (tavern.core:69) Running stage : Make sure
we have the right ID
2020-04-08 16:17:10,239 [INFO]: (tavern.core:73) Response: '<Response
[200]>' ({
"userId": 1,
"id": 1,
"title": "sunt aut facere repellat provident occaecati excepturi optio
reprehenderit",
"body": "quia et suscipit\nsuscipit recusandae consequuntur expedita et
cum\nreprehenderit molestiae ut ut quas totam\nnostrum rerum est autem sunt
rem eveniet architecto"
})
2020-04-08 16:17:10,239 [INFO]: (tavern.printer:9) PASSED: Make sure we have
the right ID [200]
```

之所以不使用 Postman 等工具进行测试，是因为 Tavern 可以真正做到自动化地测试 API。根据官网文档解释：Postman 和 Insomnia 都是出色的工具，涵盖了 RESTful API 的各种用例。实际上一般会将 Tavern 与 Postman 一起使用。

Tavern 的优势在于轻量级，和 pytest 结合紧密，并且容易编写出可读性强的代码。通过配置，不用编程也可以实现自动化测试。

9.9.3　使用 Tavern 测试文章的所有接口

通过上面的例子，要测试文章接口，只需要编写 test_article.tavern.yaml 文件即可，具体代码如下：

```
test_name: 获取所有文章接口

stages:
  - name: test get articles api
    request:
      url: http://127.0.0.1:5000/my_app/api/v1/articles
      method: GET

    response:
      status_code: 200
      body:
        articles: []
---
test_name: 测试新增接口

stages:
  - name: test add api
    request:
      url: http://127.0.0.1:5000/my_app/api/v1/articles
      method: POST
      data:
        title: Vue 从入门到精通
        author: freephp
        price: 40
    response:
      status_code: 200
      body:
        article: {}
---
test_name: 测试修改接口

stages:
  - name: test login api
    request:
      url: http://127.0.0.1:5000/my_app/api/v1/articles
      method: PUT
      data:
   id: 4
        title: Vue 从入门到精通
        author: freephp
        price: 40

    response:
      status_code: 200
```

```
      body:
        result: True
  test_name: 测试修改接口

  stages:
    - name: test login api
      request:
        url: http://127.0.0.1:5000/my_app/api/v1/articles
        method: DELETE
        data:
     id: 4
      response:
        status_code: 200
        body:
          result: True
```

执行配置文件即可完成测试工作。pytest -v test_article.tavern.yaml 会很清晰地验证每个测试点，其中 test_article.tavern.yaml 即为上面的配置文件。

9.10　小　　结

本章主要介绍了 RESTful API 测试工具，包括自定义的脚本方式，使用 requests+unittest 包进行单元测试，以及 Tavern 命令行工具的测试方法。

RESTful API 作为最常见的接口服务形式，是测试工作中非常重要的工具。使用人工方式进行测试费时、费力，而使用自动化测试工具能高效地完成测试工作，并且可以将测试结果可视化和持久化，为后续的工作做好准备。

第10章　基于Selenium的Web自动化测试案例

本章主要介绍如何使用Selenium实现Web自动化测试框架的搭建，教会读者设计和开发一个功能完善的自动化测试框架，提高读者的实际开发能力。

10.1　自研自动化测试框架

首先进行需求分析。概要设计包括以下三大模块：

- 公共函数库模块（包括可复用函数库、日志管理、报表管理及发送邮件管理）；
- 测试用例仓库模块（具体用例的相关管理）；
- 可视化页面管理模块（单独针对Web页面进行抽象，封装页面元素和操作方法）及执行模块。

一个完整的自动化测试框架结构如图10.1所示。

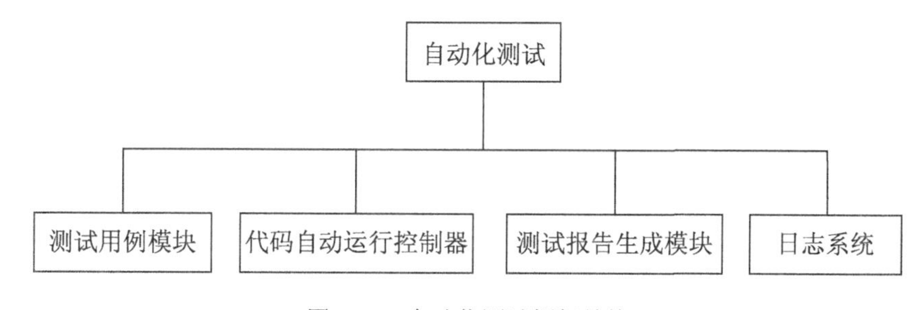

图10.1　自动化测试框架结构

项目的设计可以做得非常清爽、简单。从最基础的部分开始编写代码，根据需求和项目的变化进一步增强基础功能，从而满足更复杂的测试场景和应用。

测试模块和测试报告都非常重要，一个用于测试用例的编写，另一个用于收集测试结果。因此一个完整的自动化测试必须对所有的用例进行代码检测，并对结果进行可视化呈现。日志必须添加在每一个关键流程和逻辑点附近，甚至有一些日志需要进行持久化入库，为后续更加严格和灵活的分析提供第一手数据资料。

测试用例模块、自动化执行控制器、测试报告生成模块和日志系统等模块之间不是相互孤立的，而是相辅相成的。

针对这些模块，笔者初始化了一个新项目并命名为 autotest，其目录结构如图 10.2 所示。

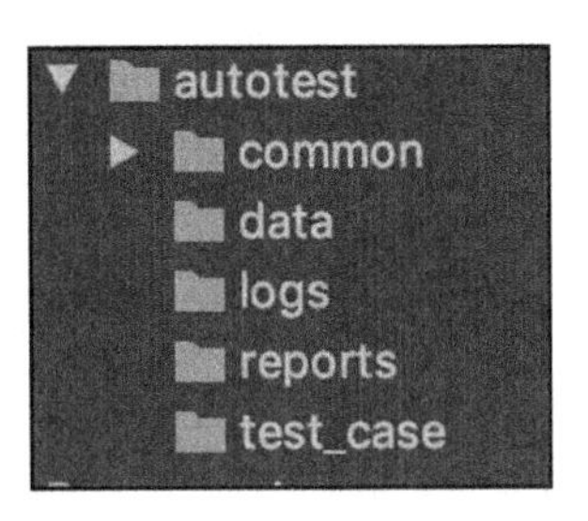

图 10.2　项目结构

其中：common 文件夹集中编写工具类，如可复用的请求类、数据库操作类和邮件发送类等；data 文件夹主要放一些配置文件，如数据库的相关配置；logs 文件夹存放写入的日志信息；reports 文件夹存放测试报告；test_case 文件夹存放编写好的测试用例程序。

配置文件非常简单，代码如下：

```
[DATABASE]
host = 127.0.0.1
username = root
password = root
port = 3306
database = test_test1

[HTTP]
# 接口的 URL
baseurl = http://xx.xxxx.xx
port = 8080
timeout = 1.0
```

其中，关于请求相关的工具类，具体代码如下：

代码 10.1　10/autotest/common/request_tool.py

```
#! /usr/bin/env python
# coding=utf-8

__author__ = "Free PHP"
from selenium import webdriver

import time, os

class Request_Tool(object):
    __project_dir = os.path.dirname(os.path.dirname(os.path.abspath(__file__)))
    def __init__(self, driver):
        self.driver = webdriver.Firefox()
        self.driver.maximize_window()

    def open_url(self, url):
        self.driver.get(url)
        self.driver.implicitly_wait(30)

    def find_element(self, element_type, value):
        if element_type == 'id':
            el = self.driver.find_element_by_id(value)
        if element_type == 'name':
```

```
            el = self.driver.find_element_by_name(value)
        if element_type == 'class_name':
            el = self.driver.find_element_by_class_name(value)
        if element_type == 'tag_name':
            el = self.driver.find_elements_by_tag_name(value)
        if element_type == 'link':
            el = self.driver.find_element_by_link_text(value)
        if element_type == 'css':
            el = self.driver.find_element_by_css_selector(value)
        if element_type == 'partial_link':
            el = self.driver.find_element_by_partial_link_text(value)
        if element_type == 'xpath':
            el = self.driver.find_element_by_xpath(value)
            if el:
                return el
            else:
                return None

    # 利用Selenium的单击事件
    def click(self, element_type, value):
        self.find_element(element_type, value).click()

    # 利用Selenium输入
    def input_data(self, element_type, value, data):
        self.find_element(element_type, value).send_keys(data)

    # 获取截图
    def get_screenshot(self, id):

        for filename in os.listdir(os.path.dirname(os.getcwd())):
            if filename == 'picture':
                break

            else:
                os.mkdir(os.path.dirname(os.getcwd()) + '/picture/')
            photo = self.driver.get_screenshot_as_file(self.__project_dir +
'/picture/' + str(id) + str('_') + time.strftime("%Y-%m-%d-%H-%M-%S") +
'.png')
            return photo


    def delete_self(self):
        time.sleep(2)
        self.driver.close()
        self.driver.quit()
```

日志类主要用于采集日志信息，笔者对其进行了封装，可以复用9.3节中的封装类。具体代码如下：

代码10.2　10/autotest/common/my_logger.py

```
#! /usr/bin/env python
# coding=utf-8

import logging
```

```
'''
   基于 logging 封装操作类
   author: freephp
   date: 2020
'''
class My_logger:

    _logger = None

    '''
    初始化函数，主要用于设置命令行和文件日志的报错级别和参数
    '''
    def __init__(self, path, console_level=logging.DEBUG, file_level=
logging.DEBUG):
        self._logger = logging.getLogger(path)
        self._logger.setLevel(logging.DEBUG)
        fmt = logging.Formatter('[%(asctime)s] [%(levelname)s] %(message)s',
'%Y-%m-%d %H:%M:%S')

        # 设置命令行日志
        sh = logging.StreamHandler()
        sh.setLevel(console_level)
        sh.setFormatter(fmt)

        # 设置文件日志
        fh = logging.FileHandler(path, encoding='utf-8')
        fh.setFormatter(fmt)
        fh.setLevel(file_level)
        self._logger.addHandler(sh)
        self._logger.addHandler(fh)

    # 当级别为 debug 时的记录调用
    def debug(self, message):
        self._logger.debug(message)

    # 当级别为 info 时的记录调用
    def info(self, message):
        self._logger.info(message)

    # 当级别为 warning(警告)时的记录调用
    def warning(self, message):
        self._logger.warning(message)

    # 当级别为 error 时的记录调用
    def error(self, message):
        self._logger.error(message)

    # 当级别为 critical(严重错误)时的记录调用，类似于 PHP 中的 Fata Error
    def critical(self, message):
        self.logger.critical(message)

#
# if __name__ == '__main__':
```

```
#    logger = My_logger('./catlog1.txt')
#    logger.warning("FBI warning it\r\n")
```

对于读取配置文件，也可以将其封装成一个配置类。当然，也可以选择不进行封装，而是让需要这些配置文件的类直接读文件。但是封装能提供一个统一对外暴露的类，不让其他类直接操作配置文件，可以在复杂的系统中达到解耦的作用，这样的设计更符合设计原则，也更有利于日后的扩展。

既然进行自研框架的编写，那么就应该尽可能地对类进行封装，让功能模块化，让操作对象化，让效率更高。下面将读取配置文件封装成一个配置类，代码如下：

代码 10.3　10/autotest/common/read_config.py

```
# *_*coding:utf-8 *_*
__author__ = "freephp"
import os,codecs
import configparser
prodir = os.path.dirname(os.path.abspath(__file__))
conf_prodir = os.path.join(prodir,'conf.ini')
class Read_Config():
    def __init__(self):
        with open(conf_prodir) as fd:
            data = fd.read()
            #清空文件信息
            if data[:3] ==codecs.BOM_UTF8:
                data = data[3:]
                file = codecs.open(conf_prodir,'w')
                file.write(data)
                file.close()
        self.cf = configparser.ConfigParser()
        self.cf.read(conf_prodir)
    def  get_http(self,name):
        value = self.cf.get("HTTP",name)
        return value

    def get_db(self,name):
        return self.cf.get("DATABASE",name)
```

然后结合 log 类，编写 MySQL 操作类，可以参考之前已经封装好的 SmartMySQL，在此基础上再加上相关日志记录即可，这就是封装的好处，不用每次都“重复造轮子”。具体代码如下：

代码 10.4　10/autotest/common/mysql_db.py

```
#!/usr/bin/env python
# *_*coding:utf-8 *_*
__author__ = "freephp"

from read_config import Read_Config
from my_logger import My_logger

readconf_obj = Read_Config()
```

```
host = readconf_obj.get_db("host")
username = readconf_obj.get_db("username")
password = readconf_obj.get_db("password")
port = readconf_obj.get_db("port")
database = readconf_obj.get_db("database")
dbconfig = {
    'host': str(host),
    'user': username,
    'password': password,
    'port': int(port),
    'db': database
}

import mysql.connector
import time, re
from mysql.connector import errorcode


class SmartMySQL:
"""Smart python class connects to MySQL. """

    # db 配置，如账号、密码和数据库名
    _dbconfig = None
    _cursor = None
    _connect = None
    # error_code from MySQL
    _error_code = ''
    # quit connect if beyond 30 sec
    TIMEOUT_DEADLINE = 30
    TIMEOUT_THREAD = 10  # threadhold of one connect
    TIMEOUT_TOTAL = 0  # total time the connects have waste

    # 初始化
    def __init__(self, dbconfig):
        try:
            self._dbconfig = dbconfig
            self.check_dbconfig(dbconfig)
            self._connect = mysql.connector.connect(user=self._dbconfig
['user'], password=self._dbconfig['password'],
                                              database=self._dbconfig['db'])
            self.my_logger = My_logger('../logs/mysql-' + time.strftime
("%Y-%m-%d-%H-%M-%S") + '.log')
        except mysql.connector.Error as e:
            print(e.msg)

            if e.errno == errorcode.ER_BAD_DB_ERROR:
                print("Database dosen't exist, check it or create it")
                self.my_logger.error("Database dosen't exist, check it or
create it")
            # 重试
            if self.TIMEOUT_TOTAL < self.TIMEOUT_DEADLINE:
                interval = 0
                self.TIMEOUT_TOTAL += (interval + self.TIMEOUT_THREAD)
                time.sleep(interval)
```

```
                self.__init__(dbconfig)
            raise Exception(e.errno)

        self._cursor = self._connect.cursor()
        print("init success and connect it")

    # 检查数据库的配置是否正确
    def check_dbconfig(self, dbconfig):
        flag = True
        if type(dbconfig) is not dict:
            print('dbconfig is not dict')
            flag = False
        else:
            for key in ['host', 'port', 'user', 'password', 'db']:
                if key not in dbconfig:
                    print("dbconfig error: do not have %s" % key)
                    flag = False
            if 'charset' not in dbconfig:
                self._dbconfig['charset'] = 'utf8'

        if not flag:
            raise Exception('Dbconfig Error')
        return flag

    # 执行 SQL
    def query(self, sql, ret_type='all'):
        try:
            self._cursor.execute("SET NAMES utf8")
            self._cursor.execute(sql)
            if ret_type == 'all':
                return self.rows2array(self._cursor.fetchall())
            elif ret_type == 'one':
                return self._cursor.fetchone()
            elif ret_type == 'count':
                return self._cursor.rowcount
        except mysql.connector.Error as e:
            print(e.msg)
            self.my_logger.error(e.msg)
            return False

    def dml(self, sql):
        '''update or delete or insert'''
        try:
            self._cursor.execute("SET NAMES utf8")
            self._cursor.execute(sql)
            self._connect.commit()
            type = self.dml_type(sql)
            if type == 'insert':
                return self._cursor.getlastrowid()
            else:
                return True
        except mysql.connector.Error as e:
            self.my_logger.error(e.msg)
            print(e.msg)
            return False
```

```
    def dml_type(self, sql):
        re_dml = re.compile('^(?P<dml>\w+)\s+', re.I)
        m = re_dml.match(sql)
        if m:
            if m.group("dml").lower() == 'delete':
                return 'delete'
            elif m.group("dml").lower() == 'update':
                return 'update'
            elif m.group("dml").lower() == 'insert':
                return 'insert'
        print(
            "%s --- Warning: '%s' is not dml." % (time.strftime('%Y-%m-%d
%H:%M:%S', time.localtime(time.time())), sql))
        return False

    # 将结果转换为数组
    def rows2array(self, data):
        '''transfer tuple to array.'''
        result = []
        for da in data:
            if type(da) is not dict:
                raise Exception('Format Error: data is not a dict.')
            result.append(da)
        return result

    # 关闭资源
    def __del__(self):
        '''free source.'''
        try:
            self._cursor.close()
            self._connect.close()
        except:
            pass

    def close(self):
        self.__del__()
```

和之前介绍的一样，在数据库操作的关键点中都增加了 my_logger 的日志点埋点，在问题出现的时候，这些日志可以方便地进行调试和定位问题。封装工具类虽然烦琐，但是使用起来很方便，后续有新的需求时还可以在这些工具类的基础上进行迭代，可以使用继承方式编写出自己的新工具类，或者在原有工具类的基础上扩展新的业务方法。当然，不同的场景有不同的使用方式，一般情况下的建议是“组合大于继承，继承要慎重”。

最后编写自动化运行测试用例脚本，需要引入 HTMLTestRunner 模块，然后顺利执行完所有用例并产生相应的 HTML 输出结果报告。建议每一个用例的执行都生成一个对应的独立报告文件，这样更方便查看和分析，也更加高效。具体代码如下：

代码 10.5　10/autotest/common/test_runner.py

```
#! /usr/bin/env python
# coding=utf-8

__author__ = "Free PHP"

import time,HTMLTestRunner
import unittest
from common.config import *
project_dir = os.path.abspath(os.path.join(os.path.dirname(__file__),os.
pardir))
class TestRunner(object):
    ''' 执行测试用例 '''
    def __init__(self, cases="../",title="Auto Test Report",description=
"Test case execution"):
        self.cases = cases
y        self.title = title
        self.des = description
    def run(self):
        for filename in os.listdir(project_dir):
            if filename == "report":
                break
        else:
            os.mkdir(project_dir+'/report')
        # fp = open(project_dir+"/report/" + "report.html", 'wb')
        now = time.strftime("%Y-%m-%d_%H_%M_%S")
        # fp = open(project_dir+"/report/"+"result.html", 'wb')
        fp = open(project_dir+"/report/"+ now +"result.html", 'wb')
        tests =  unittest.defaultTestLoader.discover(self.cases,pattern=
'test*.py',top_level_dir=None)
        runner = HTMLTestRunner.HTMLTestRunner(stream=fp, title=self.title,
description=self.des)
        runner.run(tests)
        fp.close()
```

有时候运行测试用例不是目的，目的是收集用例的结果，然后进一步发现问题，从而解决问题。

Selenium 只是项目中对元素定位的封装类之一，对于复杂的项目，需要根据不同的需求进行调整，以符合实际情况。

当然，也可以考虑结合 unittest.TestCase 单元测试来编写测试用例代码，可以利用 unittest 模块自带的报告生成功能生成测试结果报告。Selenium 只是一种最常见且有效的解决方法，针对页面上的元素可以通过多种方式（如 ID、Name 和 Xpath 等）去定位元素，并通过单击、输出和删除等操作完成需要人工进行的操作。脚本让自动化测试变得非常简单，并且可以真正做到自动化。

10.2　使用 Selenium 自动化操作网盘

10.2.1　基本操作封装

Selenium 基本上都是通过操作页面元素完成既定需求，无论是电商网站还是 CMS（内容管理系统），或者某种管理系统，都需要通过登录账号后进行一系列操作。

下面举一个使用 Selenium 登录百度网盘并进行自动化操作的案例。具体代码如下：

```
# -*- coding: utf-8 -*-
from __future__ import absolute_import
import os
from selenium import webdriver
from selenium.webdriver.common.keys import Keys
from selenium.webdriver import ActionChains
import time


if __name__ == '__main__':
    orgin_url = ['https://pan.baidu.com/']
    driver = webdriver.Firefox()
    driver.get(orgin_url[0])
    time.sleep(5)
    elem_static = driver.find_element_by_id("TANGRAM__PSP_4__footerULoginBtn")
    elem_static.click()
    time.sleep(0.5)
    elem_username = driver.find_element_by_id("TANGRAM__PSP_4__userName")
    elem_username.clear()
    elem_username.send_keys(u"XXXXXXXXXX")                  #输入账号
    elem_userpas = driver.find_element_by_id("TANGRAM__PSP_4__password")
    elem_userpas.clear()
    elem_userpas.send_keys(u"XXXXXXXXX")                    #密码
    elem_submit = driver.find_element_by_id("TANGRAM__PSP_4__submit")
    elem_submit.click()
    time.sleep(10)
driver.close()
```

执行该脚本，输出结果如下：

```
Traceback (most recent call last):
  File "/Users/tony/www/autoTestBook/10/10.2/test_baidu_wp.py", line 12, in <module>
    driver = webdriver.Chrome()
  File "/Users/tony/www/autoTestBook/venv/lib/python3.7/site-packages/selenium/webdriver/chrome/webdriver.py", line 81, in __init__
    desired_capabilities=desired_capabilities)
  File "/Users/tony/www/autoTestBook/venv/lib/python3.7/site-packages/selenium/webdriver/remote/webdriver.py", line 157, in __init__
```

```
    self.start_session(capabilities, browser_profile)
  File "/Users/tony/www/autoTestBook/venv/lib/python3.7/site-packages/
selenium/webdriver/remote/webdriver.py", line 252, in start_session
    response = self.execute(Command.NEW_SESSION, parameters)
  File "/Users/tony/www/autoTestBook/venv/lib/python3.7/site-packages/
selenium/webdriver/remote/webdriver.py", line 321, in execute
    self.error_handler.check_response(response)
  File "/Users/tony/www/autoTestBook/venv/lib/python3.7/site-packages/
selenium/webdriver/remote/errorhandler.py", line 242, in check_response
    raise exception_class(message, screen, stacktrace)
selenium.common.exceptions.SessionNotCreatedException: Message: session
not created: This version of ChromeDriver only supports Chrome version 78


Process finished with exit code 1
```

由输出结果可知，执行脚本中出现了错误，其中关键错误提示如下：

```
selenium.common.exceptions.SessionNotCreatedException: Message: session
not created: This version of ChromeDriver only supports Chrome version 78
```

意思是这个 Chrome 驱动的版本只支持 Chrome 浏览器的版本为 78。所以问题就是驱动和 Chrome 浏览器之间的版本不匹配，无法让驱动唤起 Chrome 浏览器。

解决这种问题的关键是下载对应本机安装的 Chrome 版本的 ChromeDriver，首先查看 Chorme 浏览器的版本，方法如下。

方法 1：单击“帮助”菜单，然后选择“关于 Chrome”命令，弹出的页面如图 10.3 所示。可以看到当前版本是 83.0.4103.61，64 位的官方构建版本，并且是当前的最新版本（截至笔者写作本章的时间）。

图 10.3　Chrome 浏览器的版本

方法 2：在浏览器的地址栏中输入如下 URL：

```
chrome://version/
```

按 Enter 键后可以看到如图 10.4 所示的展示页面。

```
Google Chrome: 83.0.4103.61 (Official Build) (6
     Revision: 94f915a8d7c408b09cc7352161ad5922
               heads/4103@{#561}
           OS: macOS Version 10.14.6 (Build 18G
   JavaScript: V8 8.3.110.9
        Flash: 32.0.0.371 /Users/tony/Library/A
               Support/Google/Chrome/PepperFlas
               hPlayer.plugin
   User Agent: Mozilla/5.0 (Macintosh; Intel Ma
               AppleWebKit/537.36 (KHTML, like
               Chrome/83.0.4103.61 Safari/537.3
 Command Line: /Applications/Google Chrome.app/
               Chrome --enable-audio-service-sa
               begin --flag-switches-end --enab
               sandbox
xecutable Path: /Applications/Google Chrome.app/
               Chrome
  Profile Path: /Users/tony/Library/Application
               Support/Google/Chrome/Default
```

图 10.4　查看 Chrome 版本

该方面展示的信息非常多，除了 Chrome 版本外，还包括对应的软件版本，如 JavaScript（V8 引擎版本）、Flash 版本，以及命令行和配置文件的位置等，在此只需要关注浏览器的版本即可。

可以看出，由于自动化更新程序使得笔者的 Chrome 版本较高，为 83.0.4103.61，而之前报错的提示文案使用的是 ChromeDriver，它只支持 78 版本，所以需要重新下载适合 83.0.4103.61 版本的 ChromeDriver。

有两个下载地址可供选择，一个是 Chrome 官方提供的下载地址，另一个是淘宝团队提供的下载地址。对于国内的开发者，建议使用淘宝团队提供的下载地址（npm.taobao.org/mirrors/chromedriver），下载速度更快。下载页面如图 10.5 所示，笔者选择下载 83.0.4103.39，单击该链接进入如图 10.6 所示的压缩包选择页面。

```
79.0.3945.16/        2019-10-30T16:10:56.644Z
79.0.3945.36/        2019-11-18T18:20:03.409Z
80.0.3987.106/       2020-02-13T19:21:31.091Z
80.0.3987.16/        2019-12-19T17:39:26.425Z
81.0.4044.138/       2020-05-05T20:33:58.782Z
81.0.4044.20/        2020-02-13T19:11:47.807Z
81.0.4044.69/        2020-03-17T16:16:51.579Z
83.0.4103.14/        2020-04-16T19:48:28.068Z
83.0.4103.39/        2020-05-05T20:53:36.478Z
84.0.4147.30/        2020-05-28T21:05:07.606Z
85.0.4183.38/        2020-07-23T19:16:17.667Z
85.0.4183.83/        2020-08-25T22:55:38.090Z
85.0.4183.87/        2020-08-27T20:11:44.565Z
86.0.4240.22/        2020-09-03T19:26:44.137Z
```

图 10.5　ChromeDriver 下载页面

下载页面中提供了 3 种不同平台的压缩包，笔者使用的是 Mac OS 系统，所以选择

chromedriver_mac64.zip 进行下载。如果读者使用的是 Windows 系统，那么可以选择 chromedriver_win32.zip 进行下载。使用 Linux 系统的用户请选择第一个压缩包下载。

图 10.6　ChromeDriver 压缩包

另外，对于使用 Windows 系统的用户来说，如果使用的是 Windows 10 的 64 位系统，可以自动兼容 32 位的驱动，不必一定要找 64 位的安装包。当然，如果官方提供了 64 位的安装包，还是使用 64 位的更好。

下载完成之后解压即可，然后改写代码：

```
driver = webdriver.Chrome(executable_path='/Users/tony/Documents/chromedriver')
```

即增加 executeable_path 参数，指定使用的驱动路径为刚才解压的文件位置，然后再重新执行脚本就能正常调用 Chrome 浏览器。

之后可能会遇到第一个问题，就是登录时让发送验证短信，如图 10.7 所示。

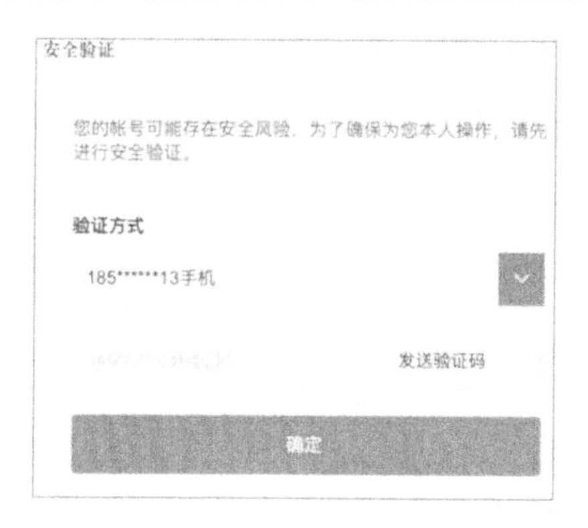

图 10.7　二次短信验证

可以使用代码请求来获取短信并自动完成登录，参考代码如下：

```
# 获取验证码地址
qrcode_url = 'https://passport.baidu.com/v2/api/getqrcode'
qr_params = {
    'lp': 'pc',
    'qrloginfrom': 'pc',
    'gid': '6F11F8D-EDD5-4A78-8B51-42D86D2DA7F4',
    'callback': 'tangram_guid_1561697778375',
    'apiver': 'v3',
    'tt': get_cur_timestamp(),
    'tpl': 'mn',
    '_': get_cur_timestamp()
}
qrcode_r = requests.get(qrcode_url, headers=headers, params=qr_params,
cookies=init_cookies, verify=False)
# 从返回信息中解析出 signcode
signcode = re.search(r'[\w]{32}', qrcode_r.text).group()
qrimg_url = 'https://passport.baidu.com/v2/api/qrcode?sign=%s&lp=
pc&qrloginfrom=pc' % signcode
# 将验证码存入图片
with open('qrcode.jpg', 'wb') as f:
    qr_r = requests.get(qrimg_url, headers=headers, cookies=login_cookies,
verify=False)
    f.write(qr_r.content)
```

百度网盘的退出也很简单，定位到对应的退出按钮元素上，然后模拟单击事件即可。实现代码如下：

```
ele = driver.find_element_by_xpath('//*[@id="dynamicLayout_0"]/div/div/
dl/dd[2]/span/span[1]/i')
ActionChains(driver).move_to_element(ele).perform()
sub_ele = driver.find_element_by_link_text(u'退出')
sub_ele.click()
ele_out = driver.find_element_by_id('_disk_id_4')
ele_out.click()
```

可以在登录后继续到相应的文件夹下上传本地文件，完成上传文件的功能。代码如下：

```
#######把百度网盘对应的文件夹对应的 URL 打开########
driver.get("http://pan.baidu.com/disk/home?errno=0&errmsg=AuthXXXXXXX")
#对于<input title="点击选择文件" id="h5Input0">这种 input 型上传方式，直接 xpath+
send_keys()
driver.find_element_by_xpath("//*[@id=\"h5Input0\"]").send_keys(paths.pop())
```

如果是批量上传文件，还需要封装一个用于迭代文件目录的迭代器。具体实现代码如下：

```
def files_traverse(path):
# os.walk()函数会遍历本文件，以及子文件中的所有文件夹和文件
# parent 是文件所在路径，dirnames 是文件夹迭代器，filenames 是文件迭代器
    global driver
    for parent,dirnames,filenames in os.walk(path):
        # 3 个参数：分别返回 1.该目录路径 2.所有文件夹的名称（不含路径） 3.所有文件的
名称(不含路径)
        for filename in filenames:
        # filename 输出文件夹，以及子文件夹中的所有文件信息
            paths.append(parent+"\\"+filename)
```

```
            print("File name is:"+parent+"\\"+filename) #输出文件路径信息
            print("***************************************")
    # 调用
    files_traverse(path)
```

除了批量上传之外，还可以进行批量下载，原理与批量上传类似。

定位到需要下载的文件元素，勾选复选框，然后单击批量下载按钮即可。对于检查下载文件数量是否一致，笔者可以提供一种思路，代码如下：

```
count2 = count1
# count1 是下载前文件夹中的文件数量，count2 为文件夹中实时的文件数量
while count1 == count2:
for file_name in os.listdir(dir):
strs = file_name.split('.')
if strs[-1] == "xls":
try:
# 判断 file_name 是否存在于 list file_names 中，不存在，则抛出异常
file_names.index(file_name)
except Exception:
file_names.append(file_name)
count2 = len(file_names)
```

10.2.2　发送通知邮件

有时候还需要将处理的结果以邮件形式发送给相关责任人，那么就需要用到邮件发送功能了。

首先要学习如何发送邮件，Python 的 smtplib 模块提供了一种很方便的方式发送电子邮件。其对 SMTP 进行了一定的封装，SMTP 的参数如下：

- HELO：向服务器发送命令者的响应。
- MAIL：初始化邮件传输标记。
- RCPT：标识单个邮件接收者，也可以传递多个接收者。
- DATA：传输数据。
- VRFY：验证邮箱地址是否存在，但为了服务器的安全，一般会被禁止使用。
- EXPN：验证指定的邮箱列表是否存在，也可以用于扩充邮箱列表，通常这个命令在服务器上会被禁用。
- HELP：帮助命令，查看可以使用哪些命令。
- NOOP：无操作，用于测试服务器响应。
- QUIT：退出会话。
- RSET：重置当前的会话。
- MAIL FROM：设置发送者的邮箱地址。
- RCPT TO：设置接收者的邮箱地址。

下面提供一个简单的案例来展示如何发送邮件，具体代码如下：

代码 10.6　10/10.2/10.2.2/send_email1.py

```
#coding=utf-8

import smtplib
from email.mime.text import MIMEText
from email.header import Header
# 发送邮箱
sender = 'abc@163.com'
# 接收邮箱
receiver = '123456@qq.com'
# 发送邮件主题
subject = 'python email test'
# 发送邮箱服务器
smtpserver = 'smtp.163.com'
# 发送邮箱用户名/密码
username = 'abc@163.com'
password = 'xxxxxxxx'
# 中文需设置为 UTF-8 编码格式，单字节字符不需要设置
msg = MIMEText('你好！','text','utf-8')
msg['Subject'] = Header(subject, 'utf-8')
smtp = smtplib.SMTP()
smtp.connect('smtp.163.com')
smtp.login(username, password)
smtp.sendmail(sender, receiver, msg.as_string())
smtp.quit()
```

smtp.connect()函数用于连接邮件服务器；smtp.login()函数用于设置发送邮箱的用户名和密码；smtp.sendmail()函数用于设置发送邮箱、接收邮箱，以及需要发送的内容；smtp.quit()函数用于关闭发送邮件服务。

下面逐一来讲解使用过程。首先需要通过引入邮件模块等相关依赖，代码如下：

```
mport smtplib
from email.mime.text import MIMEText
from email.header import Header
```

还可以发送 HTML 内容的邮件，具体代码如下：

```
#coding=utf-8
import smtplib
from email.mime.text import MIMEText
from email.header import Header
# 邮件信息配置
sender = 'abc@126.com'
receiver = '123456@qq.com'
subject = 'python email test'
smtpserver = 'smtp.163.com'
username = 'abc@163.com'
password = '123456'
# HTML 形式的文件内容
```

```
msg = MIMEText('<html><h1>Hello, Python! </h1></html>','html','utf-8')
msg['Subject'] = subject
smtp = smtplib.SMTP()
smtp.connect('smtp.163.com')
smtp.login(username, password)
smtp.sendmail(sender, receiver, msg.as_string())
smtp.quit()
```

其中的关键点是用 MIMEText 类把需要传递的 HTML 内容作为参数传入即可。其他发送过程的代码和前面类似，这里不再赘述。

然后将读取测试报告和发送邮件结合起来，代码如下：

```
#coding=utf-8
import unittest
import HTMLTestRunner
import os ,time,datetime
import smtplib
from email.mime.text import MIMEText
from email.mime.multipart import MIMEMultipart
from email.mime.image import MIMEImage
# 定义发送邮件
def sentmail(file_new):
# 发信邮箱
mail_from='fnngj@163.com'
博客园---虫师
http://fnng.cnblogs.com 181
# 收信邮箱
mail_to='123456@qq.com'
# 定义正文
f = open(file_new, 'rb')
mail_body = f.read()
f.close()
msg=MIMEText(mail_body,_subtype='html',_charset='utf-8')
# 定义标题
msg['Subject']=u"私有云测试报告"
# 定义发送时间（不定义的话，有的邮件客户端可能会不显示发送时间）
msg['date']=time.strftime('%a, %d %b %Y %H:%M:%S %z')
smtp=smtplib.SMTP()
# 连接 SMTP 服务器，此处用的是 126 的 SMTP 服务器
smtp.connect('smtp.163..com')
# 用户名和密码
smtp.login('fnngj@163.com','xxxx')
smtp.sendmail(mail_from,mail_to,msg.as_string())
smtp.quit()
print 'email has send out !'
# 查找测试报告，调用发邮件功能
def sendreport():
```

```
result_dir = 'D:\\selenium_python\\report'
lists=os.listdir(result_dir)
lists.sort(key=lambda fn: os.path.getmtime(result_dir+"\\"+fn) if not
os.path.isdir(result_dir+"\\"+fn) else 0)
print (u'最新测试生成的报告： '+lists[-1])
# 找到最新生成的文件
file_new = os.path.join(result_dir,lists[-1])
print file_new
# 调用发邮件模块
sentmail(file_new) ……
if __name__ == "__main__":
# 执行测试用例
runner.run(alltestnames)
# 执行发邮件
sendreport()
```

整个例子的实现步骤如下：

（1）模拟单击登录框。

（2）定位账号和密码框元素。

（3）填写账号和密码。

（4）单击登录按钮。

（5）解决二次短信验证。

（6）选择并定位需要下载的文件元素。

（7）单击下载。

（8）选择需要上传的文件并批量上传。

（9）定位退出账号按钮元素。

（10）单击退出。

（11）生成测试日志。

（12）发送邮件。

以上步骤中，最重要的步骤是定位元素。

10.3　使用 Lettuce 进行测试

Lettuce 是 Python 中一款非常简单的基于 Cucumber 框架的 BDD（行为驱动开发）工具，在 Python 项目自动化测试中可以执行纯自然语言的文本，让开发和测试工作变得更加简单，具有更高的可读性。

BDD 是一个新颖的测试驱动开发（TDD）概念，在了解它之前，需要对 TDD 有一定的了解。TDD 的执行原理如图 10.8 所示。

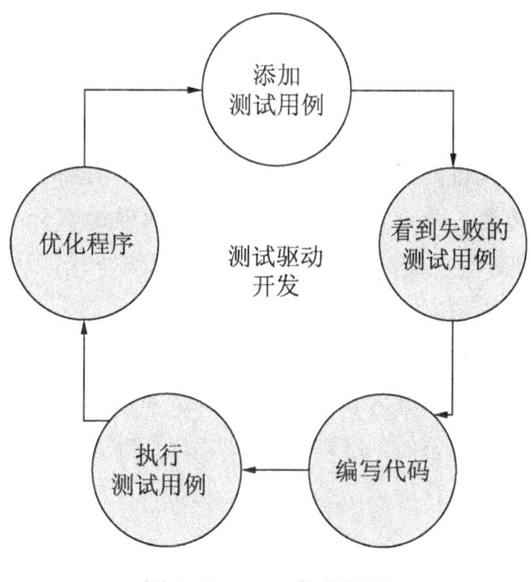

图 10.8　TDD 执行原理

10.3.1　TDD 和 BDD 简介

TDD 和常规的先写逻辑实现代码的开发流程不同，它是在编写实际业务代码之前先编写测试用例（当然，因为没有业务代码，测试是无法通过的），然后根据测试结果来编写业务代码。这种看似有些神奇的做法是 Ruby 的开发者提出的。

对于没有丰富编程经验的读者来说，可以通过 NodeJS 或者 Ruby 学习 TDD 编程。例如 NodeJS，可以安装 mocha 模块，然后编写代码如下：

```
const assert = require("assert");

describe('Array', function() {
    describe('#indexOf()', () => {
        it('should return -1 when the value is not present', () =>{
            assert.equal(-1, [1,2,3].indexOf(5));
            assert.equal(-1, [1,2,3].indexOf(0));
        });
});
```

从这段简单的代码可以看出，TDD 方式是通过语义化的模块编写测试用例，然后增加断言来判断是否符合预期。通过测试来检验编写的功能代码是否合格，这种方式有点像反推功能点。

TDD 开发的优点如下：

- 可以保证代码的质量。可以对所需要的业务功能的每一步设计进行验证，并得到正确的结果，减少不必要的 bug 的出现，尤其是对于复杂业务逻辑的项目，以“小步慢跑”的方式，避免后期反复和繁重的测试与维护工作。
- 不断增强了重构的信心，必要时还可以对代码彻底重写，当然这要看是否值得。
- 在多团队合作时可以将任务拆分得更加细致。文档化需求的可行性变得更高，理清责任关系和设计边界，防止重复编写基础库，有效地整合了开发资源。

TDD 算是一种新的编程方式，也可以说是新的工作方式，认真学习并去实践，从长期来看会受益良多。

没有完美的技术方案，TDD 开发也存在缺点：
- 工作量明显增加。对于测试人员会增加不少工作量，平均会增加近 2 倍的工作量。
- 不适合工期很紧的软件开发，这种追求质量的方式更适合产品和平台的开发，特别是有序迭代周期的产品。

TDD 开发的关键点如下：
- 编写一个新的测试。
- 运行新写的测试代码，可以看到它的失败结果。
- 对开发代码做很小的修改，目的是让新加入的测试用例能顺利通过。
- 运行所有的测试用例（test case），并且所有测试用例都能够通过测试。
- 移除重复的代码，对代码进行重构，去掉调试和无用的代码。要特别注意红色的报错信息一般会有重复，抽象出一些功能方法，让冗余代码减少到最低的程度。测试代码也可以做同样的抽象封装处理，初始化相关的代码可以放到 intilize 和 ceanup 中。

除此之外还可以考虑加入一些人工记录的方式。例如，每当通过一个测试用例，就在本子上划去该项即可，这样可以增加测试工程师的成就感。如果发现有漏掉的测试用例，就将其加到人工记录的列表中。

总的来说，TDD 就是先编写测试用例，然后根据测试用例编写符合要求的业务代码。

BDD 开发模式可以让开发者、测试人员及非技术人员之间紧密协作，允许使用自然语言来描述测试用例，这样可以让用户或非技术人员先编写需求描述，然后再安排开发人员编写测试用例来满足这些需求，这样可以减少沟通成本，提高开发效率和准确性。

10.3.2　使用 pytest-bdd 进行测试

pytest-bdd 是 BDD 的一种具体实现工具，允许使用自然语言描述测试用例的要求，可以以自动化驱动方式来测试用例，并且使用非常方便。

在实际工作中，pytest-bdd 可以将单元测试和功能测试统一为一种测试，减轻持续集成服务器配置的负担，并允许重用测试设置。

pytest-bdd 的安装方式也十分简单，命令如下：

```
pip install pytest-bdd
```

pytest-bdd 依赖于 pytest，并且在版本上有要求，目前，pytest 要求的最低版本是 4.3。假设要对一个博客网站进行测试，需要编写一个配置特性文件，文件内容如下：

```
Feature: Blog
    A site where you can publish your articles.

Scenario: Publishing the article
    Given I'm an author user
    And I have an article
    When I go to the article page
    And I press the publish button
    Then I should not see the error message
    And the article should be published  # Note: will query the database
```

注意，每个功能文件中仅允许设置一个功能。编写对应的测试文件，命名为 test_publish_article.py，文件内容如下：

```
from pytest_bdd import scenario, given, when, then

@scenario('publish_article.feature', 'Publishing the article')
def test_publish():
    pass


@given("I'm an author user")
def author_user(auth, author):
    auth['user'] = author.user


@given('I have an article')
def article(author):
    return create_test_article(author=author)


@when('I go to the article page')
def go_to_article(article, browser):
    browser.visit(urljoin(browser.url, '/manage/articles/{0}/'.format
(article.id)))


@when('I press the publish button')
def publish_article(browser):
    browser.find_by_css('button[name=publish]').first.click()


@then('I should not see the error message')
def no_error_message(browser):
    with pytest.raises(ElementDoesNotExist):
```

```
        browser.find_by_css('.message.error').first


@then('the article should be published')
def article_is_published(article):
    article.refresh()  # Refresh the object in the SQLAlchemy session
    assert article.is_published
```

下面继续编写场景装饰器，这是一个注解，可以传入如下参数：

- encoding：解码特性文件内容，默认编码为 UTF-8。
- example_converters：用映射以传递函数的方式来转换功能文件中提供的示例值。

场景装饰器装饰函数的行为就像普通的测试函数一样，都是在测试函数中进行预处理，它们将在所有场景步骤之后执行，可以将它们视为常规的 pytest 测试功能。例如，在此描述场景需求后，调用其他函数并声明执行语句，代码如下：

```
from pytest_bdd import scenario, given, when, then

@scenario('publish_article.feature', 'Publishing the article')
def test_publish(browser):
assert article.title in browser.html
```

有时为了可读性更好，必须用不同的名称声明相同的装置或步骤。为了对多个步骤名称使用相同的步骤功能，只需多次装饰测试函数即可。例如：

```
@given('I have an article')
@given('there\'s an article')
def article(author):
return create_test_article(author=author)
```

值得注意的是，给定的步骤别名是独立的，将在提及时执行。例如，如果将资源与某个所有者相关联，则可以使用相同的别名。管理员用户不能是文章的作者，但文章应具有默认作者。下面添加默认配置项，具体代码如下：

```
Scenario: I'm the author
    Given I'm an author
    And I have an article


Scenario: I'm the admin
    Given I'm the admin
    And there's an article
```

如果需要在每种情况下都执行一次给定的步骤，以模块为作用范围，则可以传递可选的 scope 参数：

```
@given('there is an article', scope='session')
def article(author):
    return create_test_article(author=author)
```

在此示例中，有两种场景对 article()函数进行装饰，但 article()函数只会执行一次。注意，对于其他函数类型，将范围设置为大于“函数”（默认值）是没有意义的，因为它们表示动作（在步骤执行前）和断言（在步骤执行后）。除了上面代码中展示的 given()函数之外，还有用于解析的函数，如 parse()、cfparse()和 re()等，感兴趣的读者可以通过官网提供的文档进一步学习。

使用 pytest-selenium 执行用例时需要指定浏览器，方法是在 test_educa.py 所在目录的命令行中执行以下命令：

```
pytest test_publish_article.py --driver Chrome
```

10.3.3　Lettuce 初体验

Lettuce 是 Python 针对 Cucumber 进行再次封装的开源工具，不仅功能强大，入门也容易，是开发测试的上佳选择。Lettuce 封装了对常规任务的描述，做到了开箱即用，让复杂的任务被拆分和简化。它的宗旨是用最简单的逻辑来实现测试，让开发者更专注于业务价值。

通过 Lettuce，测试人员可以从最外部开始构建软件，然后进行更深入的研究，直到达到统一测试为止。

Lettuce 的安装也非常简单，如果想安装最新、最稳定的版本，可以通过如下命令：

```
pip install lettuce
```

如果想安装最新的特性版本，那么可以复制 GitHub 上的项目并手动安装，完整的命令如下：

```
user@machine:~/Downloads$ git clone git://github.com/gabrielfalcao/lettuce.git
user@machine:~/Downloads$ cd lettuce
user@machine:~/Downloads/lettuce$ sudo python setup.py install
```

Lettuce 的使用和 pytest-tdd 非常类似。首先介绍一个新的概念——features，可以理解为功能或者特性。根据官网文档描述：Lettuce 用于测试项目的行为，因此行为被分解为一系列的功能。列举功能后，还需要创建描述这些功能的方案。因此，场景是功能的组成部分，也是功能的前置条件，在什么样的场景下就存在什么样的功能。下面举一个简单的例子。

```
Feature: Add people to address book
  In order to organize phone numbers of friends
  As a wise person
  I want to add a people to my address book

  Scenario: Add a person with name and phone number
    Given I fill the field "name" with "John"
    And fill the field "phone" with "2233-4455"
    When I save the data
    Then I see that my contact book has the persons:
      | name | phone     |
      | John | 2233-4455 |
```

```
  Scenario: Avoiding a invalid phone number
    Given I fill the field "name" with "John"
    And fill the field "phone" with "000"
    When I save the data
    Then I get the error: "000 is a invalid phone number"
```

可以看出这个描述性文件分为 3 个部分。

（1）Feature 名称部分，内容如下：

```
Feature: Add people to contract book
```

（2）Feature 头部信息，用于描述功能的目的文字，内容如下：

```
In order to organize phone numbers of friends
As a wise person
I want to add a people to my address book
```

（3）Scenario 场景，用于描述场景文字，内容如下：

```
Scenario: Add a person with name and phone
  Given I fill the field "name" with "John"
  And fill the field "phone" with "2233-4455"
  When I save the data
  Then I see that my contact book has the persons:
    | name | phone     |
    | John | 2233-4455 |

Scenario: Avoiding a invalid phone number
  Given I fill the field "name" with "John"
  And fill the field "phone" with "000"
  When I save the data
  Then I get the error: "000 is a invalid phone number"
```

场景根据复杂度不同可以分为以下两种：

- 简单场景。无论是简单步骤还是列表步骤，简单方案都是由步骤组成的。上例中的功能由两个简单的场景组成。
- 概述场景。概述场景的使用可以减少冗余代码，避免重复。

假设我们需要多次填写相同的表格，每次都使用不同的数据集，方案如下：

```
Feature: Apply all my friends to attend a conference
  In order to apply all my friends to the next PyCon_
  As a lazy person
  I want to fill the same form many times

  Scenario Outline: Apply my friends
    Go to the conference website
    Access the link "I will attend"
    Fill the field "name" with "<friend_name>"
    Fill the field "email" with "<friend_email>"
    Fill the field "birthday" with "<friend_birthdate>"
    Click on "confirm attendance" button

  Examples:
```

```
| friend_name | friend_email          | friend_birthdate |
| Mary        | mary@domain.com       | 1988/02/10       |
| Lincoln     | lincoln@provider.net | 1987/09/10       |
| Marcus      | marcus@other.org      | 1990/10/05       |
```

简而言之，上述方案等效于编写下面的大量代码。

```
Feature: Apply all my friends to attend a conference
  In order to apply all my friends to the next PyCon_
  As a lazy person
  I want to fill the same form many times

  Scenario: Apply Mary
    Go to the conference website
    Access the link "I will attend"
    Fill the field "name" with "Mary"
    Fill the field "email" with "mary@domain.com"
    Fill the field "birthday" with "1988/02/10"
    Click on "confirm attendance" button

  Scenario: Apply Lincoln
    Go to the conference website
    Access the link "I will attend"
    Fill the field "name" with "Lincoln"
    Fill the field "email" with "lincoln@provider.net"
    Fill the field "birthday" with "1987/09/10"
    Click on "confirm attendance" button

  Scenario: Apply Marcus
    Go to the conference website
    Access the link "I will attend"
    Fill the field "name" with "Marcus"
    Fill the field "email" with "marcus@other.org"
    Fill the field "birthday" with "1990/10/05"
    Click on "confirm attendance" button
```

和场景一样，步骤也分为两种：简单步骤和表格步骤。

1. 简单步骤

简单步骤实际上很简单，它们与场景中的步骤定义相关。

Lettuce 将场景中的每一行视为一个简单的步骤。唯一的例外是，如果该行的第一个非空白字符是竖线“|”，则 Lettuce 把该步骤视为表格步骤。

例如，一个简单的步骤可能如下：

```
Given I go to the conference website
```

2. 表格步骤

与概述方案类似，表格步骤非常有用，可以避免重复文本。表格步骤对于设置方案中的某些数据集或在方案结束时将一组数据与预期结果进行比较时特别有用。举例如下：

```
Given I have the following contacts in my database
```

```
| name  | phone       |
| John  | 2233-4455   |
| Smith | 9988-7766   |
```

10.3.4　编写 Lettuce 程序

在了解了 Features 后，可以进一步学习如何编写 Letttuce 程序。Lettuce 的功能描述如图 10.9 所示。

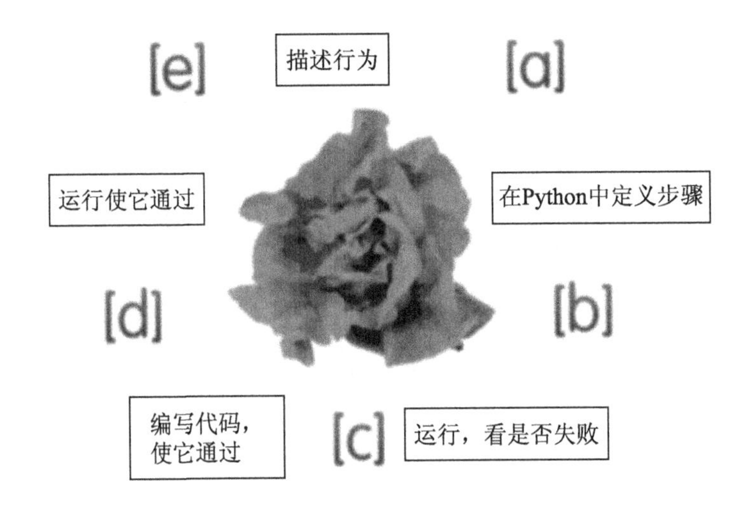

图 10.9　Lettuce 的功能描述图

下面以官网的案例来讲解，要求计算出给定数字的阶乘。

根据需要，创建项目目录结构如下：

```
mymath
└── tests
    └── features
        ├── setps.py
        └── zero.feature
```

使用文字在 zero.feature 中描述阶乘的预期行为，具体如下：

```
Feature: Compute factorial
    In order to play with Lettuce
    As beginners
    We'll implement factorial

    Scenario: Factorial of 0
        Given I have the number 0
        When I compute its factorial
        Then I see the number 1
```

zero.feature 必须在 features 目录内，并且其扩展名必须是.feature，但是名称可以自由命名。

下面继续编写步骤脚本，定义场景下的步骤，编写包含描述性的代码，具体代码如下：

代码 10.7　10/10.3/10.3.4/mymath/tests/features/steps.py

```
#-*-coding:utf-8-*-

from lettuce import *

@step('I have the number (\d+)')
def have_the_number(step, number):
    world.number = int(number)

@step('I compute its factorial')
def compute_its_factorial(step):
    world.number = factorial(world.number)

@step('I see the number (\d+)')
def check_number(step, expected):
    expected = int(expected)
    assert world.number == expected, \
        "Got %d" % world.number

def factorial(number):
    return -1
```

steps.py 必须位于 features 目录内，但名称不必为 steps.py，它可以是任何扩展名为.py 的 Python 文件。Lettuce 将在功能目录中递归查找 Python 文件。

其实完全可以在其他文件中定义阶乘，由于这是第一个示例，笔者将在 steps.py 中实现，直接使用 Lettuce。

Lettuce 不支持 Python 3，因为程序中使用了大量的 Python 2 的语法，如 print 的老用法，直接执行的话会报错。修改底层代码不仅麻烦还存在一定风险，因此建议运行的时候使用 Python 2.7。

完整的案例代码如下（其中使用 steps 注解完成步骤的定义）：

```
from lettuce import world, steps

@steps
class FactorialSteps(object):
"""Methods in exclude or starting with _ will not be considered as step"""

  exclude = ['set_number', 'get_number']

  def __init__(self, environs):
    self.environs = environs

  def set_number(self, value):
    self.environs.number = int(value)
```

```
    def get_number(self):
      return self.environs.number

    def _assert_number_is(self, expected, msg="Got %d"):
        number = self.get_number()
        assert number == expected, msg % number

    def have_the_number(self, step, number):
      '''I have the number (\d+)'''
        self.set_number(number)

    def i_compute_its_factorial(self, step):
        number = self.get_number()
        self.set_number(factorial(number))

    def check_number(self, step, expected):
        '''I see the number (\d+)'''
        self._assert_number_is(int(expected))

# Important!
# Steps are added only when you instanciate the "@steps" decorated class
# Internally decorator "@steps" build a closure with __init__

FactorialSteps(world)

def factorial(number):
    number = int(number)
    if (number == 0) or (number == 1):
        return 1
    else:
        return number*factorial(number-1)
```

10.3.5　Aloe 的使用

由于 Lettuce 不支持 Python 3，使用 Python 3 的用户可以考虑使用 Aloe 来代替。Aloe 是基于 Nose 同时又基于 Gherkin 的 Python 行为驱动开发工具，其安装可以使用 pip 命令：

```
pip install aloe
```

下面编写一个用例，feature 文件内容如下：

代码 10.8　10/10.3/10.3.5/features/caculator.feature

```
Feature: Add up numbers

As a mathematically challenged user
I want to add numbers
So that I know the total

Scenario: Add two numbers
    Given I have entered 50 into the calculator
    And I have entered 30 into the calculator
    When I press add
Then the result should be 80 on the screen
```

执行以上脚本，执行命令如下：

```
aloe features/calculator.feature
E
```

输出结果如下：

```
ERROR: Failure: OSError (No such file /Users/tony/www/autoTestBook/10/
10.3/10.3.6/features/features/calculator.feature)
----------------------------------------------------------------------
Traceback (most recent call last):
  File "/Library/Frameworks/Python.framework/Versions/3.7/lib/python3.7/
site-packages/nose/failure.py", line 42, in runTest
    raise self.exc_class(self.exc_val)
OSError: No such file /Users/tony/www/autoTestBook/10/10.3/10.3.6/features/
features/calculator.feature

----------------------------------------------------------------------
Ran 1 test in 0.001s
```

从错误信息中可以看出没有定义 caculator.py 文件，因此需要编写该文件，代码如下：

```
def add(*numbers):
    return 0
```

继续编写__init__.py 文件，代码如下：

代码 10.9　10/10.3/10.3.5/features/__init__.py

```
from calculator import add

from aloe import before, step, world


@before.each_example
def clear(*args):
"""Reset the calculator state before each scenario."""
    world.numbers = []
    world.result = 0


@step(r'I have entered (\d+) into the calculator')
def enter_number(self, number):
    world.numbers.append(float(number))


@step(r'I press add')
def press_add(self):
    world.result = add(*world.numbers)


@step(r'The result should be (\d+) on the screen')
def assert_result(self, result):
assert world.result == float(result)
```

重新执行脚本，输出信息如下：

```
aloe features/calculator.feature
E
======================================================================
ERROR: Failure: OSError (No such file /Users/tony/www/autoTestBook/10/
10.3/10.3.6/features/features/calculator.feature)
----------------------------------------------------------------------
Traceback (most recent call last):
  File "/Library/Frameworks/Python.framework/Versions/3.7/lib/python3.7/
site-packages/nose/failure.py", line 42, in runTest
    raise self.exc_class(self.exc_val)
OSError: No such file /Users/tony/www/autoTestBook/10/10.3/10.3.6/features/
features/calculator.feature

----------------------------------------------------------------------
Ran 1 test in 0.001s

FAILED (errors=1)
```

可以看到依然有报错信息。修改 calculator.py 中的代码如下：

```
# add function
def add(*numbers):
return sum(numbers)
```

重新执行脚本，执行命令如下：

```
aloe features/calculator.feature
.
```

输出结果如下：

```
Ran 1 test in 0.001s

OK
```

实际上 Aloe 是 Lettuce 的一个分支，因此可以看出二者的用法完全一致。建议 Python 3 的用户都使用这个模块来解决版本问题。

关于更多 Aloe 的使用方法，可以前往官网学习，这里只是将其作为 Lettuce 的替代方案进行了简要讲解。

10.4　Selenium 跨浏览器测试实战

前面章节已经学习了 Selenium 的基础用法和相关实操，实际上 Selenium 还有更高级的用法，如 Grid 框架的测试，其中跨浏览器测试尤为重要，Grid 框架也可以用于分布式测试。

10.4.1　Selenium Server 的安装

为了实现跨浏览器测试，需要安装一个新的 Selenium Server，名为 selenium standalone

Server。下载网址是 www.seleniumhq.org/download，需要根据使用的 Python 版本选择对应版本的安装包，下载页面如图 10.10 所示。

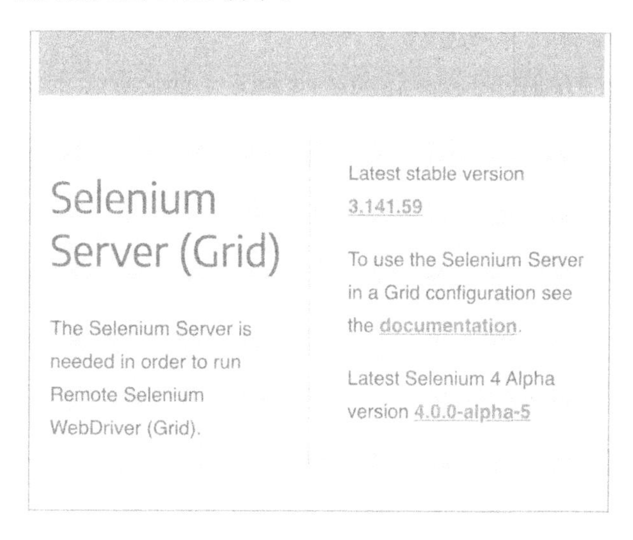

图 10.10　Selenium Server 下载页面

目前最新的稳定版本为 3.141.59，可以选择这个版本进行下载，这是一个 jar 包，需要本地有 Java 环境。关于 Java 环境的搭建，网络上已经有很多详尽的介绍，读者可以参考进行配置、安装。笔者的 Java 版本是 10.0.1 版，使用 java --version 命令可以查看详细信息，输出结果如下：

```
java 10.0.1 2018-04-17
Java(TM) SE Runtime Environment 18.3 (build 10.0.1+10)
Java HotSpot(TM) 64-Bit Server VM 18.3 (build 10.0.1+10, mixed mode):
```

这里介绍一下 Selenium Grid。Selenium Grid 是一个智能代理服务器，允许 Selenium 将命令分发给远程 Web 浏览器实例去并发执行。其目的是提供一种在多台计算机上并行运行测试的简便方法。使用 Selenium Grid，可以通过一台中心服务器将 JSON 格式的测试命令传递给多个已注册 Grid 节点的中心服务器。有点像 MySQL 集群里的主从数据库，当然这里的主节点一般不会改变，不能自动通过权重节点重新选择。关于中心节点和从节点的运行逻辑比较复杂，感兴趣的读者可以通过官网进一步了解，这里只要有个概念即可。Selenium Grid 允许在多台计算机上并行运行测试任务（请记住是并行），并集中管理不同的浏览器版本和浏览器配置。因此 Selenium Grid 可以运行多个浏览器的不同版本，同时使用不同的初始化配置，最终达到并行测试的效果。

Selenium Grid 的使用方式非常简单，切换到 selenium server 目录下，执行 java-jar selenium-server-standalone-xxx.jar 命令即可执行该 jar 包。对 Java 完全不了解的测试人员，可以补习一下最基础的 Java 运行知识。

具体执行命令如下：

```
java -jar selenium-server-standalone-3.141.59.jar
```

如果输出如下信息即为正常运行。

```
18:25:01.239 INFO [GridLauncherV3.parse] - Selenium server version:
3.141.59, revision: e82be7d358
18:25:01.335 INFO [GridLauncherV3.lambda$buildLaunchers$3] - Launching a
standalone Selenium Server on port 4444
2020-05-27 18:25:01.428:INFO::main: Logging initialized @605ms to org.
seleniumhq.jetty9.util.log.StdErrLog
18:25:01.785 INFO [WebDriverServlet.<init>] - Initialising WebDriverServlet
18:25:01.922 INFO [SeleniumServer.boot] - Selenium Server is up and running
on port 4444
```

使用 Grid 网格状服务远程执行测试与直接调用 Selenium 服务器执行测试的效果是一样的，但是二者的环境启动方式不一样，前者需要同时启动一个 hub（主节点）和至少一个 node（从节点），执行命令略有不同。使用 Grid 的执行命令如下：

```
java -jar selenium-server-standalone-3.141.59.jar -port 4444 -role hub
```

输出结果如下：

```
18:37:30.071 INFO [GridLauncherV3.parse] - Selenium server version: 3.141.
59, revision: e82be7d358
18:37:30.152 INFO [GridLauncherV3.lambda$buildLaunchers$5] - Launching
Selenium Grid hub on port 4444
2020-05-27 18:37:30.618:INFO::main: Logging initialized @853ms to org.
seleniumhq.jetty9.util.log.StdErrLog
18:37:30.784 INFO [Hub.start] - Selenium Grid hub is up and running
18:37:30.786 INFO [Hub.start] - Nodes should register to http://10.20.0.
193:4444/grid/register/
18:37:30.787 INFO [Hub.start] - Clients should connect to http://10.20.
0.193:4444/wd/hub
```

以上信息说明已经正常运行了一个 hub 服务进程，也就是一个 Grid 服务器，可以访问 http://localhost:4444/grid/console 控制台页面查看日志信息，如图 10.11 所示。

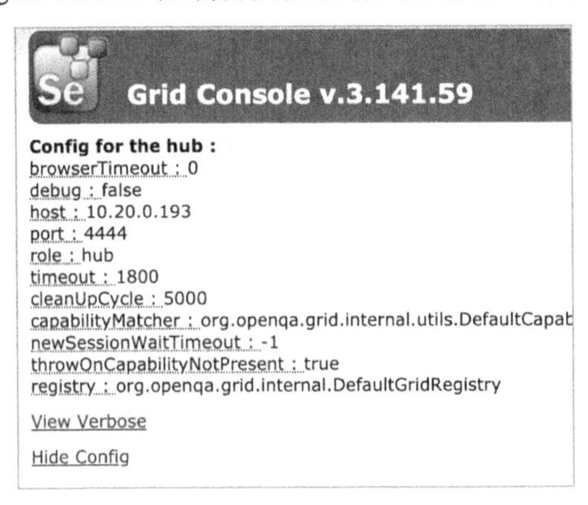

图 10.11　Grid 控制台页面

启动代理节点的方式和启动主服务类似，参数调整如下：

```
java -jar selenium-server-standalone-3.141.59.jar -port 5555 -role node
```

输出信息如下：

```
19:44:08.383 INFO [GridLauncherV3.parse] - Selenium server version: 3.
141.59, revision: e82be7d358
19:44:08.478 INFO [GridLauncherV3.lambda$buildLaunchers$7] - Launching a
Selenium Grid node on port 5555
2020-05-27 19:44:08.595:INFO::main: Logging initialized @546ms to org.
seleniumhq.jetty9.util.log.StdErrLog
19:44:08.871 INFO [WebDriverServlet.<init>] - Initialising WebDriverServlet
19:44:08.961 INFO [SeleniumServer.boot] - Selenium Server is up and running
on port 5555
19:44:08.962 INFO [GridLauncherV3.lambda$buildLaunchers$7] - Selenium Grid
node is up and ready to register to the hub
19:44:09.005 INFO [SelfRegisteringRemote$1.run] - Starting auto registration
thread. Will try to register every 5000 ms.
19:44:09.342 INFO [SelfRegisteringRemote.registerToHub] - Registering the
node to the hub: http://localhost:4444/grid/register
19:44:09.389 INFO [SelfRegisteringRemote.registerToHub] - The node is
registered to the hub and ready to use
```

与此同时，主服务也有响应，输出信息如下：

```
18:37:30.786 INFO [Hub.start] - Nodes should register to http://10.20.0.
193:4444/grid/register/
18:37:30.787 INFO [Hub.start] - Clients should connect to http://10.20.
0.193:4444/wd/hub
19:44:09.389 INFO [DefaultGridRegistry.add] - Registered a node http://192.
168.255.6:5555
```

由此说明客户端（node）已经正常和主服务（hub）进行通信了。

通过 Remote()可以设置参数，从而调用不同的浏览器，代码如下：

```
from selenium.webdriver import Remote
import time

driver = Remote(command_executor='http://localhost:4444/wd/hub',desired_
capabilities=
         {'platfrom':'ANY','browserName':'firefox','version':'',
'javascriptEnabled':True})
driver.get('http://baidu.com')
driver.find_element_by_id('kw').send_keys('remote')
driver.find_element_by_id('su').click()
time.sleep(3)
driver.quit()
```

可以把配置写成列表存储起来，然后通过循环读取相关配置项，从而使不同的节点在不同的浏览器中都可以运行。

```
FireFox = {'platform':'ANY', 'browserName':'firefox', 'version':'',
'javascriptEnabled':True, 'marionette':False }
Chrome = {'platform':'ANY', 'browserName':'chrome', 'version':'',
'javascriptEnabled':True }
```

```
Opera= {'platform':'ANY', 'browserName':'opera', 'version':'',
'javascriptEnabled':True }
Iphone= {'platform':'MAC', 'browserName':'iPhone', 'version':'',
'javascriptEnabled':True }
Android  = {'platform':'ANDROID', 'browserName':'android', 'version':'',
'javascriptEnabled':True }
```

进一步编写代码如下：

```
#coding=utf-8

from selenium.webdriver import Remote
import time

lists = {'http://localhost:4444/wd/hub':'chrome','http://localhost:5555/
wd/hub':'firefox'}
for host,browser in lists.items():
    print (host,browser)
    driver = Remote(command_executor=host,desired_capabilities={'platform':
'ANY','browserName': browser,'version': '','javascriptEnabled': True})
    driver.get('http://www.baidu.com')
    driver.find_element_by_id('kw').send_keys('remote')
    driver.find_element_by_id('su').click()
    time.sleep(3)
driver.quit()
```

这种运行方式还可以是将本机作为 hub，远程作为 node，两者之间网络畅通，大概步骤如下：

（1）启动本地 hub 主机，查看主机 IP：java -jar selenium-server-standalone-2.48.2.jar -role hub。

（2）启动远程主机，查看 IP：java -jar selenium-server-standalone-2.48.2.jar -role node -port 5555 -hub http://hup 主机的 ip:4444/grid/register。

多线程版本的代码如下：

```
from selenium.webdriver import Remote
from threading import Thread
import time

lists = {'http://localhost:4444/wd/hub':'chrome','http://localhost:5555/
wd/hub':'firefox'}

def WebTest(host,browser):
    driver = Remote(command_executor=host,
                    desired_capabilities={'platform': 'ANY', 'browserName':
browser, 'version': '',
                                          'javascriptEnabled': True})
    driver.get('http://www.baidu.com')
    driver.find_element_by_id('kw').send_keys('remote')
    driver.find_element_by_id('su').click()
    time.sleep(3)
    driver.quit()
```

```
if __name__ == '__main__':
    threads=[]
    #创建线程
    for host, browser in lists.items():
        print(host, browser)
        t = Thread(target=WebTest,args=(host,browser))
        threads.append(t)
    #启动线程
    for thr in threads:
        thr.start()
        print(time.strftime('%Y%m%d%H%M%S'))
```

10.4.2　Selenium 数据驱动测试

本节使用 Python 的数据驱动模式（ddt）库，结合 unittest 库创建百度搜索的测试。首先安装数据驱动模式库，安装命令如下：

```
pip install ddt
```

然后编写一个百度搜索结果的自动化测试程序，也使用单元测试来编写，代码如下：

```
import unittest,time
from selenium import webdriver
from ddt import ddt,data,unpack

@ddt
class WebTest(unittest.TestCase):
    @classmethod
    def setUpClass(cls):
        cls.driver = webdriver.Firefox()
        cls.driver.implicitly_wait(3)
        cls.driver.get("http://baidu.com")

    @classmethod
    def tearDownClass(cls):
        cls.driver.quit()

    @data(("Python","Python_百度搜索"),("PHP","PHP_百度搜索"))
    @unpack
    # 搜索
    def test_search_info(self,search_value, expected_result):
        self.search = self.driver.find_element_by_xpath("//*[@id='kw']")
        self.search.clear()
        self.search.send_keys(search_value)
        self.search.submit()
        time.sleep(1.5)
        self.result = self.driver.title
        self.assertEqual(expected_result,self.result)

if __name__ == '__main__':
unittest.main(verbosity=2)
```

执行该脚本，命令如下：

```
python3.7 test_baidu_search.py
test_search_info_1___Python____Python_百度搜索__ (__main__.WebTest) ...
FAIL
test_search_info_2___PHP____PHP_百度搜索__ (__main__.WebTest) ... FAIL
```

输出结果如下：

```
FAIL: test_search_info_1___Python____Python_百度搜索__ (__main__.WebTest)
----------------------------------------------------------------------
Traceback (most recent call last):
  File "/Library/Frameworks/Python.framework/Versions/3.7/lib/python3.7/
site-packages/ddt.py", line 182, in wrapper
    return func(self, *args, **kwargs)
  File "test_baidu_search.py", line 29, in test_search_info
    self.assertEqual(expected_result,self.result)
AssertionError: 'Python_百度搜索' != '百度一下，你就知道'
- Python_百度搜索
+ 百度一下，你就知道


======================================================================
FAIL: test_search_info_2___PHP____PHP_百度搜索__ (__main__.WebTest)
----------------------------------------------------------------------
Traceback (most recent call last):
  File "/Library/Frameworks/Python.framework/Versions/3.7/lib/python3.7/
site-packages/ddt.py", line 182, in wrapper
    return func(self, *args, **kwargs)
  File "test_baidu_search.py", line 29, in test_search_info
    self.assertEqual(expected_result,self.result)
AssertionError: 'PHP_百度搜索' != '百度一下，你就知道'
- PHP_百度搜索
+ 百度一下，你就知道


----------------------------------------------------------------------
Ran 2 tests in 18.142s

FAILED (failures=2)
```

关于测试数据，还可以从读取文件中获取。例如，CSV 文件用来存储需要测试的数据，可以使用@data 装饰符解析外部的 CSV（testdata.csv）文件作为测试数据。笔者先封装一个获取数据的函数，代码如下：

```
def get_data(filename):
    # 创建一个空的列表存储列数据
    rows = []
    # 打开 CSV 文件
    data_file = open(filename, "r",encoding='utf-8')
    # 读取文件内容
    reader = csv.reader(data_file)
    # 跳过头部
    next(reader, None)
    # 将数据添加到 list 中
```

```
    for row in reader:
        rows.append(row)
return rows
```

下面创建一个 CSV 文件作为测试数据的来源文件，文件内容如下：

代码 10.10　10/10.4/10.4.2/testdata.csv

```
Search,Result
韩寒,韩寒_百度搜索
Jett,Jett_百度搜索
```

编写完整的测试代码，还是基于 unittest.TestCase 来做单元测试，通过读取 CSV 文件中的数据进行测试，具体实现代码如下：

代码 10.11　10/10.4/10.4.2/test_data.py

```
# -*- coding: utf-8 -*-

import csv,unittest,time
from selenium import webdriver
from ddt import ddt,data,unpack

def get_data(filename):
    # 创建一个空的列表用来存储列数据
    rows = []
    # 打开 CSV 文件
    data_file = open(filename, "r",encoding='utf-8')
    # 读取文件内容
    reader = csv.reader(data_file)
    # 跳过头部
    next(reader, None)
    # 在 list 中添加数据
    for row in reader:
        rows.append(row)
    return rows

@ddt
class MyTest(unittest.TestCase):
    @classmethod
    def setUpClass(cls):
        cls.driver = webdriver.Firefox()
        cls.driver.implicitly_wait(3)
        cls.driver.get("http://baidu.com")

    @classmethod
    def tearDownClass(cls):
        cls.driver.quit()
    @data(*get_data("testdata.csv"))
    @unpack
    # 搜索
    def test_search_info(self,search_value, expected_result):
        self.search = self.driver.find_element_by_xpath("//*[@id='kw']")
        self.search.clear()
        self.search.send_keys(search_value)
```

```
        self.search.submit()
        time.sleep(1.5)
        self.result = self.driver.title
        self.assertEqual(expected_result,self.result)

if __name__ == '__main__':
    unittest.main(verbosity=2)
```

执行该脚本，命令如下：

```
python test_data.py
```

输出结果如下：

```
/Users/tony/www/autoTestBook/venv/bin/python /Applications/PyCharm.app/
Contents/helpers/pycharm/_jb_unittest_runner.py --target test_data.MyTest
Launching unittests with arguments python -m unittest test_data.MyTest in
/Users/tony/www/autoTestBook/10/10.4/10.4.2



Ran 2 tests in 9.742s

OK
```

实际工作中，更多时候是通过读取 Excel 文件来获取测试数据。Python 也可以处理 Excel 文件，需要用到 xlrd 库，安装命令如下：

```
pip install xlrd
```

目前，xlrd 库的最新版本为 1.2.0，可以先创建 Excel 文件 testdata.xlsx，如图 10.12 所示。

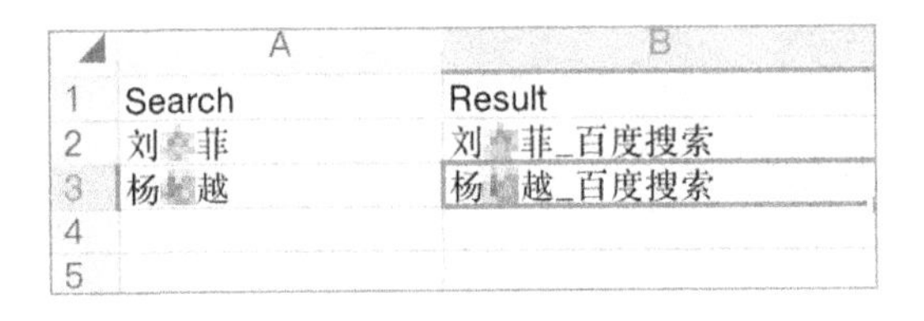

	A	B
1	Search	Result
2	刘■菲	刘■菲_百度搜索
3	杨■越	杨■越_百度搜索
4		
5		

图 10.12　Excel 文件

编写完整的测试代码，还是基于 unittest.TestCase，通过读取 Excel 文件中的数据进行单元测试，具体实现代码如下：

代码 10.12　10/10.4/10.4.2/test_execl_data.py

```
#-*-coding:utf-8-*-

import xlrd,unittest,time
from selenium import webdriver
from ddt import ddt,data,unpack
import os, sys

def get_data(filename):
    rows = []
    data_file = xlrd.open_workbook(filename,encoding_override='utf-8')
```

```
    sheet = data_file.sheet_by_index(0)
    for row_idx in range(1,sheet.nrows):
        rows.append(list(sheet.row_values(row_idx,0,sheet.ncols)))
    print(rows)
    return rows

@ddt
class WebTest(unittest.TestCase):
    @classmethod
    def setUpClass(cls):
        cls.driver = webdriver.Firefox()
        cls.driver.implicitly_wait(3)
        cls.driver.get("http://baidu.com")

    @classmethod
    def tearDownClass(cls):
        cls.driver.quit()
    dir = os.path.dirname(os.path.abspath(__file__))

    @data(*get_data("testdata.xlsx"))
    @unpack
     # 搜索
    def test_search_info(self,search_value, expected_result):
        self.search = self.driver.find_element_by_xpath("//*[@id='kw']")
        self.search.clear()
        self.search.send_keys(search_value)
        self.search.submit()
        time.sleep(1.5)
        self.result = self.driver.title
        self.assertEqual(expected_result, self.result)

if __name__ == '__main__':
        unittest.main(verbosity=2)
```

对于测试数据来自于数据库的情况，测试方法也类似。重新编写 get_data()函数，将数据获取方式改为从数据库获取即可，如 SQL 查询等操作。进一步思考后，还可以把每个不同的页面封装成类，这样方便后期调用和迭代。例如，把登录操作封装成一个登录类，把详情页也封装成一个详情页类，也就是 Page Object 模式，创建一个对象来对应页面的一个应用。这种方式不是把所有逻辑封装到一个单元测试类中，而是完全的面向对象的形式，最后再编写测试方法，通过 main()函数一次性调用即可。

例如，对之前的百度网盘项目进行改造，首先定义一个基础类，代码如下：

```
#-*-coding:utf-8-*-

#创建基础类
class BasePage(object):
    #初始化
    def __init__(self, driver):
        self.base_url = 'https://pan.baidu.com/'
        self.driver = driver
        self.timeout = 30
```

```
    def _open(self):
        url = self.base_url
        self.driver.get(url)
        btn=self.driver.find_element_by_id('TANGRAM__PSP_4__footerULoginBtn')
        btn.click()

    def open(self):
        self._open()

    def find_element(self,*loc):
        return self.driver.find_element(*loc)
```

然后再定义一个登录类，主要用来处理登录页面的操作，对各种步骤进行封装，使程序更加精细化，代码如下：

```
#创建 LoginPage 类
class LoginPage(BasePage):
    username_location = (By.ID, "TANGRAM__PSP_4__userName")
    password_location = (By.ID, "TANGRAM__PSP_4__password")
    login_location = (By.ID, "TANGRAM__PSP_4__submit")

    #输入用户名
    def type_username(self,username):
        self.find_element(*self.username_location).clear()
        self.find_element(*self.username_location).send_keys(username)

    #输入密码
    def type_password(self,password):
        self.find_element(*self.password_locaction).send_keys(password)

    #单击登录
    def type_login(self):
        self.find_element(*self.login_loc).click()
```

之后再编写一个测试方法来测试登录功能，代码如下：

```
def test__login(driver, username, password):
"""测试用户名 and 密码是否可以登录"""
    login_page = LoginPage(driver)
    login_page.open()
    login_page.type_username(username)
    login_page.type_password(password)
    login_page.type_login
```

最后调用 main()函数，代码如下：

```
def main():
    driver = webdriver.Edge()
    username = 'sdsd'                                #账号
    password = 'kemixxxx'                            #密码
    test_user_login(driver, username, password)
    sleep(3)

    driver.quit()
if __name__ == '__main__':
main()
```

完整的代码如下，读者可以根据自己的实际需求进行修改。

代码 10.13　10/10.4/10.4.2/newBaidu/test_bp.py

```
#-*-coding:utf-8-*-

#创建基础类
class BasePage(object):
    #初始化
    def __init__(self, driver):
        self.base_url = 'https://pan.baidu.com/'
        self.driver = driver
        self.timeout = 30

    def _open(self):
        url = self.base_url
        self.driver.get(url)
        #切换到登录窗口的 iframe
        btn=self.driver.find_element_by_id('TANGRAM__PSP_4__footerULoginBtn')
        btn.click()

    def open(self):
        self._open()

    def find_element(self,*loc):
        return self.driver.find_element(*loc)


#创建 LoginPage 类
class LoginPage(BasePage):
    username_location = (By.ID, "TANGRAM__PSP_4__userName")
    password_location = (By.ID, "TANGRAM__PSP_4__password")
    login_location = (By.ID, "TANGRAM__PSP_4__submit")

    #输入用户名
    def type_username(self,username):
        self.find_element(*self.username_location).clear()
        self.find_element(*self.username_location).send_keys(username)

    #输入密码
    def type_password(self,password):
        self.find_element(*self.password_locaction).send_keys(password)

    #单击登录
    def type_login(self):
        self.find_element(*self.login_loc).click()

def test__login(driver, username, password):
"""测试用户名和密码是否可以登录"""
    login_page = LoginPage(driver)
    login_page.open()
    login_page.type_username(username)
    login_page.type_password(password)
    login_page.type_login
```

```
def main():
    driver = webdriver.Edge()
    username = 'sdsd'            #账号
    password = 'kemixxxx'        #密码
    test_user_login(driver, username, password)
    sleep(3)

    driver.quit()

if __name__ == '__main__':
    main()
```

由此可以看出，对这些步骤和方法进行封装是很有必要。BasePage 类对页面的基本操作进行封装；LoginPage 类对登录页面的操作进行封装，如填充账号和密码，定位账号和密码的文本框进行输入，然后模拟登录按钮提交；test_login()函数将单个元素操作组成一个完整的动作，完成整个自动化登录操作；最后调用 main()函数完成整个测试任务。

10.4.3　poium 测试库

有的读者可能会提出一个问题：使用 PageObject 方式编写代码对封装能力和编程能力有比较高的要求，对于更偏向于测试的人员，是否有更简单的办法完成页面测试操作呢？

答案是有的。Python 有专门封装好的 PageObject 的库 poium。poium 测试库的前身为 selenium-page-objects 测试库，这也是我国著名的测试布道者胡志恒老师维护的开源项目。

poium 的安装方式非常简单，命令如下：

```
pip install poium
```

poium 提供了 JS API 方式来定位元素，但是建议使用 CSS 语法来定位元素更好。poium 可以将操作过的元素在自动运行过程中标记出来。具体代码如下：

```
from poium import Page

class BaiduPage(Page):
    # 元素定位只支持 CSS 语法
    search_input ="#kw"
    search_button ="#su"

def test_attribute(self):
"""
    元素属性修改/获取/删除
    :param browser: 浏览器驱动
"""
    driver= webdriver.Chrome()
    page =BaiduPage(browser)
    page.get("https://www.baidu.com")
    page.remove_attribute(page.search_input,"name")
```

```
    page.set_attribute(page.search_input, "type", "password")
    value =page.get_attribute(page.search_input, "type")
    assert value =="password"
```

poium 也支持移动端，胡志恒老师也给出了用例代码，通过定义 App 运行环境参数，来进一步测试移动端。具体代码如下：

```
from appium import webdriver
from poium import Page,PageElement

class CalculatorPage(Page):
    number_1 = PageElement(id_="com.android.calculator2:id/digit_1")
    number_2 = PageElement(id_="com.android.calculator2:id/digit_2")
    add = PageElement(id_="com.android.calculator2:id/op_add")
    eq = PageElement(id_="com.android.calculator2:id/eq")

# 定义 App 运行环境
desired_caps = {
    'deviceName': 'AndroidEmulator',
    'automationName': 'appium',
    'platformName': 'Android',
    'platformVersion': '7.0',
    'appPackage': 'com.android.calculator2',
    'appActivity': '.Calculator',
}
driver =webdriver.Remote('http://localhost:4723/wd/hub', desired_caps)
page =CalculatorPage(driver)
page.number_1.click()
page.add.click()
page.number_2.click()
page.eq.click()

driver.quit()
```

在此感谢胡志恒老师的封装，让工程师们能更加灵活地去测试跨平台的应用，不只是 PC 端，移动端（Android+iOS）也能得到相关 API 的支持。

10.4.4　pyautoTest Web UI 自动化项目

关于 appium 模块，以及基于 appium 构建的自动化项目 pyautoTest，可以在笔者的 GitHub 上找到对应项目。pyautoTest 项目的特点如下：

- 全局配置浏览器启动/关闭。
- 测试用例运行失败时自动截图。
- 测试用例运行失败后可以“重跑”。
- 测试数据参数化。

pyautoTest 项目的结构和之前自研的测试框架类似，如果掌握了前面所讲的内容，再对照看胡志恒老师的开源框架就会有一种殊途同归的感觉。

pyautoTest 的安装方法如下：

（1）复制项目，因为只有 master 分支，所以不需要再选分支。

```
git clone https://github.com/defnngj/pyautoTest.git
```

（2）使用如下命令安装项目的依赖库：

```
pip install -r requirements.txt
```

（3）修改 config.py 文件，内容如下：

```
class RunConfig:
"""
    运行测试配置
"""
    # 配置浏览器驱动类型
    driver_type = "chrome"

    # 配置运行的 URL
    url = "https://www.baidu.com"

    # 失败“重跑”的次数
    rerun = "3"

    # 当达到最大失败数时停止执行
    max_fail = "5"

    # 运行测试用例的目录或文件
cases_path = "./test_dir/"
```

在 cmd（Windows 系统）或终端（Linux 系统）执行如下命令：

```
python run_tests.py
```

此时会生成大量的输出信息，具体内容如下：

```
python run_tests.py
2020-05-31 17:01:23,621 - INFO - 回归模式，开始执行✈✈！
======================== test session starts ========================
platform darwin -- Python 3.7.4, pytest-5.2.1, py-1.8.1, pluggy-0.13.1 -
/Users/tony/www/autoTestBook/venv/bin/python
cachedir: .pytest_cache
metadata: {'Python': '3.7.4', 'Platform': 'Darwin-18.7.0-x86_64-i386-64bit',
'Packages': {'pytest': '5.2.1', 'py': '1.8.1', 'pluggy': '0.13.1'},
'Plugins': {'allure-pytest': '2.8.12', 'metadata': '1.9.0', 'tavern':
'1.0.0', 'assume': '2.2.1', 'ordering': '0.6', 'rerunfailures': '7.0',
'html': '2.1.0'}}
rootdir: /Users/tony/www/autoTestBook/10/10.4/10.4.4/pyautoTest
plugins: allure-pytest-2.8.12, metadata-1.9.0, tavern-1.0.0, assume-2.2.1,
ordering-0.6, rerunfailures-7.0, html-2.1.0
collected 4 items

test_dir/test_baidu.py::TestSearch::test_baidu_search_case
INTERNALERROR> Traceback (most recent call last):
INTERNALERROR>   File "/Users/tony/www/autoTestBook/venv/lib/python3.7/
site-packages/_pytest/main.py", line 191, in wrap_session
```

```
INTERNALERROR>     return self._inner_hookexec(hook, methods, kwargs)
INTERNALERROR>   File "/Users/tony/www/autoTestBook/venv/lib/python3.7/
site-packages/pluggy/manager.py", line 87, in <lambda>
INTERNALERROR>     firstresult=hook.spec.opts.get("firstresult") if hook.
spec else False,
INTERNALERROR>   File "/Users/tony/www/autoTestBook/venv/lib/python3.7/
site-packages/pluggy/callers.py", line 208, in _multicall
INTERNALERROR>     return outcome.get_result()
INTERNALERROR>   File "/Users/tony/www/autoTestBook/venv/lib/python3.7/
site-packages/pluggy/callers.py", line 80, in get_result
INTERNALERROR>     raise ex[1].with_traceback(ex[2])
INTERNALERROR>   File "/Users/tony/www/autoTestBook/venv/lib/python3.7/
site-packages/pluggy/callers.py", line 187, in _multicall
INTERNALERROR>     res = hook_impl.function(*args)
INTERNALERROR>   File "/Users/tony/www/autoTestBook/venv/lib/python3.7/
site-packages/_pytest/main.py", line 256, in pytest_runtestloop
INTERNALERROR>     item.config.hook.pytest_runtest_protocol(item=item,
nextitem=nextitem)
INTERNALERROR>   File "/Users/tony/www/autoTestBook/venv/lib/python3.7/
site-packages/pluggy/hooks.py", line 286, in __call__
INTERNALERROR>     return self._hookexec(self, self.get_hookimpls(), kwargs)
INTERNALERROR>   File "/Users/tony/www/autoTestBook/venv/lib/python3.7/
site-packages/pluggy/manager.py", line 93, in _hookexec
.....(省略大量输出......)
INTERNALERROR>   File "/Users/tony/www/autoTestBook/10/10.4/10.4.4/pyautoTest/
conftest.py", line 100, in capture_screenshots
INTERNALERROR>     driver.save_screenshot(image_dir)
INTERNALERROR> AttributeError: 'NoneType' object has no attribute 'save_
screenshot'

======================= no tests ran in 3.80s =======================
2020-05-31 17:01:29,379 - INFO - 运行结束，生成测试报告♥❤!
```

如果想用调试模式运行上面的代码，命令如下：

```
python run_tests.py -m debug
```

pyautoTest 是一个值得学习的优秀的开源框架，读者可以和前面介绍的框架对比学习，改进自己的框架，达到借鉴、学习的目的。玉不琢，不成器。框架也是不断更新、优化的，遇到优秀的框架，我们可以深入底层进行学习，然后反补自己的框架，取众家之长，学习更多的知识。

10.5 小　　结

本章介绍了如何从零编写自动化测试框架，以及关于 Selenium 的高级应用。从实战案例中相信读者学到了不少知识。我们不仅可以使用“第三方”的轮子，也可以根据实际需要自己编写测试框架，核心要点在于日志的记录和可视化的展示。Lettuce 和 BDD 的相关知识掌握，对于测试人员的技术进阶和知识扩展有很大的帮助。

关于 Selenium Server 的相关知识，本章只作为了解即可，感兴趣的读者可以参考官网资料深入学习。本章的重点是自动化测试框架的搭建和编写，还有 Selenium 的 poium 相关学习和实践。

有的读者可能会问：已经有了那么多开源框架，为何还要原创？所谓仁者见仁，智者见智，没有一个标准的答案。这就像已经有了自动挡汽车还是有人愿意开手动挡汽车一样。自研的框架有时更容易排查出问题，而且不会发生因为开源而引入的第三方的问题。

PageObject 的编程方式值得我们认真学习，虽然可以使用胡志恒老师封装好的 poium 库，但是建议读者亲自封装一次，感受一下面向对象的编程魅力。

最后笔者想说一下关于持续化学习的问题。

测试工具是不断变化的，每年或者每个月都有可能出现新的自动化测试框架，如果一直去追逐学习那些文档和常规用法，那么很可能会一直处于初学者的“怪圈”里。除了实战本身可以让我们串联起不同的知识点以及做到综合性应用外，更多的是需要以结构化思维去思考问题，并经常进行反思、总结。

例如，对于 PageObject 编程，要学会的是如何区分不同类的职责，如何划分封装的界限，基类就只做打开链接和初始化的工作，登录类就只做登录页面相关操作的封装，编程的时候必须遵守“单一职责原则”。对于测试人员来说，要在能编写自动化测试代码和简单框架搭建的基础上，进一步优化程序。学有余力的人员也可以多涉猎介绍编程规范和编程思想的书籍或资料，持续化地学习，由点及面去深入。

自动化测试并不是“银弹”，但它是我们用以解放“生产力”的一种途径。

推荐阅读

人脸识别与美颜算法实战
基于Python、机器学习与深度学习

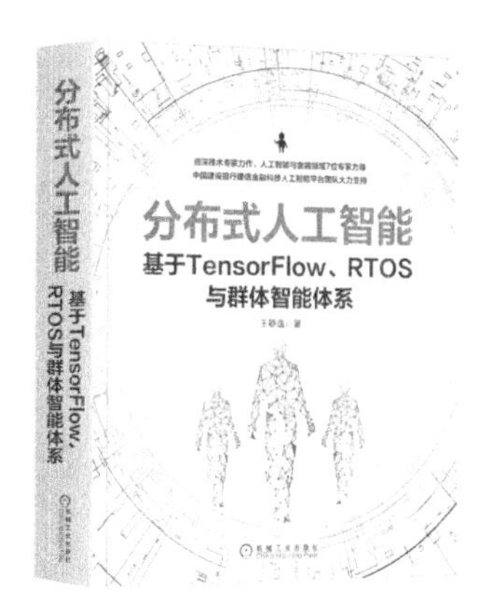
分布式人工智能
基于TensorFlow、RTOS与群体智能体系

Python数据挖掘与机器学习实战

机器学习算法入门与编程实践
（基于Python·微课视频版）

深度学习之TensorFlow
入门、原理与进阶实战

机器学习算法框架实战
Java和Python实现

深度学习之图像识别
核心技术与案例实战

深度学习之PyTorch物体检测实战

深度学习之人脸图像处理
核心算法与案例实战

推荐阅读

Python
青少年编程
魔法课堂
（案例+视频教学版）

人工智能极简编程入门
（基于Python）

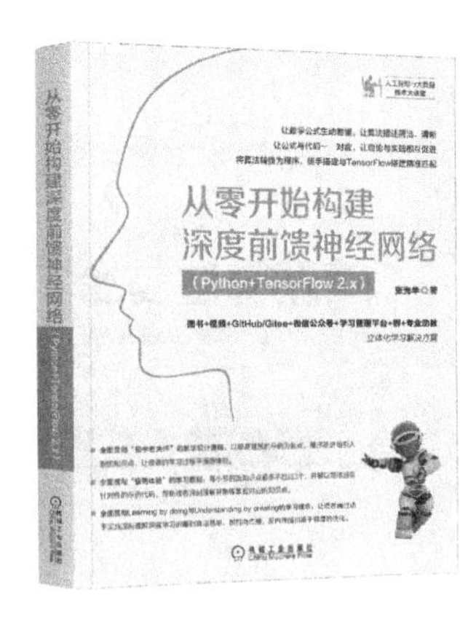
从零开始构建
深度前馈神经网络
（Python+TensorFlow 2.x）

从零开始学
Python网络爬虫

从零开始学
Python数据分析

从零开始学
Scrapy网络爬虫

Python算法的
奇妙之旅

Python
金融大数据风控建模实战
基于机器学习

Python Flask
Web开发入门与项目实战